中国茶的基本
The Course of Chinese Tea
中信出版集团
U0299515

图书在版编目（CIP）数据

中国茶的基本 / 罗威尔主编 . -- 北京 : 中信出版社 ,
2018.5（2024.10重印）
ISBN 978-7-5086-8765-0

I. ①中… II. ①罗… III. ①茶文化－中国 IV.
① TS971.21

中国版本图书馆 CIP 数据核字 (2018) 第 049583 号

中国茶的基本

主　　编：罗威尔
出版发行：中信出版集团股份有限公司
（北京市朝阳区东三环北路 27 号嘉铭中心　邮编　100020）
承 印 者：北京尚唐印刷包装有限公司

开　　本：787mm×1092mm　1/16　　印　　张：14.25
字　　数：300 千字　　插　　页：8
版　　次：2018 年 5 月第 1 版　　印　　次：2024 年 10 月第 11 次印刷
书　　号：ISBN 978-7-5086-8765-0
定　　价：65.00 元

014
ZHI
CHINA

知中

014
ZHI
CHINA

中国茶的基本

出版人 & 总经理
苏静
Publisher & General Manager
Johnny Su

主编
罗威尔
Chief Editor
Lowell

监修
周重林 / 王旭烽
Special Advisor
Zhou Chonglin/ Wang Xufeng

艺术指导
汉堡
Art Director
Ariyamadisco

品牌运营
元美
Brand Operation
Yuan Mei

内容监制
陆沉
Content Producer
Yuki

编辑
陆沉 / 元美 / 徐雅 / 王帆 / 杨涛
Editors
Yuki/ Yuan Mei/ Xu Ya/ Wang Fan/ Yang Tao

特约撰稿人
刘一晨 / 许峥 / 王萱 / 邓频 / 刘晓希 / 刘天宇 / 绪颖 /Harry
Special Correspondent
Liu Yichen/ Xu Zheng/ Wang Xuan/ Deng Pin/ Liu Xiaoxi/ Liu Tianyu/ Sui Wing/ Harry

插画师
DOUNAI/ 牙也慈 /Scarrie/ 挪猫者 / 周若伊曼
Illustrators
DOUNAI/ Ya Yeci/ Scarrie/ Catmover/ Zhou Ruoyiman

摄影师
李南奇 / 刘晓曈 / 意匠 / 赵仁
Photographer
Li Nanqi/ Atom Liu/ Ideasboom/ Zhao Ren

策划编辑
叶扬斌
Acquisitions Editor
Ye Yangbin

责任编辑
叶扬斌
Responsible Editor
Ye Yangbin

营销编辑
叶扬斌
PR Manager
Ye Yangbin

平面设计
汉堡
Graphic Design
Ariyamadisco

联系我们
zhichina@foxmail.com

商业合作洽谈
（010）67043898

发行支持
中信出版集团股份有限公司，北京市朝阳区惠新东街甲 4 号，富盛大厦 2 座，100029

受访人 /interviewee

周重林
周重林，云南师宗人，现为锥子周文化机构总编辑，自媒体《茶业复兴》出品人，云南大学茶马古道文化研究所研究员，云南大学中国当代文艺研究所副所长，著有《茶叶边疆：勐库寻茶记》《茶叶战争：茶叶与天朝的兴衰》《民国茶范：与大师喝茶的日子》《绿书：周重林的茶世界》等。

王旭烽
王旭烽，国家一级作家，浙江农林大学文化学院院长、教授，浙江省作家协会副主席，中国国际茶文化研究会理事，浙江农林大学文化学院茶文化学科带头人。1982 年毕业于浙江大学历史系，曾就职于中国茶叶博物馆。其代表作品《茶人三部曲》获 1995 年度国家“五个一工程”奖、国家八五计划优秀长篇小说奖、第五届茅盾文学奖。

张宇
张宇，人称“小黑”，1986 年生，云南大理人，吉普号创始人，普洱茶新青年。2010 年进入普洱茶行业，每年有三分之一以上时间深入云南各茶山进行实践探索。2016 年开始录制《茶山黑话》，这是业内第一部普洱茶知识服务型节目，现已逾百期。

陈再粦
陈再粦，国家级评茶师，潮州工夫茶非遗传承人，“不二人文空间”联合发起人，深圳市国际茶艺协会副会长。出身茶文化世家，幼承家学，师从潮州工夫茶非遗传承人陈香白。一门两代非遗传承人，薪火相继，传承有绪。

微博账号
@ 知中 ZHICHINA

微信账号
ZHICHINA2017

王琼

王琼，中国茶道专业委员会指定茶道教师、中国茶艺师评定标准制定者之一、和静茶修学堂创始人。著有中国首部茶散文《白云流霞》，录制出版《中国茶道经典》（VCD），出版《泡好一壶中国茶》原创教材功能书籍。

郑峰

郑峰，龙泉市非物质文化遗产“龙泉青瓷烧制技艺”代表性传承人，中国传统工艺大师，中国工艺美术家协会理事，中国青瓷文化研究院（香港）执行院长。龙泉市郑峰青瓷工坊为2014年APEC会议、联合国教科文组织、G20峰会与2017年“一带一路”峰会用瓷指定设计制作单位。

林杰

林杰，国家非物质文化遗产项目建窑建盏制作技艺代表性传承人。师从建盏大师许家有先生，创办守艺建盏陶瓷工作室。作品大撇口兔毫盏在2014年上海国际礼品工艺品创意设计展览会中获工艺美术金奖；作品油滴梅瓶被南平市博物馆永久收藏。

孔洪强

孔洪强，在工业设计行业从业17年，带领设计团队服务过众多国内外五百强消费类电子企业，累计设计上市产品五百余项，并多次获德国红点奖、iF奖；深圳不二人文空间联合发起人，民用古茶器藏家；“学古”品牌创立者。

特约撰稿人 / Special Correspondent

胖蝉

京城人士，非职业茶人。曾旅居东京，现定居上海。自幼习茶，遍访茶区及茶陶窑口。国茶研究以台、港为起点，回溯大陆，事茶、藏器均有小成。日本茶道师从江户千家，事茶、制器亦有小成。业余在多个机构任茶道讲师，运营非营利性公众号“蝉室”。

监修 /Special Advisor

周重林

周重林，云南师宗人，现为锥子周文化机构总编辑，自媒体《茶业复兴》出品人，云南大学茶马古道文化研究所研究员，云南大学中国当代文艺研究所副所长，著有《茶叶边疆：勐库寻茶记》《茶叶战争：茶叶与天朝的兴衰》《民国茶范：与大师喝茶的日子》《绿书：周重林的茶世界》等。

王旭烽

王旭烽，国家一级作家，浙江农林大学文化学院院长、教授，浙江省作家协会副主席，中国国际茶文化研究会理事，浙江农林大学文化学院茶文化学科带头人。1982年毕业于浙江大学历史系，曾就职于中国茶叶博物馆。其代表作品《茶人三部曲》获1995年度国家“五个一工程”奖、国家八五计划优秀长篇小说奖、第五届茅盾文学奖。

Words of Editor
编辑的话

简单来说，茶就是日常，又不止是日常。

无论是“琴棋书画诗酒茶”，抑或“柴米油盐酱醋茶”，茶从未远离中国人。生在广东，茶是故乡街坊再平常不过的琐碎生活，就连饭前都得先用一壶热茶烫过碗，人们才会动筷。如有客来，父亲更要拿出好茶来招待，围绕茶台，宾主尽欢。

喝茶有讲究吗？自然也是有的，讲究到了极致，便成了“茶道”。空间与时间、水与火候、器具与温度，都能影响茶汤的滋味，但就算不懂这些形式与方法，茶仍是一种能够疗愈身心的饮品，更遑论泡茶、品茶的方法，不同茶人心中自持千百种说法。

现在，中国茶的六大类是以颜色来命名的。相同的一片树叶，经过不同的制作过程，可能变成各种各样的茶，从而有了不同的颜色、香气、味道。在爱茶文人的笔下，茶是诗词歌赋，是笔墨丹青，是儒释道的大学问，为了喝一杯好茶，他们甚至做了不少“学术研究”。极致地喝茶，大约可以看作庸碌生活的美学起点。

中国传统器物推崇以形态语言表达意境以满足人们的审美需求。作为茶事活动中不可或缺的茶具，它们不仅体现了特定历史时期的造物条件，也反映着时代风格和审美变迁，而不同时代的饮茶方式中也折射了不同的时代精神。

所以说，饮馔虽是件小事，却也有着空灵美妙的哲学与美。

继唐、宋、明之后，中国茶如今迎来了第四次繁荣发展。在国茶的复兴时代，我们决定用一本书，兼顾古今，给大家讲讲中国茶的基本。席卷而来的“新中式”能为茶的传统文化带来怎样的新生，让人非常期待。

在喝茶之前，如果知道这些，将更能体会茶的滋味——这是我们制作这本书时的心情。

he Course of Chinese Tea

中国茶的基本

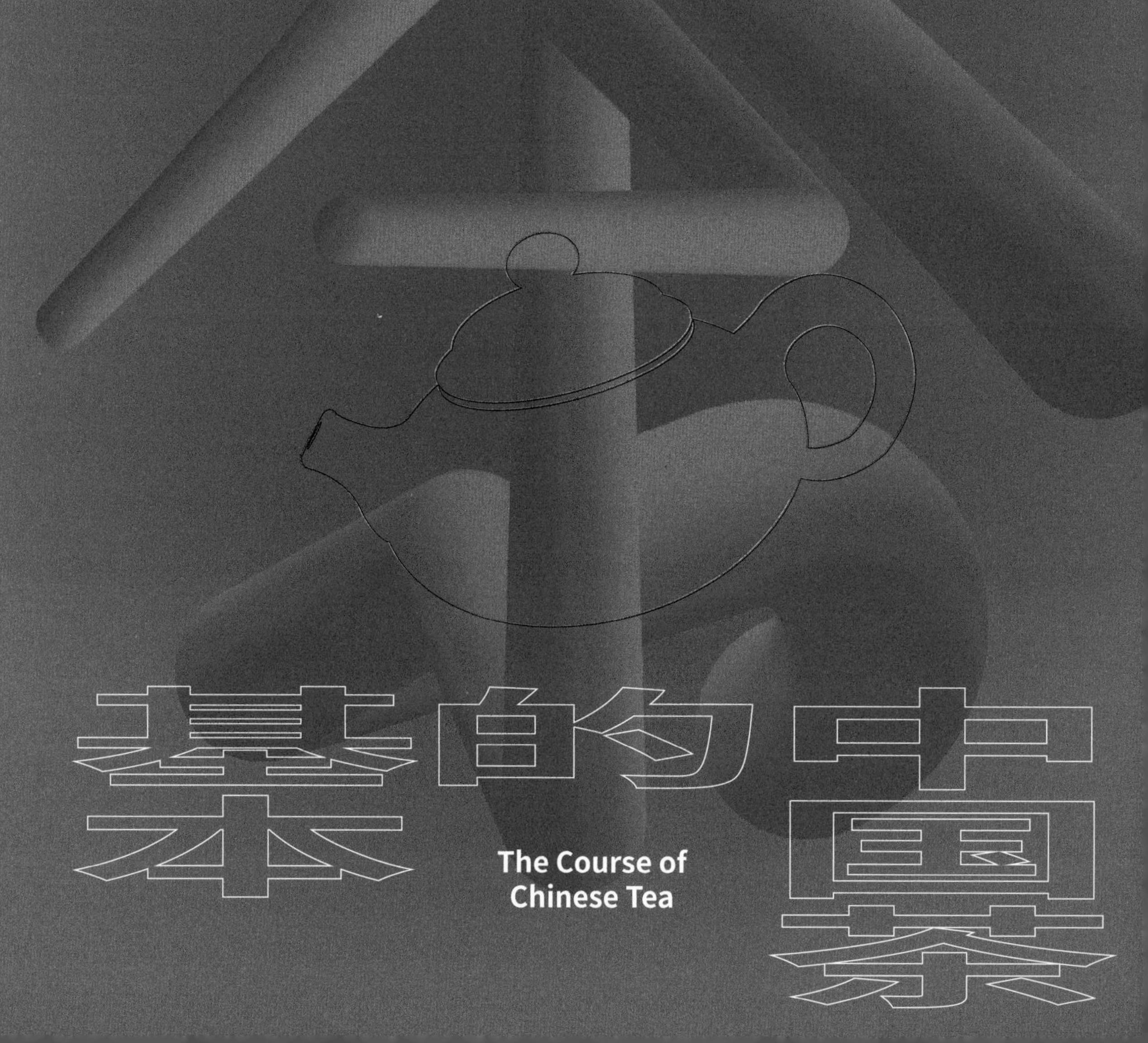

花卷茶

万两茶
湖南安化县
重万两，按古制 16 两为 1 斤，约重 625 斤，即 312.5 千克
100℃，1min

千两茶
湖南安化县江南一带
净重约 36 千克，色泽黑褐，呈圆柱体
100℃，1min

百两茶
湖南安化山区
用老秤进行计量称重，净重为 100 两，所以叫作百两茶
100℃，1min

十两茶
湖南安化
因每卷（支）的茶叶净含量合过去老秤 10 两而得名
100℃，1min

闽北水仙
福建建阳县
始制于清道光年间，具兰花清香
98℃以上，1—1.5min

武夷水仙
福建武夷山
茶叶较厚，茶香伴花香，较闽北水仙更为耐泡
70℃，1min

红茶

小种红茶

正山小种
福建省武夷山市
又称拉普山小种，分烟种和无烟种。有天然花香，香不强烈
90℃，5—10s

外山小种
福建政和、坦洋、北岭、屏南、古田等地
仿照正山品质的小种红茶，质地较差，统称“外山小种”或“人工小种”
90℃，5—10s

工夫红

祁门红茶
安徽祁门县
英国女王及王室的至爱饮品，有美称“群芳最”“红茶皇后”
95℃，1—2min

滇红工夫
云南凤庆县
选用优良云南凤庆大叶种茶鲜嫩芽叶作原料，汤色红艳，金圈突出
100℃，2—3min

闽红工夫

中国茶的

闽北乌龙茶

武夷肉桂
福建武夷山
以肉桂树品种的茶树命名，武夷岩茶典型代表
98℃以上，1—1.5min

大红袍
福建武夷山
特种名茶，带兰花香，七八泡后仍有余香，宜用工夫茶小壶小杯细品
98℃以上，1min

铁罗汉
福建武夷山
乌龙茶中之极品，创制于清乾隆年间
90℃，45s

白鸡冠
福建武夷山
鲜叶色泽米黄呈乳白，稍经贮存有似橘皮香
98℃以上，1min

水金龟
福建武夷山
茶树枝条交错，形似龟背，故得名，香气似梅花香，浓饮也不觉苦涩
90℃，45s

铁观音
福建泉州安溪县
传统名茶，有清香、浓香、陈香三大类型，七泡有余香。叶呈椭圆，叶厚肉多
96—100℃，60—80s

本山茶
福建泉州安溪县
安溪四大名茶之一，被视为铁观音的最佳替代品
96—100℃，60—80s

闽

茶

政和工夫（产地以福建政和为主，松溪、浙江庆元所产红毛茶也集中在政和加工）
香气颇似紫罗兰香，为福建三大工夫红茶中的上品
白琳工夫（福建福鼎太姥山等地）
茶叶含有大量橙黄白毫，具有鲜爽香气
坦洋工夫（福建省福安县白云山麓坦洋村）
外形细长匀整，带白毫，内质香味清鲜甜和
100℃，2—3min

浮梁工夫
江西景德镇
香气鲜甜如蜜糖，苹果滋味鲜醇
90℃，2min

宁红工夫
江西九江
清代贡品，曾获俄、美八国商人所赠的“茶盖中华，价甲天下”奖匾
清饮：100℃，3—5min
调饮：沸水浸泡5min后，把茶汤倾入茶杯，加入适量的糖和牛奶或乳酪即可

越红工夫
浙江绍兴诸暨
别名条红茶，汤色红亮较浅
100℃，1min

湖红工夫
湖南省安化、新化等县市
色泽黑润、香高持久、滋味浓厚、汤色红艳明亮
100℃，1min

川红工夫
四川省宜宾市筠连县、高县等地
中国工夫红茶的后起之秀，带橘香
80—90℃，15—20s

滇红碎茶

乌龙茶

福建泉州安溪县
头大尾尖，芽叶嫩，多白色茸毛。
96—100℃，60—80s

黄旦茶
福建泉州安溪县
商品名为黄金桂，采摘比一般茶叶早十余天
100℃，10—40s

广东乌龙茶

凤凰水仙
广东潮安县凤凰山区
汤色有“冷后浑”的特点，碗内壁显金圈
100℃，30—60s

凤凰单丛
广东潮安县凤凰山区
生长于海拔千米以上山区，产茶史可追溯至唐代，潮汕工夫茶常用佳品
100℃，20s

岭头单丛
广东省饶平县
又名白叶单枞茶，色泽黄褐似鳝鱼皮
100℃，10—20s

台湾乌龙茶

冻顶乌龙
台湾南投县鹿谷乡凤凰村
外形卷曲呈半球形，色泽墨绿油润，有花香略带焦糖香
90—100℃，10—30s

青心乌龙
台湾嘉义县阿里山乡
传统野生品种，呈桂花香、茉莉香
90—100℃，10—30s

金萱茶
台湾嘉义县阿里山乡

种类

Categories of Chinese Tea

红碎茶

云南凤庆、勐海县
再加工制成滇红工夫茶，又经揉切制成滇红碎茶
85℃，1—5s

南川红碎茶
重庆南川区
问世40余年，可直接冲泡，或制成袋泡茶
100℃，3—5min

易武茶区

其中有七村八寨及古六大茶山

刮风寨古树茶
云南省西双版纳勐腊县易武乡麻黑村
茶气沉郁饱满，层次丰富，回甘强，生津快，极耐泡

勐海茶区

老班章古树茶
云南省勐海县布朗山布朗族乡班章村
茶气足，茶汤口感饱满，分布均匀，生津快，回甘长

老曼峨古树茶
云南省勐海县布朗山老曼峨自然村
茶味浓郁，茶香强劲，具有高回甘生津的特点

那卡茶，
勐宋古树茶的代表品种
云南省景洪市勐龙镇勐宋乡

冲泡：普洱茶味不易出，因此需用100℃开水冲泡。杯壁注水，盖上杯盖。此时可继续往杯盖注水。

气味中带有奶香，茶叶尾部白毫明显，味道甘美

冷泡茶

翠玉茶

台湾坪林、宜兰、台东和南投茶区

一年四季皆有产。茶叶特色在于香气部分，呈花香

90—95℃，40s

蜜香茶（东方美人）

台湾花莲县瑞穗乡

外观与一般半球形的乌龙茶差不多，带白毫芯尾，茶汤蜜味甘醇浓淳

80—85℃，40s

青茶

普洱茶

花香浓郁，回甘迅速，久泡有余香

帕莎普洱茶

云南省西双版纳州勐海县东部格朗和乡

茶汤青绿，鲜爽高香，有苦味，无涩味

拔玛茶，南糯山普洱茶代表品种

云南省西双版纳傣族自治州勐海县的南糯山

拔玛茶果香浓郁，南糯山普洱鲜时清香，陈化后有药香

临沧茶区

冰岛普洱茶

云南省临沧市境内勐库冰岛村

回甘持久，甜味较其他茶种浓厚、细腻

昔归普洱茶

云南省临沧市境内的昔归村忙麓山

耐泡，具有冰糖香，茶汤厚重，留香持久

普洱茶区

景迈山古树茶

云南省普洱市澜沧拉祜自治县惠民乡

具有兰花香，鲜爽度高，入口细腻，有甜度

邦崴古树茶

云南省澜沧拉祜族自治县北部

香气持久，滋味浓烈，香型层次明显

困鹿山普洱茶

云南省普洱市宁洱哈尼彝族自治县

入口微苦，回甘快速，茶香清新淡雅

第一泡在开水冲入时即可倒出，用来冲洗茶杯。第二泡时沿着进行加温。

文：元美　编：陆沉　绘：DOUNAI
text: Yuan Mei　edit: Yuki　illustration: DOUNAI

李乐骏

青年茶文化及茶道研究者

你喜欢喝什么茶？

普洱茶、岩茶是我的味觉至爱，它们是中国茶的两座巅峰，是茶人味觉审美攀登的终点。白茶、红茶是日常饮用的"口粮"，对饮用环境的"不挑剔"，成就了这两种茶最大的适饮性和便利性。

你会根据不同季节选择饮用哪些茶？

春天，要开动你的创意去制作更多的水果调味茶，去打开你对一年的憧憬。夏天，清爽的绿茶、白茶是炎热季节的甘露。秋天，温暖的滇红茶、祁门红茶、正山小种茶是滋润的伴侣。冬天，煮上一壶陈年普洱茶是最佳的"浮生半日闲"。

是什么让你将喝茶作为一种生活习惯？

茶是中国人的味觉归属、情感依托，每一味中国茶的灵魂深处都藏着一位茶人。品茶是健康的生活方式，是充满乐趣的生活美学。有茶的日子，日日是好日。

你喝茶的时候会搭配享用哪些茶食？

不夺茶味、充满食用仪式感的点心与料理，应节气选用的四季果子。要有耐心去掉不方便食用的果皮部分。茶席上，一切都是刚刚好的用心款待。

你选购茶叶的标准是什么？

茶是食品，食品安全永远是第一位的。不要过于迷信所谓"大师""农家""手工"的三无产品。茶是美学，滋味是永恒的追求。中国茶百花齐放，不要限制自己对味觉探索。多喝多尝，每个人都能找到自己的心头至爱。

你对茶具有什么要求？

不同的茶叶需要不同的茶具。总的来说，普洱茶与岩茶等适用紫砂、陶器。绿茶、白茶等适用瓷器。茶是用来喝的，不要过分为器具所累。喝茶是生活中最美的仪式，不可以等闲视之。可以讲究时不将就，必须将就时不讲究。

在你看来，喝茶有哪些讲究？

从茶的角度必须要寻找地道得法的好茶，从茶人的角度必须要具备冲泡的专业技艺，从茶境的角度必须要营造美学适宜的茶席与茶空间。做到这三个"必须"，非一日之功，是很多茶人毕生的追求。

请说说你对中国茶道的理解。

精行俭德是中国茶道永恒的真谛。中国是茶道的起源国，但是经历过长期的中断，当前，中国茶道正在强势复兴当中。中国到底有没有茶道？有！但不是日本那样的茶道。当代中国正在萌发唐宋明之后第四次茶文化高峰，我对中国茶道的未来充满信心。

尹纪周

南海佛学院禅茶教授、云南昆明茶叶行业协会高级顾问

你喜欢喝什么茶？

六大茶类的茶基本都喝，研究禅茶文化需要接触和了解很多茶类。就平常而言，我比较喜欢喝绿茶、普洱茶、老白茶，当然，随着季节时令的变化也会有所调整，适当喝一些其他茶类。

是什么让你将喝茶作为一种生活习惯？

既有养生的原因，也有职业的原因。茶对人体的益处众所周知，不必赘言。喝茶既可以养身，亦可以养心。茶境通禅，禅茶一味。

你喝茶的时候会搭配享用哪些茶食?

和三五好友围坐一起喝茶的时候，会适当搭配一些干果、水果、小点心之类的食物，这样既增加喝茶的情趣，又对胃比较好。

你选购茶叶的标准是什么?

我会尽可能选择生态有机的茶、了解的茶喝，一般不乱喝茶，因为去过的茶产地比较多，知道哪里的茶更适合自己。

你对茶具有什么要求?

我喝普洱茶、六堡茶、老白茶喜欢用壶煮，喝藏茶也喜欢煮。其他茶用盖碗比较多，不仅仅是盖碗方便“察色、嗅香、品味、观形”，更因为盖碗寄予了古代哲人“天盖之，地载之，人育之”的深邃寓意，在品茶过程中体味天人合一、人与自然的和谐，更接近禅境。

在你看来，喝茶有哪些讲究?

喝茶没有过多的讲究，随心、随缘、随喜最好。所有的讲究都是人为加上去的，因为“讲究”得过了，致使许多不经常喝茶的朋友会对我说：“我不会喝茶，我不懂茶。”我会笑而答之：“喝茶和吃饭一样，没有什么会不会的。你不用懂茶，茶懂你，只管喝就是。”当然，依据茶性了解一些泡茶、品茶的规律和方法还是必要的。就像炒不同的菜，需要不同的烹制方法、不同的火候。喝茶千万不要被所谓的“讲究”吓住，敢喝了，喜欢喝了，再去探讨精神层面的事情，再讲天人合一、物我两忘、禅茶一味。

请说说你对中国茶道的理解。

我理解中国茶道是“上得厅堂，入得厨房”的，大俗大雅相得益彰。中国传统文化的核心——儒释道三家文化的精髓，在中国茶文化中都有很好的体现。中国禅茶文化精神是“正清和雅”，囊括了儒家文化主张的“正气”、道家文化主张的“清气”、佛家文化主张的“和气”，而茶自古属人生七雅之一——“琴棋书画诗酒茶”，所以喝茶在很多人眼里不仅仅是喝茶，既属于开门七件事“柴米油盐酱醋茶”的范畴，又大大超越了这开门七件事。

王迎新

《吃茶一水间》《人文茶席》《山水柏舟一席茶》作者

你喜欢喝什么茶?

普洱茶、岩茶，因为它们具有更丰富细腻的味觉体验。我也会根据不同季节选择不同茶饮，中国自古的养生观念也是符合自然规律、科学的。人的身体感应着四季变化，自然生发出对不同食物、饮品的需求。

是什么让你将喝茶作为一种生活习惯?

家人的影响。

你喝茶的时候会搭配享用哪些茶食?

我们会自己做“华食”，也就是人文茶席专用的中国式茶点，也会根据不同节令用应季的植物花草来制。

你对茶具有什么要求?

功能性、利茶性、美感皆具。

在你看来，喝茶有哪些讲究?

茶境、茶时、器、水、火源都是决定茶汤的重要因素。

请说说你对中国茶道的理解。

中国茶道正处在形成的初期，未来会有不同的流派出现，也会有更多的人把茶道当成一种生命哲学。

姚松涛

国家一级品评师

高级茶艺师

你喜欢喝什么茶?

我个人喜欢喝红茶。主要有这几点原因：首先是我个人体质需要。红茶茶性温和，色泽暖。其次是红茶很包容。红茶能包容很多元素，比如奶、花草等其他调料。再次，红茶符合现代人生活节奏。它高温闷泡随手就来，不太会泡坏。最后，快餐和空调房对现代人造成了一定的身体负担需要喝一些红茶调和。

是什么让你将喝茶作为一种生活习惯？

其实，最初是因为喜欢壶才入行，为了养壶就去喝茶，慢慢喝茶开始在生活中出现，慢慢开始习惯有茶味道的水，慢慢发现不同的茶、不同的器、不同的水会带来不同的茶汤质感，所以去追寻其中奥秘，慢慢在寻觅的过程和获得的喜悦中发现离不开茶了。

你在喝茶时会搭配享用哪些茶食？

茶和茶点搭配。有句话叫作："甜配绿，酸配红，坚果配乌龙！"我个人因肠胃不太好，喜欢配点苏打饼干，微微有点咸的味道，不要甜的，是为了不夺茶味。

你选购茶叶的标准是什么？

关于什么是好茶，我想第一是适合身体状况，加上购买茶叶渠道安全就完整了，这也是买茶的基本要求吧。

你对茶具有哪些要求？

我经历过对材质的追求，玻璃的、紫砂的、瓷器的等，也经历了对不同器型的追求，又经历了对价位和作者的追求，到现在发现，其实最合手的才是最终留在身边的。就我而言，紫砂壶用得最舒服了！

在你看来，喝茶有哪些讲究？

心净，手净，器净，水净，茶净。

心净也可以理解成心静，放空（不是什么都不想，而是要专注）就静了，静不下来是泡不出茶味的。净手，不论卫生方面还是仪式感方面都是要有的，这是自身对茶的尊重。后三净也是必需的，不用多解释，想必大家都能理解。

请说说你对中国茶道的理解。

简单来说，中国的茶道很宽，是大象无形、包罗万象，所有与茶有交集或者关联的事物都可以融入其中！茶的根在中国，数千年的文化沃土培育的这个瑰宝底蕴很厚重，也恰是底蕴丰厚才可以令其成长、发展，所以我们有了煎茶道、点茶道、泡茶道，有了更绚烂的茶文化。

关于茶的话

僧皎然

唐代诗人、僧人

一饮涤昏寐，情来朗爽满天地。再饮清我神，忽如飞雨洒轻尘。三饮便得道，何须苦心破烦恼。

——《饮茶歌诮崔石使君》

陆羽

唐代茶圣

茶之为用，味至寒，为饮最宜精行俭德之人。

——《茶经》

卢仝

唐代诗人、文学家

一碗喉吻润，二碗破孤闷，三碗搜枯肠，惟有文字五千卷。四碗发轻汗，平生不平事，尽向毛孔散。五碗肌骨清，六碗通仙灵。七碗吃不得也，惟觉两腋习习清风生。

——《七碗茶歌》

白居易

唐代诗人

坐酌泠泠水，看煎瑟瑟尘。无由持一碗，寄与爱茶人。

——《山泉煎茶有怀》

黄庭坚⊙北宋文学家、书法家

味浓香永。醉乡路，成佳境。恰如灯下，故人万里，归来对影。口不能言，心下快活自省。

——《品令·咏茶》

苏轼⊙北宋文学家、书画家

仙山灵雨湿行云，洗遍香肌粉未匀。明月来投玉川子，清风吹破武林春。要知玉雪心肠好，不是膏油首面新。戏作小诗君一笑，从来佳茗似佳人。

——《次韵曹辅寄壑源试焙新茶》

杨万里⊙南宋文学家、诗人

茶灶本笠泽，飞来摘茶国。堕在武夷山，溪心化为石。

——《寄题朱元晦武夷精舍十二茶灶》

元稹⊙唐代诗人、文学家

茶，香叶，嫩芽。慕诗客，爱僧家。碾雕白玉，罗织红纱。铫煎黄蕊色，碗转曲尘花。夜后邀陪明月，晨前命对朝霞。洗尽古今人不倦，将知醉后岂堪夸。

——《一字至七字诗·茶》

马钰⊙元代诗人、道士

一枪茶。二旗茶。休献机心名利家。无眠为作差。无为茶。自然茶。天赐休心与道家。无眠功行加。

——《长思仙·茶》

徐渭⊙明代书画家、文学家

品精舍、宜云林、宜瓷瓶、宜竹灶、宜幽人雅士、宜衲子仙朋、宜永昼清谈、宜寒宵兀坐、宜松月下、宜花鸟间、宜清流白石、宜绿鲜苍苔、宜素手汲泉、宜红妆扫雪、宜船头吹火、宜竹里飘烟。

——《徐文长秘集》

许次纾⊙明代茶人、学者

茶宜常饮，不宜多饮。常饮则心肺清凉，烦郁顿释。多饮则微伤脾肾，或泄或寒。

——《徐文长秘集·致品茶》

朱权⊙明代道教学者、剧作家

茶之为物，可以助诗兴而云山顿色，可以伏睡魔而天地忘形，可以倍清谈而万象惊寒，茶之功大矣。

——《茶谱》

郑板桥⊙清代画家

不风不雨正晴和，翠竹亭亭好节柯。最爱晚凉佳客至，一壶新茗泡松萝。

——《七言诗》

张大复⊙明代戏曲作家

茶性必发于水，八分之茶，遇水十分茶亦十分矣；八分之水试茶十分，茶只八分耳。

——《梅花草堂笔谈》

鲁迅⊙近现代作家、新文化运动代表

有好茶喝，会喝好茶，是一种清福。不过要享这清福，首先必须有工夫，其次是练习出来的特别的感觉。

——《喝茶》

周作人⊙近现代作家、翻译家

茶道的意思，用平凡的话来说，可以称作为忙里偷闲，苦中作乐，在不完全现实中享受一点美与和谐，在刹那间体会永久。

——《恬适人生·吃茶》

老舍⊙现代小说家、文学家、戏剧家

我是地道中国人，咖啡、蔻蔻、汽水、啤酒，皆非所喜，而独喜茶。有一杯好茶，我便能万物静观皆自得。烟酒虽然也是我的好友，但它们都是男性的——粗莽、热烈，有思想，可也有火气——未若茶之温柔，雅洁，轻轻的刺戟（激），淡淡的相依；是女性的。

——《戒茶》

梁实秋⊙现代散文家、文学批评家、翻译家

凡是有中国人的地方就有茶。人无贵贱，谁都有分（份），上焉者细啜名种，下焉者牛饮茶汤，甚至路边埂畔还有人奉茶。

林语堂⊙现代学者、文学家、语言学家

茶在第二泡时为最妙。第一泡犹如一个十二三岁的幼女，第二泡为年龄恰当的十六岁女郎，而第三泡则是少妇了。

郭沫若⊙文学家、历史学家

北国饮早茶，仿佛如在家；瞬息出国门，归来再饮茶。

汪曾祺⊙现代散文家、戏剧家、小说家

泡茶馆可以接触社会。我对各种各样的人、各种各样的生活都会发生兴趣，都想了解了解，跟泡茶馆有一定关系。如果我现在还算一个写小说的人，那么我这个小说家是在昆明的茶馆里泡出来的。

——《泡茶馆》

钱穆

⊙现代历史学家、思想家、教育家

中国人饮茶，别有一番情味，在安逸无事中，心平气和，或一人独品，或宾朋聚赏，或幽思，或畅谈，不能限以时刻，或羼以他事。否则茶既淡而无味，饮之亦仅解渴，无可欣赏。

艾煊⊙现代作家

茶和酒是千岁老友，但两人性格截然相反。一个是豪爽、狞猛、讲义气的汉子。一个是文静、宽厚、重情谊的书生。

贾平凹⊙现代作家

吃茶是大有名堂的，和尚吃茶是一种禅，道士吃茶是一种道，知识分子吃茶是一种文化。

李国文⊙现代作家

茶好，好在不嚣张生事、不惹人讨厌、平平和和、清清淡淡的风格，好在温厚宜人、随遇而安、怡情悦性而又矜持自爱的品德。在外国人的眼里，茶和中国是同义词，你懂得了茶，也就懂得了中国。

王旭烽⊙现代作家

从最新鲜的春意盎然的枝头采下的绿叶，立刻经受烈火的无情考验，在烘烤中它们失去舒展的身体和媚人的姿态，被封藏于深宫。这一切，都是为了某一天，当它们投入沸腾的生活时的“复活”。茶是世界万物中的复活之草！

——《爱茶者说》

林清玄⊙现代作家、散文家

我最喜欢的喝茶，是在寒风冷肃的冬季，夜深到众音沉默之际，独自在清静中品茗，一饮而净，两手握着已空的杯子，还感觉到茶在杯中的热度，热，迅速地传到心底。犹如人生苍凉历尽之后，中夜观心，看见，并且感觉，少年时沸腾的热血，仍在心口。

——《茶味》

容西 ⊙日本禅宗临济宗的创始人

贵哉茶乎，上通神灵诸天境界，下资饱食侵害之人伦矣。诸药唯主一种病，各施用力耳，茶为万病之药而已。

——《吃茶养生记》

李奎报⊙朝鲜高丽时期的文学家、哲学家

活水香茶真味道，白云明月是家风。

中国茶的基本

The Course of C

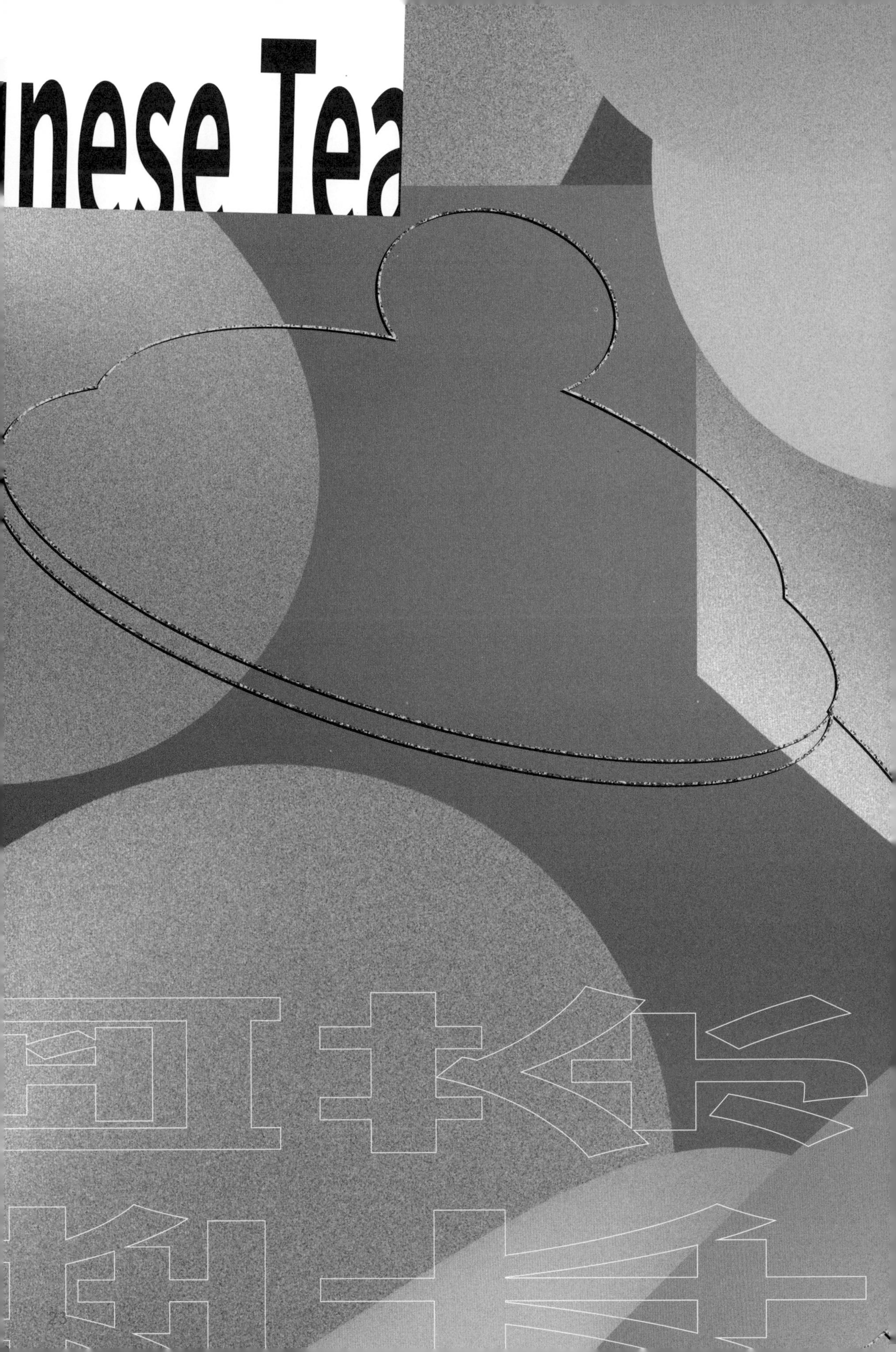
nese Tea

我们常听说的“明前茶”，指的是二十四节气“清明”之前，用指尖采下的新鲜嫩叶所制成的春茶。因为清明前气温较低，能达到采摘标准的嫩芽数量有限，因此明前茶的产量也较低。◎李南奇 摄

杭州龙井村。因龙井村位于西湖西侧，采自这里的龙井茶又被冠以“西湖”之称。

© 李南奇 摄

◎李南奇 摄

采摘明前龙井的茶农。明前龙井因较细嫩，冲泡时不宜用沸水。

文：胖蝉 编：陆沉 text: Pang Chan edit: Yuki

国茶的“文艺复兴”

The Renaissance of Chinese Tea

小时候，茶虽是亲民的嗜好，却也是讲究的载体。皇城根下的老人们独爱花茶，冬日出门遛弯前抓一把茶叶沏在瓷壶里，上盖，搁暖气片上闷着，回家便倒出来喝，不觉得浓，也不觉得寒。在老一辈人的眼中，这一系列在我们看来有失讲究的动作，竟都是有说道的，甚至是有传承的。

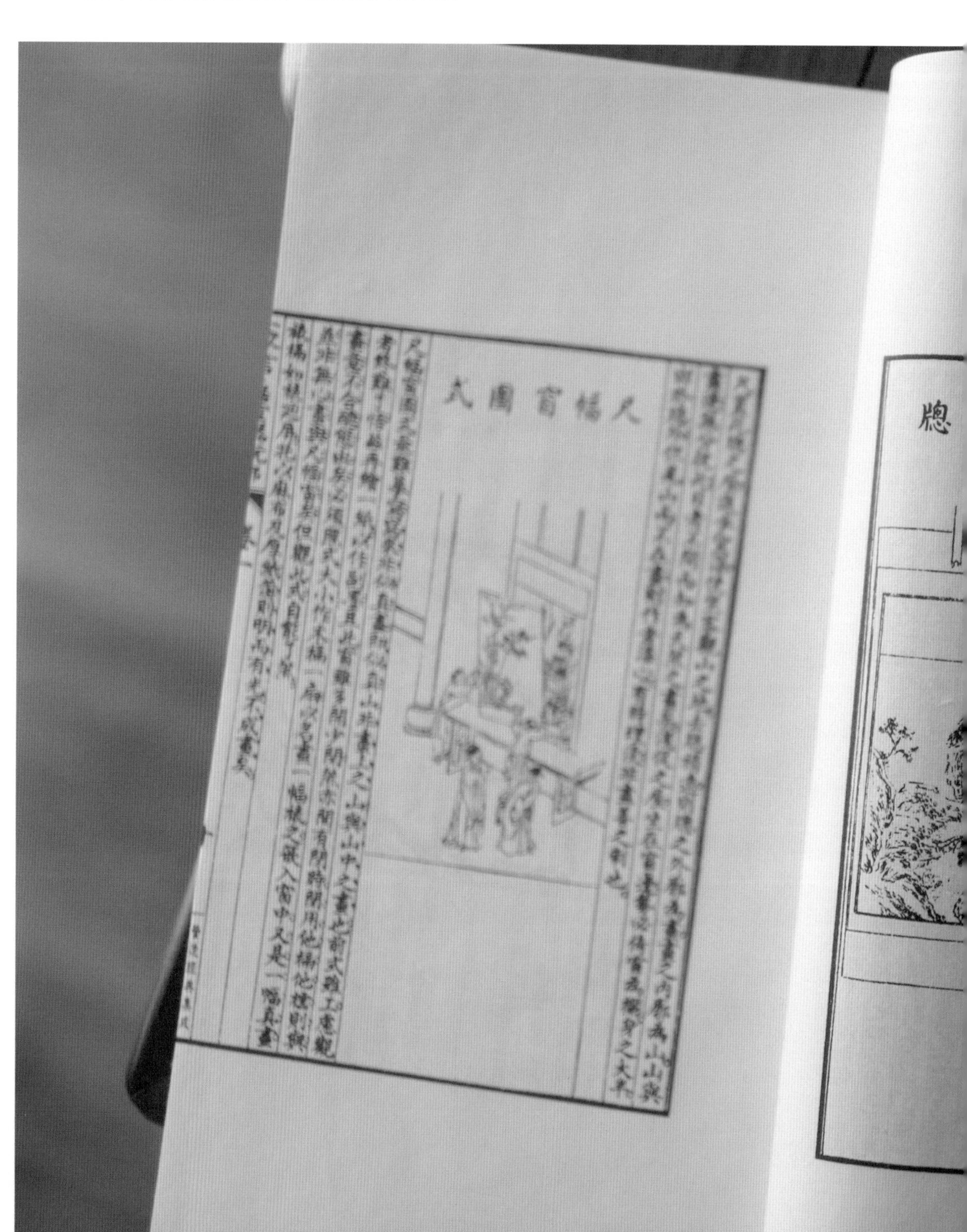

饮茶既是文人的雅生活，也是百姓的“开门七件事”。◎小满山馆 摄

即便是在京城这个茶的积淀并不厚重又民风朴拙的地区，关乎茶的讲究也能洋洋洒洒写下几万字。若是邀请茶缘深厚的江浙、潮汕、闽南等地的原住民讲述，定能整理出更加精彩的版本。茶曾作为杀伐标的、边民命脉、信仰中心和超脱象征的时代，距离现在已过去太久。好在旧事大多未被时光掩埋，而是在爷孙们讲究或不讲究的有关茶的对话中传承下来。

百年前曾有一个外国人说："对晚近的中国人来说，喝茶不过是喝个味道。"十几年前首次读到这番话的时候，在备感刺耳之余，内心不乏认同。毋庸置疑，在饮茶的精致化和对茶文化精神领域的发掘与修葺上，众多国人曾抱持着相当保守甚至是抵触的情绪。但令人欣慰的是，伴随着财富的极速积聚和新贵们日益膨胀的对文化生活品质与自身认同感的渴求，曾经的颓势在过去十年中已逐步被剥蚀、瓦解，新的秩序正悄然建立。

当代茶人与非茶人的碰撞中，地域间的禁锢与偏见被突破，尘封的书卷被多元解读，流散在外的茶习美器荣归故里，秘传制法得以重见天日，隐世高人从幕后走到台前。溯源、解构与跨越，反哺、征用与扶持，最终回归于对茶本源的思考，在推翻与再建设的过程中完成对新高度的求索。宛如文艺复兴，风轻云淡或许并不是这个时代茶的特色，而我已嗅到了业界的熏风。历数过去几十年中出现的太多个元年，这个时代的茶人们兴许真的值得被后人仰望与缅怀。

而谁规定过，"文艺复兴"只能有一次呢？

溯源

诞生于一个茶史源远流长却历经乱世摧残与物质精神赤贫的国度，国茶亟须的首先便是对存世茶品资源的溯源、消化与呈现。

商业化——传统的卫道者们视之若洪水猛兽，在机敏的商人们眼中却是建功立业的金匙。当代过热的市场中，对茶品价值的发掘与商业滥用几乎是同步并行的。在民众缺乏基本判断力的时代，太多好茶都没能熬过成长之痛，最终仅留下一笔辉煌，独善其身。但同样，也有无数幸运的茶类在从幕后走向台前的过程中得以保存了风骨，一尝万众追捧的滋味。

不仅是茶，近年在对品饮方式的试掘中，一些古代茶习也正从书本上的苍白文字演化为更具象的手法仪轨，虽然在商业的盲目推搡下目前仍然步履蹒跚，但功德圆满、自立门派的日子总会来的。

解构

一方水土养一方茶。茶的加工方式、品饮方式和其所在的风土、民俗呈现强烈的相关性。当代，熟络的老搭档们正面临挑战与新的机缘。

上溯短短几十年，茶品间、茶人间的交流还不顺畅。而正如冷链物流的完善与优质舶来食材的涌入引发中餐领域的融合新潮一般，在极丰富的资讯、技术助力下，各地的茶人们的资源和思路亦得到了极大程度的拓展。传统手法在他乡大放异彩，本地茶种远征彼方的故事层出不穷，加之品饮方式的日益多元化和茶器的蜕变，使得原本就已丰富的茶品类别再次大举扩张。

跨越

老一辈茶客的味觉是相对保守的。我不会建议家中的长辈去接受新茶，对个人来说，挑战已然建立的味觉体系意义不大。但切换到行业的视角，对主流味觉边界的试探与对既有秩序的颠覆则是充满魅力的。

中国城市的年轻食客们在幼少期接受了全国乃至海外的复杂味觉的洗礼，对陌生味觉保持着旺盛的好奇心和比较客观的品评态度，家族的口味或本地的茶香早已不是他们的首选，而他们的迁徙又为其他城市带来更加复杂的味觉偏好。最终，属于个人的微不足道的一步，将推动一代人的跨越。

反哺

饮茶论道中，当代茶人避之唯恐不及却又避无可避的一个国度，便是日本。

且不谈正统茶学著述中的巨幅引用和茶器领域的强势输出，这些都仅是皮毛。令许多忧国忧民的茶人焦虑的，是借由宝岛茶圈输入的、渗透在茶席逻辑和饮茶精神内涵中的日式元素。而这种矛盾感和排斥情绪亦促使少数茶人走入了另一个极端，即从根本上否定精致化的饮茶倾向和停止对饮茶文化内涵的求索。

茶人的胸怀不应如此狭窄。拿来主义也可以做得潇洒，俯视和仰望都没有必要，合用的，拿来便好。

征用

铁壶的崛起无疑是近年茶器圈中值得浓墨重彩书写的一笔。虽然对铁壶本身的功能性、便利性以及其过分可观的价格褒贬不一，但一件舶来品能够如此深入地走入国人的茶席，这海纳百川的度量首先便是值得肯定的。

而茶的号召力远远不止于此。

茶为雅事，近年来茶会作为一种融合度极高的综合艺术实践已经深入人心，茶香琴韵，戏墨啜茶，越来越多的名角甘愿为茶搭戏。而雅集、笔会之余，一壶茶转身又成了最佳配角。有趣的灵魂会相遇，雅士也会，雅事也会，不知该说这是茶的幸运，还是这个时代的幸运。

扶持

当代茶圈对于手工艺者的扶持力度，前所未有。

茶的老伙伴制陶画瓷自不必说，曾经并无瓜葛的砚石，名不见经传的冷锻，一些依附于陶瓷工艺的衍生品如髹漆、锔瓷，但凡是跟茶挂钩的过硬手艺都不曾被埋没，甚至一些充满文人趣味的花草也因升格为茶席陈设而备受瞩目。

对古董小件和古旧材料的发掘和充满匠心的二次创作更为茶席增色不少。曾是鸡肋的摆饰成为了目光的焦点，保养得当的茶器泛出迷人的光泽，斑驳的竹片在茶客手中传阅，茶人的苦心便得到了回报。

思考

对如今的国人来说，喝茶不再只是喝个味道。

即使抛却日渐泛滥却往往虚空的“茶禅一味”论调，茶仍是绝佳的态度载体。茶席的布置与茶、茶器的选择，不仅将主人的审美取向无比直观地呈现给客方，更委婉地透露出其处世态度和为人风格的痕迹，几壶茶下肚，穿插三两对话，主客之间的契合度便了然于心。孤高的茶客定然接受不了一味堆砌金银和盛誉的茶席，而热衷斗试的藏家也定会嫌质朴的茶席索然无味。凡圣同席，未见得哪个是凡，哪个是圣，但凡圣的界限定是清晰的，对多数人来说，这已足够受用。

在更大的格局里，依附于茶的哲学塑造了点饮抹茶的日本人形象：严谨而严肃，周到而细致。而身为前辈，爱茶的国人形象却仍未定着，从灰暗乏味的实用主义中走出后，徘徊于古典主义、浪漫主义、自然主义甚至是消费主义间，放缓脚步，探寻着方向。

国茶正经历一场“文艺复兴”，复兴的本质不在复古，而在求新，挑战旧的权威，建立新的秩序。庞大的历史洪流中，每个人都可以是弄潮者。

不久的将来，愿国茶不再依赖外人加冕来填满腹中的空虚，而靠自身寻回曾经的自信与威严。

02 文：张鑫榆 编：陆沉 text: Zhang Xinyu edit: Yuki

茶的新浪潮

The New Waves of Chinese Tea

茶，一片从云南的莽莽苍林中生长的叶子，穿越了上千年的历史长河，成为文人雅士推崇备至的精神饮品，似乎和当下青年已有着一种距离感。然而数据显示当今国内茶叶市场消费量逐年增加，茶叶的消费人群也越发年轻化。茶这一种植物，经历了从早期的药用、食用，到所谓“唐煮宋点明冲泡”的品饮方式改变，又是以何种姿态来到我们面前？这一碗茶汤所展现的人情与包容，又将在当下展现出怎样的无限可能？

“喜茶”的现象级爆红，在年轻人中间掀起了一波中国茶的新浪潮。

奶茶：当下青年的“续命”良方

奶茶大概是最受当下青年追捧的饮品了，出门逛街时，随手一杯奶茶已是大多年轻人离不开的习惯，而传统意义上的奶茶则要追溯到几百年以前，藏族和蒙古族等少数民族饮用的奶茶。游牧民族大多食用肉类，食用蔬菜较少，而饮用奶茶刚好可以充饥，去除体内的油腻。牧民奶茶中所用的茶大多是经过渥堆发酵的砖茶，原料粗老，价格低廉，便于长途运输储存。这些茶因为大多销往边疆，亦被称为边茶，是与藏区和北方少数民族人民进行贸易的重要产品。从唐代起，政府已开始征收茶税，到宋代直接设立政府机构“茶马司”进行管理。直到现在，少数民族地区仍旧是砖茶的主要消费市场。

英式奶茶

17世纪，茶传入欧洲。酷爱饮茶的葡萄牙公主凯瑟琳嫁入英国后，在英国上层带起一股饮茶之风，贵族妇

女和普通百姓纷纷效仿，中国茶就此风行英伦，凯瑟琳也被称为“饮茶皇后”。英国诗人埃德蒙·沃尔特甚至在她生日时作了一首赞美诗《饮茶皇后之歌》献给她，以表祝贺。

英国人多饮用红碎茶。茶叶起初是作为奢侈品从中国进口的，直到18世纪，英国成功在印度种植茶树以后，价格低廉的印度红茶便取代了中国茶，成为英国茶叶消费市场的主要来源。19世纪，英国的贵妇小姐们整日为不知如何打发漫长的下午而发愁，一名叫安娜的公爵夫人发明的下午茶顿时成为贵妇间时兴的社交方式。饮茶时为适应自身口味，人们多佐以牛奶和糖，再加上精致的三层点心塔。上流社会人士的争先效仿，也推动了下午茶这种休闲形式在大众之中流行，独特的英国下午茶文化由此形成。

现代奶茶

20世纪80年代，传回台湾的英式奶茶在经过本土化改造后，产生了遍地开花的“珍珠奶茶”，以“CoCo都可”为代表的奶茶店传入大陆后也迅速火爆。大多数奶茶店采用香精（植脂末）加萃取茶粉作为原料，奶香浓郁，成本低廉，凭借直营店与扩大加盟的模式，迅速占领各个城市的街头，受到学生和青年群体的欢迎。

然而随着收入的提升以及消费的升级，街头的珍珠奶茶店已经不能满足人们的需求，以喜茶为代表的一众网红奶茶店应运而生。首先火遍大陆的仍旧是以“一点点”和“贡茶”为代表的台湾品牌，这类奶茶店开始主打口味更好、价格更高的“奶盖”。制作奶盖对茶的品质要求更高，萃取茶粉和碎茶已经难以满足要求，于是他们选择了成本、价格高几倍的整叶茶来保证饮品的口感，消费者也乐于埋单。而“喜茶”的出现，则标志着年轻人对品牌的消费需求更上一层。喜茶一改街头小店的经营方式，注重品牌形象，只开设直营店，加上插画风格的Logo形象，极简工业风格的店铺装潢，都是迎合当下青年审美的。喜茶放弃了普通街头奶茶店定价亲民的策略，它选择的原料是成本更为高昂的鲜牛奶和原叶茶，就此开拓了奶茶的中高端市场。喜茶这类奶茶店多选用绿茶、清香型乌龙茶等便于大众接受的茶品作为原料，口味不断推陈出新，体验门槛较低，也能满足喜欢追求新事物的当代青年。相较于价格和门槛更高的咖啡馆和清茶馆，更为便捷，价格适中，因而拥有标准化口感的喜茶自然能占领更多的年轻人市场，甚至为了一杯饮料排队这回事，也能给喜欢追逐潮流并扩散潮流的年轻人带来一种仪式感。在当下青年推崇奶茶的背后，隐含的是一种“表示自己正在休息的闲适状态”，它能在最低的时间成本和金钱成本的前提下，让人觉得放松和愉悦。

奶盖茶的风靡使杯盖发生了明显变化。“喜茶”的热茶使用咖啡杯盖，冷茶则使用翻转盖、旋转盖，这些都是“新中式”茶饮不断升级的标志性产物。

一度风靡的台湾珍珠奶茶。

饮茶的便利化

虽然工业革命和全球化浪潮带来了社会的飞速发展，但快节奏的现代生活并未完全夺走人们探索生活意义的热情，饮茶就是一种放空与抽离当下的方式。喝茶这件古老而缓慢的事情，在让人与自然神游的同时，也兼容并蓄地发展了适合现代节奏的品饮方式。

茶包

1901年，美国的罗伯塔·劳森和玛丽·莫拉伦两位女士发明了接近现代意义的茶包，她们发现每次泡茶时都须煮上一整壶才能饮用，需要较大的投茶量，如果饮用不完，放置过久，茶水滋味也会变差，导致大量浪费。于是她们将少量茶叶放入网织棉布袋中，将袋子放入杯中，这样只需少量茶叶即可冲泡出一杯茶。两年后，她们将这一发明申请了专利，然而并未大量投入市场。

茶包在市场上的风行，要归功于另一位美国人——茶叶商人托马斯·苏利文。1908年，他为了减少成本，用丝绸布袋装入少量茶，作为茶样寄给客人。一些客人并没有像常规那样将茶叶倒入壶中煮，而是直接将丝绸布袋放入热水中，一杯浓醇的茶汤就这样意外诞生了。由于这种饮茶方式操作方便，还能使茶叶中的内含物质迅速析出，托马斯抓住这个商机大力推广，茶包很快风靡美国。

但茶包在现代社会的全球风行还是离不开嗜茶的英国人的传播，其中的代表就是“立顿”与“川宁”两个英国百年品牌。20世纪20年代左右，茶包在美国已经大受欢迎，甚至战时也有不少国家会发放茶包给士兵作为补给，然而英国人对茶包却始终持怀疑态度。直到20世纪50年代，在家务革新等变化的冲击下，茶包才终于在英国火爆起来。在如今英国人的日常饮茶中，袋泡茶已经占90%以上。而立顿早在1892年就开始了全球化运动，先后在美国及印度远东市场开设门店。1972年，立顿被全球著名的联合利华集团收购后，更是跟上全球化的浪潮，开始了更强势的扩张之路，将其独创的三角茶包的饮茶方式推广到全世界。茶包与普通茶品原料的区别在于现代茶包多选用碎茶拼配的方式，茶品的配方可谓企业最重要的机密。已拥有300余年历史的川宁，除了得到皇室委任状以外，其拼配师和审评体系也是他们最引以为豪的品牌资本。

茶包的制作在这一百年来也经历了不小的变化，起初选用的丝绸茶包，材质昂贵，且丝绸孔眼太密，茶叶内含物质无法快速渗透析出，随后人们选用了棉质布料。茶包的密封最初是依靠胶水，然而胶水和茶一起浸泡，极大影响了茶的味道，为了改良这点，人们改用折叠细线来作为密封的方式。随着当下设计行业的发展和消费者审美的提升，越来越多形态、材质各异的茶包逐渐出现在市场上。

原叶袋泡茶包中装的不是茶叶碎末，而是完整茶叶。

最常见的现代茶包中多装的是茶叶碎末，冲泡方便。

原叶茶的轻量化

在通常的茶叶售卖体系里，大多的茶类是论斤出售（普洱茶多按照357克/饼出售），即使一些产量稀少的高端茶品，也以两为单位售卖，鲜少像茶包一样论每泡出售。这种售卖方式对于初了解茶的人来说，体验成本太过高昂，短期内若饮用不完，且保存不当，茶叶可能会因受潮等情况而影响滋味。但当下，也有越来越多的茶品牌注意到这一点，开始推出按每泡的投茶量来做小包装的产品。小罐茶的出现及爆红，可以说给传统茶企的宣传推广带来了新的思路。小罐茶定位高端市场，采用铝罐包装，每罐4克，这是一个大多数茶类都适宜的投茶量，而且小罐茶选用的茶叶原料偏中高端，茶汤滋味稳定，对于初接触泡茶品饮的人来说，也比较容易泡出不错的滋味，故成为高端礼品市场的一个新选择。小罐茶的创始人杜国楹也是一手打造红极一时的“背背佳”“好记星”“8848手机”等产品的推手，他并不是一个专业的茶行业人士，却迅速让小罐茶打出了中国众多茶企从来没有过的知名度。除了定位高端人群，花费大量资金在央视做广告等，他也确实抓住了“小罐装”这一便捷的定量投茶包装方式。

当下中国的茶叶品类和等级，足以覆盖从入门到极稀有的高端产品，但大多茶企的生产水平与营销能力并未同步提升。会做茶的不会做品牌推广，会做推广的不一定能把控好茶的品质。小罐茶以这样的营销方式杀入市场，至少证明了中国茶叶市场消费能力巨大，茶企还有太多机会去思考如何让消费者更好地接受茶。

现代茶生活

仪式感的意义在当代生活中显得愈加重要，它能在忙碌的节点提醒人们不断回望。除了越发便捷与快速的饮茶方式外，郑重而精致的品饮也从未消失。冈仓天心在《茶之书》里提到茶室不过是“时兴之所”，用以承载一时涌现的诗意。而现代人的诗意，也在茶这个古老的载体里有了新的盛放空间。

茶空间

饮茶的公共空间自古有之，唐代时候已有“茶坊”“茶肆”，宋代有“茶楼”，元代有“茶房”“茶铺”，明代有“茶社”“茶馆”，清代有“茶寮”，民国以后多称为“茶馆”。随着经济的发展和消费者需求的提高，茶馆也开始分化转型，不仅保有面向大众的公园街边茶馆，也有更为前沿精致的“茶空间”。

一部分茶空间是由传统茶楼转型而来，运用更富质感的装潢，提供精致餐点，主要作为商务洽谈场所面对高端消费人群。注重包厢的私密性，以及环境品位与身份的契合，是大多商务人士倾向选择茶空间的原因。而另一类茶空间，则更偏向于休闲与体验意味浓厚的“茶艺馆”。这类茶空间多位于风景优美、环境清幽之地，或隐于山林中的度假酒店内。前者的品饮方式多为茶艺师在准备室泡茶，用公道杯均匀几次的茶汤后，与茶点一同递至客人桌前。而后者则更偏重于饮茶这件事本身的体验感，由茶艺师坐在客人面前冲泡，引导客人共同品饮，感受每一道茶汤的滋味。一些茶室亦有茶艺师做简要指引，客人自己冲泡的形式，除常用的盖碗、紫砂壶冲泡形式外，也有部分茶室提供日本抹茶、复原唐代煮茶、宋代点茶的体验。

除了作为基础的品饮场所之外，大多数的茶空间也将茶道、香道、古琴、禅修、插花等艺术的展示与教学结合在一起，形成类似书院的体系，作为修习和文化场所。部分更为开放的茶室，亦时兴与各类艺术家或手作职人合作，将茶空间作为展览的载体，时常做不同主题的布展和雅集，通过与不同领域的合作，既保证了来访者常看常新的体验，也将茶文化融入到方方面面，让大家看到茶在创作和生活中的包容性与无限可能。

当代人的下午茶

在英式下午茶风靡全球上百年后，这股风气才逐渐传入中国，下午茶这一形式从最初定位中高端的咖啡馆消费，逐渐面向更广阔的青年人群。在咖啡和普通饮品已经无法带来新鲜感的时候，众多品牌纷纷瞄准茶这种口感清爽、尚未被年轻人足够了解的饮品。首先做出大胆尝试的品牌之一就是“星巴克”，星巴克收购了已上市的茶叶零售品牌Teavana。

Teavana是一个创立于1997年的美国茶叶零售品牌，以全球采购原料、混合配制的模式出售茶叶，在美国已有上百家门店。星巴克于2012年收购该品牌，试图帮助该品牌年轻化，并大力进军中国市场。但在进入中国市场后，星巴克并没有为Teavana开设专门的直营店，只是以店内专区的形式存在，在价格和普通星巴克饮品差不多的情况下，并未体现其独特性和优势，最终这场在茶界引起轰动的进军，以暂时失败告终，星巴克已打算终止在中国全部门店的Teavana茶品销售。虽然这次尝试失败了，也给了中国的茶品牌一个提醒，这样的国际大品牌已经注意到了茶在年轻人中潜在的消费市场，但照搬星巴克的模式是不适合中国茶的，还需要做更多本土化的探索。

而另一个瞄准中国下午茶市场的品牌叫作“TWG Tea”。这是一家创立于2008年的新加坡公司，定位为高端奢华的品牌。TWG将门店开在每个城市顶级商圈的核心位置，周围都是奢侈品店，店铺内欧式豪华风格的装潢，一改大众对茶饮店的印象。除了品类众多的茶饮以外，TWG还有极为精致的马卡龙茶点和镏金风格的茶具，尽量还原英式下午茶的体验。尽管定位高端，相较于高端清茶馆，TWG仍旧称得上价格适中，部分茶品单价不到百元。当下大多青年的社交需求只是需要一个环境特别、适合与朋友聊天拍照的地方，随着对大多进入中国市场已久的咖啡馆和甜品店的新鲜感不再，加上年轻人对茶这种本土饮品的天然亲近，和茶行业人士对茶品以及茶文化的再发掘，一些口味与环境独特的茶店越发受欢迎并不是一件意外的事情。

大多数年轻人对茶的距离感主要源于对厚重文化的一种敬畏感，不得其门而入，暗含的也是一种憧憬，年轻人不断追寻新鲜事物的过程，也是对文化再认识的过程。我们不断发现这种亲近的同时，那茶作为旧时光里的良人，又会以怎样的眉眼装扮来与我们再相遇呢？

在今天，茶叶、器具与冲泡方式之间有更为多样的组合可能。◎赵仁 摄

03 文：徐雅 编：陆沉 绘： text: Xu Ya edit: Yuki

南方有嘉木：茶的起源与发展

The Origin and Development of Chinese Tea

中国是茶的故乡，茶的起源距今有七八千年。探究茶树起源时最重要的实物证据就是野生的古茶树。想要找到茶的源头，必须从茶树这一古老的物种开始说起。

TEA GARDENS AT SHANGHAE.
To face p. 91, vol. I.

罗伯特·福琼（Robert Fortune）于1853年所绘的上海茶园。

南方之嘉木

唐代陆羽的《茶经》中记载：“茶者，南方之嘉木也。一尺、二尺乃至数十尺。其巴山峡川有两人合抱者，伐而掇之……”这说明，我国古代的西南山区应该是古茶树的故乡。早在东汉，便有《桐君录》记载道：“西阳、武昌、庐江、晋陵好茗……”这里的“茗”就是茶，而当时的这几个地区，现均属秦岭终南山以南的鄂西山区。这更加可以确定，如今的云南、贵州、四川和重庆一带是茶树的原产地。

为什么茶树只生长于南方呢？这就需要找到茶树的亲缘，也就是它的祖先。我们现在熟知的茶树，根据植物学划分，属灌木或小乔木，是由山茶目、山茶科、山茶属演化而来的。现在的茶树是经历“险阻”进化而成，它的祖先可以追溯到新生代第三纪至第四纪之间。

当时的茶树并非只生存于我国的西南山区，相反，它们遍布大陆各地。喜马拉雅造山运动导致了冰期和间冰期的出现，冰期气候十分寒冷，所有大地被冰川覆盖，这样的“冰封”直到13000年前的全新世晚期才开始逐渐消退，但并未完全消失，还是有一部分地区被冰川长期覆盖。厚实的冰川永久不化，所以茶树也因温度太低而不再生长。在未被冰川完全覆盖的东南沿海、华南、西南及华中一些地方，茶树的根得以保存下来，继续繁衍生长。这也是茶树为什么生“南”而不生“北”。

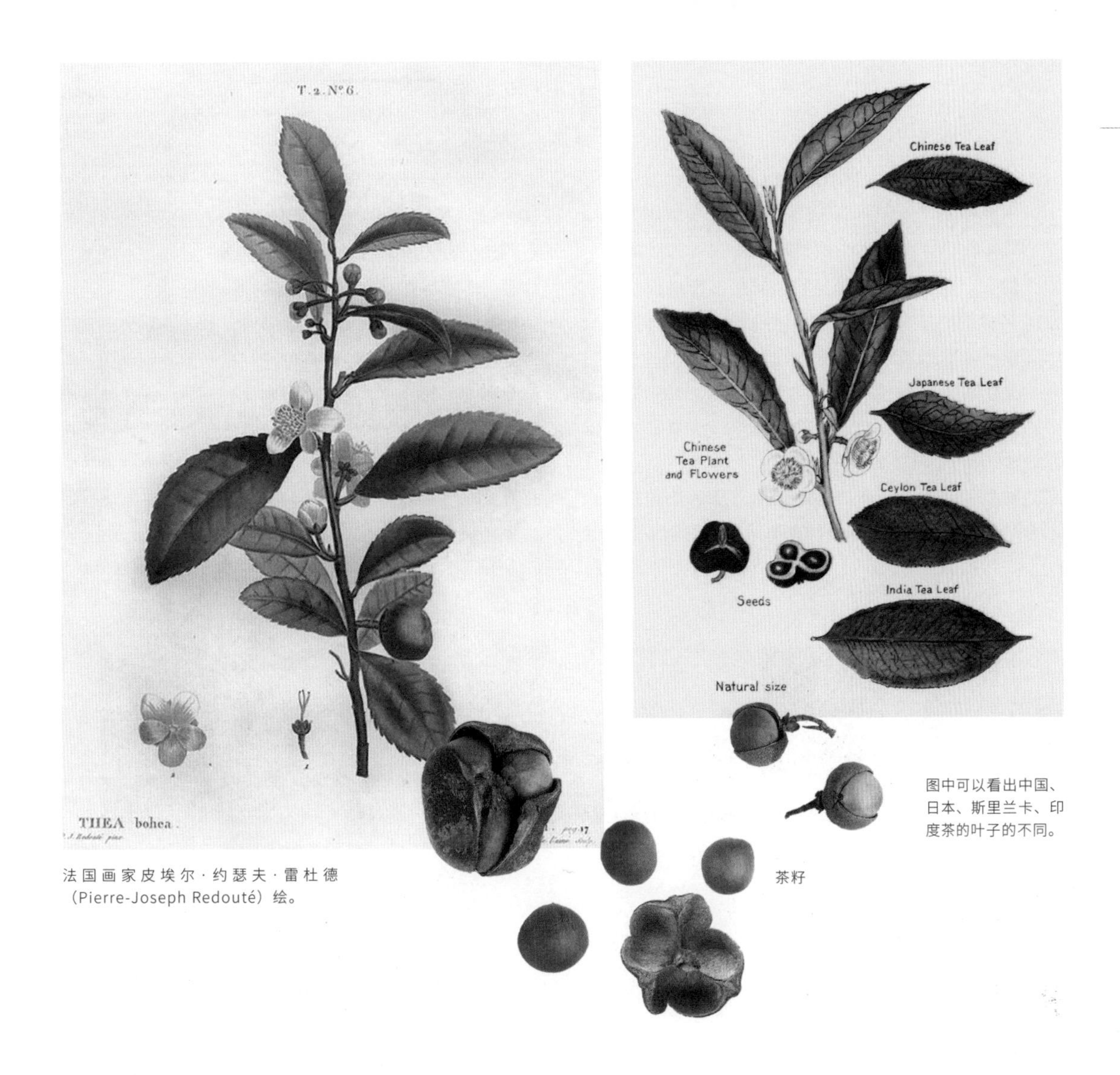

法国画家皮埃尔·约瑟夫·雷杜德（Pierre-Joseph Redouté）绘。

图中可以看出中国、日本、斯里兰卡、印度茶的叶子的不同。

茶籽

我国是至今在全球范围发现最多野生大茶树的国家，这一点也证明了茶发源于中国。这些在西南山区的野生大茶树，成为考证茶树起源的“活化石”。

1980年7月，在贵州晴隆县云头大山深处发现茶籽化石，经中国科学院地化所和中国科学院南京地质古生物研究所鉴定，确认为新生代第三纪四球茶籽化石，距今至少已有100万年，这是迄今为止地球上发现的最古老的茶籽化石。[1]

经多年考察和调查，我国的茶叶科学家已在全国10个省份200多处发现野生大茶树。这些野生大茶树主要集中在云南的原始森林中，如1961年，在云南省勐海县巴达乡贺松大黑山的原始森林发现的野生大茶树，其主干高32.12米，直径1.21米，树龄超过1700年。2012年10月9日，这棵1800余岁的勐海县巴达乡野生茶树王由于极度衰老和树干中空枯死倒伏，自然死亡。

1996年，在云南镇沅县千家寨的原始森林中，发现了28747.5亩野生大茶树群落分布，这是世界上面积最大的乔木型野生大茶树群落。其中还有1棵树龄2000年以上的野生大茶树在生长。以上种种迹象表明，野生大茶树具有最原始的特征，而中国西南地区，特别是云南以南的地区则是茶树原产地的中心区域。

变迁的历程

地势变化，从而造成的环境变化是茶树生长逐渐演变的最主要原因。植物同动物一样，要适应周围的环境才得以生存。近几百万年来，高原的上升、河谷的下切，使得茶树生长的同一区域内，又接踵分成了热带、亚热带、温带和寒带气候，茶树生长在不同气候的区域，造成了“同源茶树的隔离分居现象”：乔木型大、中叶种茶树树冠高大，叶大如掌；而灌木型中、小叶种茶树树冠矮小，叶形较小。这是因为乔木型大、中叶种茶树主要分布在多雨炎热带，它们耐热、耐湿又接受强日照。而灌木型中、小型叶种茶树主要分布在寒带，它们则耐寒、耐阴。

茶树的后代随着第三纪中期的地质变迁和随之而来的气

1 姚国坤《惠及世界的一片神奇树叶》。

候变化，产生了同源茶树隔离分居现象。其后便向适应当地生存环境的方向发展，在漫长的历史长河中，茶树大致沿着3个方向在中国乃至世界范围迁移和传播开来。

其一，沿着茶树的原产地也就是云贵高原的横断山脉，以及澜沧江、怒江等水系往更西南方向传播。这一区域低纬度、高温度，茶树多适应湿热多雨的气候条件，因此生长于这一区域的茶树生长迅速，树干高大，叶面较大而隆起。除了较为原始的野生大茶树外，栽培型的云南大叶茶就是其中的代表。

其二，沿着云贵高原的南北盘江及沅江向东及东南方向传播。因受到东南季风影响，且又干湿分明，因而这一区域的茶树由于干季气温高，蒸发量大，容易受到干旱的危害，生长成最为典型和原始的野生乔木大茶树。后经过人工选育栽培，又产生了广西凌乐白毛茶、广东乐昌白毛茶、湖南江华苦茶等等。

其三，沿着云贵高原的金沙江、长江水系向着东北大斜坡传播，则来到了纬度较高，冬季气温较低，干燥度逐层增加的区域。这一区域的茶树能够适应冬季的寒冷、夏季的炎热、秋季的干燥，是适应能力最强的茶树种。分布在贵州北部的大娄山和四川盆地边缘较为原始的野生茶树经过多代人工栽培，孕育出在云南东北部和贵州北部生长的苔子茶，它虽为灌木型茶树，但在同种

1	2	3
4	5	6
7	8	9
10	11	12

清代茶作的12步骤。

1 锄地：新建茶园前，清除地里的杂草、石块等，确保茶树幼苗能够顺利生长。
2 播种：将茶树种子播种到地里。
3 施肥：适当施用农家肥，改善茶树生长状况。
4 采茶：清明前后，人们可以采摘茶树芽叶制茶，这时的茶又称为“明前茶”。
5 炒茶：在锅中翻炒茶叶。
6 揉茶和筛茶：揉捻茶叶，让茶汁显露。
7 晒茶：将茶叶烘干。
8 拣茶：挑拣精品茶叶。
9 舂茶：将茶叶复火焙香。
10 包装：将茶叶密封保存。
11 运输：将茶叶以最快的水运方式送达目的地。
12 商行：制好的茶叶分进到各个商行进行经营销售。

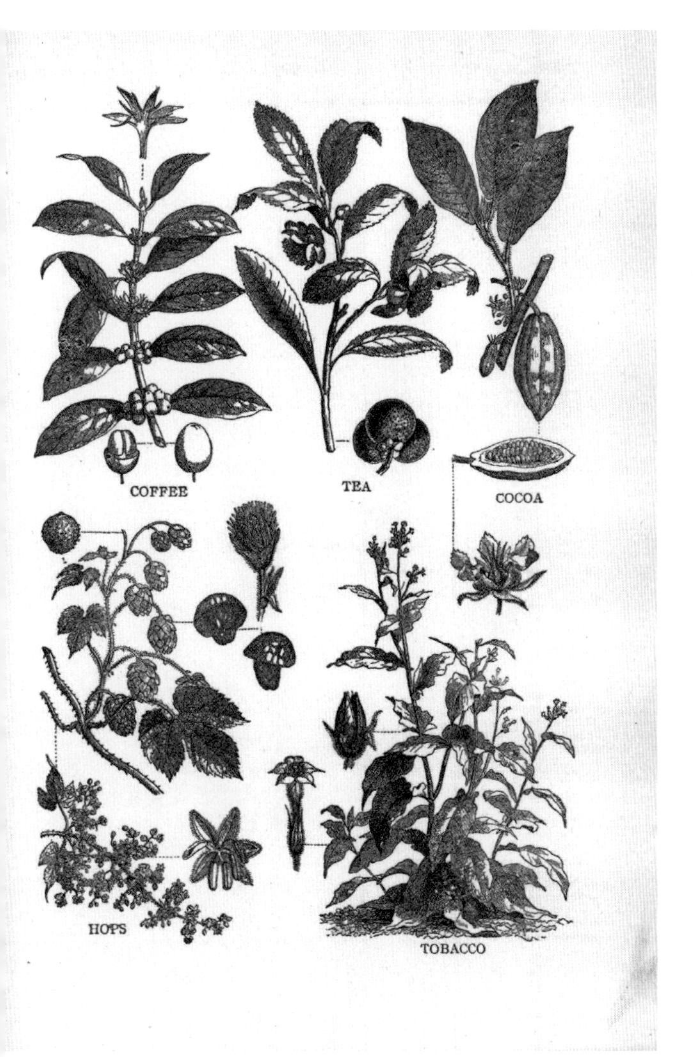

coffee：咖啡
tea：茶
cocoa：可可
hops：啤酒花
tobacco：烟草

茶树中，树姿挺拔直立，抗寒性极强。

总体来说，各类茶叶品种就是从同源茶树的隔离分居开始，气候不同造成了茶树的生长环境发生变化，从而导致茶树本身的生理变化和物质代谢发生变化，最终促使了茶树在发展过程中形态结构发生改变，形成了不同的生态型。

如今，中国茶树品种多达200多种，可按照叶片大小、形状、色泽、新梢性状、发芽迟早等来将茶叶分类、命名，可谓品种繁多又充满茶的意蕴和趣味。

茶的利用与发展

茶叶的用途是在茶树起源之后的事了。每每提到茶的发现和利用，都会自然地想到“神农尝百草”的传说。这个传说据清代《格致镜原》引《本草》云：“神农尝百草，一日而遇七十毒，得茶以解之。”有专家考证，这里的《本草》应该是指《神农百草经》，该书成书于秦汉年间，是世界上第一部药物书，上面记载了许多药物的起源和治疗疾病的效用。由此足以见得茶在中国古代有药用功效。“神农尝百草”的故事虽然传播最为广泛，影响颇深，但现在看来，茶的药用功效也有夸大的地方。

不过根据“神农尝百草”的故事，我们大致可以知道，茶最早是被当作药物，这也足以见得茶的价值所在。当然，除了药用以外，茶最为常见的用途就是饮用，还可当作美味佳肴品用，甚至当作祭天祀神的贡物，等等。

公元前1046年，武王伐纣时期，有了茶第一次作为贡品的记载。汉宣帝年间（公元前73—前49年在位），蜀人王褒所著的《僮约》内有“武阳买茶”和“烹茶尽其餵”的字句，武阳即现在的四川省彭山县。这说明在秦汉时期，四川产茶已初具规模，制茶方面也有改进，已经逐渐形成像武阳那样的茶叶集散市。

春秋战国后期到西汉初年，由于我国历史上曾有几次大规模战争，人口出现大迁徙。特别是秦国吞并蜀国，并置郡设守后，促进了巴蜀等地和其他各地的货物交换和经济交流。这就直接导致四川的茶树栽培、茶叶制作技术和饮用习俗开始向当时的经济、政治、文化中心迁移，一直传播到陕西、河南等地。就这样，陕西、河南成为我国最古老的北方茶区之一。这也是茶从南至北的第一次传播。

以四川为中心，茶又沿长江逐渐向长江中、下游推移，传播到南方各省。据史料载，西汉末年，汉王刘秀参加绿林军，战败逃命，流落到江苏宜兴，在茗岭“课童艺茶”；汉朝名士葛玄在浙江天山设“植茶之圃”。这些都说明汉代四川的茶树已传播到江苏、浙江一带了。

江南初次饮茶的记录始于三国，在《三国志·吴书·韦曜传》中，曾叙述吴王孙皓宴客，允许下属韦曜以茶代酒的故事：吴王孙皓每次大宴群臣，座客至少得饮酒7升，虽然不完全喝进嘴里，也都要斟上并亮盏说干。有位叫韦曜的酒量不过2升，孙皓对他特别优待，担心他不胜酒力出洋相，便暗中赐给他茶来代替酒。

广东的炒茶房◎1898
◎乔治·汤姆森（John Thomson）摄

清末的广东茶室 ◎1898
◎乔治·汤姆森（John Thomson）摄

正在处理茶叶的广东茶农 ◎1898
◎乔治·汤姆森（John Thomson）摄

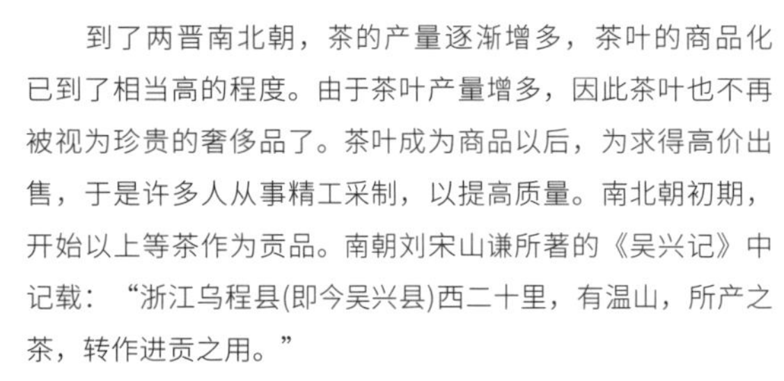

到了两晋南北朝，茶的产量逐渐增多，茶叶的商品化已到了相当高的程度。由于茶叶产量增多，因此茶叶也不再被视为珍贵的奢侈品了。茶叶成为商品以后，为求得高价出售，于是许多人从事精工采制，以提高质量。南北朝初期，开始以上等茶作为贡品。南朝刘宋山谦所著的《吴兴记》中记载：“浙江乌程县(即今吴兴县)西二十里，有温山，所产之茶，转作进贡之用。”

南北朝时佛教盛行。佛教提倡坐禅，而饮茶可以镇定精神，亦有驱睡作用，因此茶叶又和佛教结下了不解之缘。茶之声誉，遂驰名于世。于是一些名山大川僧寺道观所在的山地和封建庄园都开始种植茶树。我国许多名茶，相当一部分是佛教和道教圣地最初种植的。如四川蒙顶、庐山云雾、黄山毛峰等。这些茶叶都是在名山大川的寺院道观附近出产，从这方面看，佛教和道教信徒们对茶的栽种、采制、传播也起到一定的作用。南北朝以后，所谓士大夫之流，逃避现实，终日清谈，开始过上品茶赋诗的日子。茶叶消费愈加上升。茶在江南成为一种“比屋皆饮”和“坐席竟下饮”的普通饮料，这说明在江南客来饮茶早已成为一种礼节。

到了唐朝，终于诞生了第一部以茶为题的专著——《茶经》。陆羽在书中明确指出：“茶之为饮，发乎神农氏，闻于鲁周公。齐有晏婴，汉有扬雄、司马相如，吴有韦曜，晋有刘琨、张载、远祖纳、谢安、左思之徒，皆饮焉。滂时浸俗，盛于国朝，两都并荆渝间，以为比屋之饮。”足以见得，茶的发展至今已有五千年的历史。而在唐朝，由于修文息武，重视农作，这便促进了茶叶生产的发展。随着农业、手工业的发展，茶叶的贸易也迅速兴盛起来了，唐朝成为我国茶叶发展史上的第一个高峰：饮茶的人遍及全国，有的地方，户户饮茶已成习俗。如当时武夷山茶采制而成的蒸青团茶就极负盛名。到中唐

以后，全国有70多州产茶，辖340多县，分布在现今的14个省、直辖市、自治区。

两宋时期，茶叶生产得到空前发展。全国茶叶产区有所扩大，各地精制的名茶繁多，茶叶产量也有增加。其中，北宋皇帝宋徽宗赵佶对茶的喜爱可见一斑，不仅撰写了《大观茶论》，还将嗜茶之风带入宫廷，这也使得举国上下流行起茶事活动。

到了元代，茶叶生产有了进一步发展，至元中期，老百姓制茶技术不断提高，讲究制茶功夫，形成了不少具有地方特色的茗茶，在当时被视为珍品，在南方极受欢迎。元时在茶叶生产上的另一成就，就是开始用机械来制茶叶。据王桢记载，当时有些地区采用了水转连磨，即利用水力带动茶磨和椎具碎茶，显然较宋代的碾茶又前进了一步。

明洪武元年，朱元璋废止过去某些弊制，在茶业上立诏置贡奉龙团，这一措施对制茶技艺的发展起了一定的促进作用。因此明代是我国古代制茶发展最快、成就最大的一个重要时代，它为现代制茶工艺的发展奠定了良好基础。明代制茶的发展，首先反映在茶叶制作技术上的进步。元代茗茶杀青是用蒸青法，而到明代一般都改为炒青，少数地方采用了晒青，且人们开始注意到茶叶的外形美观，把茶揉成条索。所以后来一般饮茶就不再煎煮，而逐渐改为泡茶了。

清末，中国大陆茶叶生产已相当发达，全中国大陆共有16省(区)、600多个县(市)产茶，面积达到1500多万亩，规模居世界产茶国首位；占世界茶园面积的44%，产量已超过800万担，居世界第2位。1894年全国出口茶叶280多万担，约占世界茶出口总量的16%。江南栽茶更加普遍。据记载，1880年中国出口茶叶达254万担，1886年最高达到268万担，这是当时中国大陆茶叶出口最好年份的记载。

04 文：徐雅 编：陆沉 绘：阙鼿 text: Xu Ya edit: Yuki illustrate: Cherry

茶叶知多少

What's in Tea Leaves?

茶叶是世界三大饮品之一，除了口感清香外，其中蕴藏的丰富物质也是人们喜欢饮茶的原因之一。俗话说“4斤青叶炒1斤茶”，饮茶过程中这片小小树叶所含的营养物质也可能被浪费。

茶叶中的物质成分

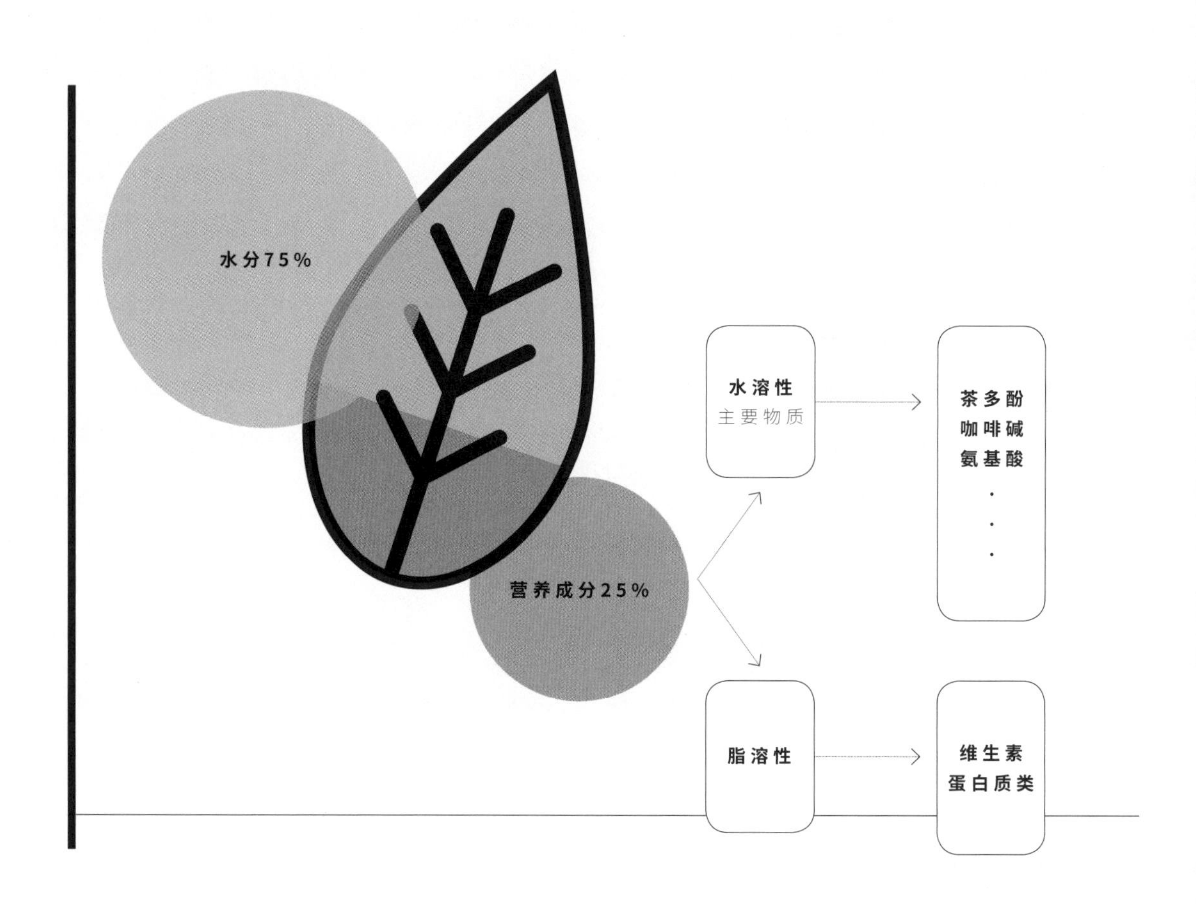

那么，茶叶中到底有哪些精华呢？

在茶叶中，75%的水分位于叶前端，剩余25%的营养成分大多集中在茶叶中后区和梗部。而这些营养又包括水溶性和脂溶性营养物质两部分，茶叶只有12%的营养能被人体吸收。脂溶性营养如维生素、蛋白质等，不管饮用多少次，始终会残留在茶叶中。但茶叶中还有3种易溶于水的药用成分和营养成分，这也是我们饮茶可带来的直接益处。

茶多酚含量和茶树品种的关系

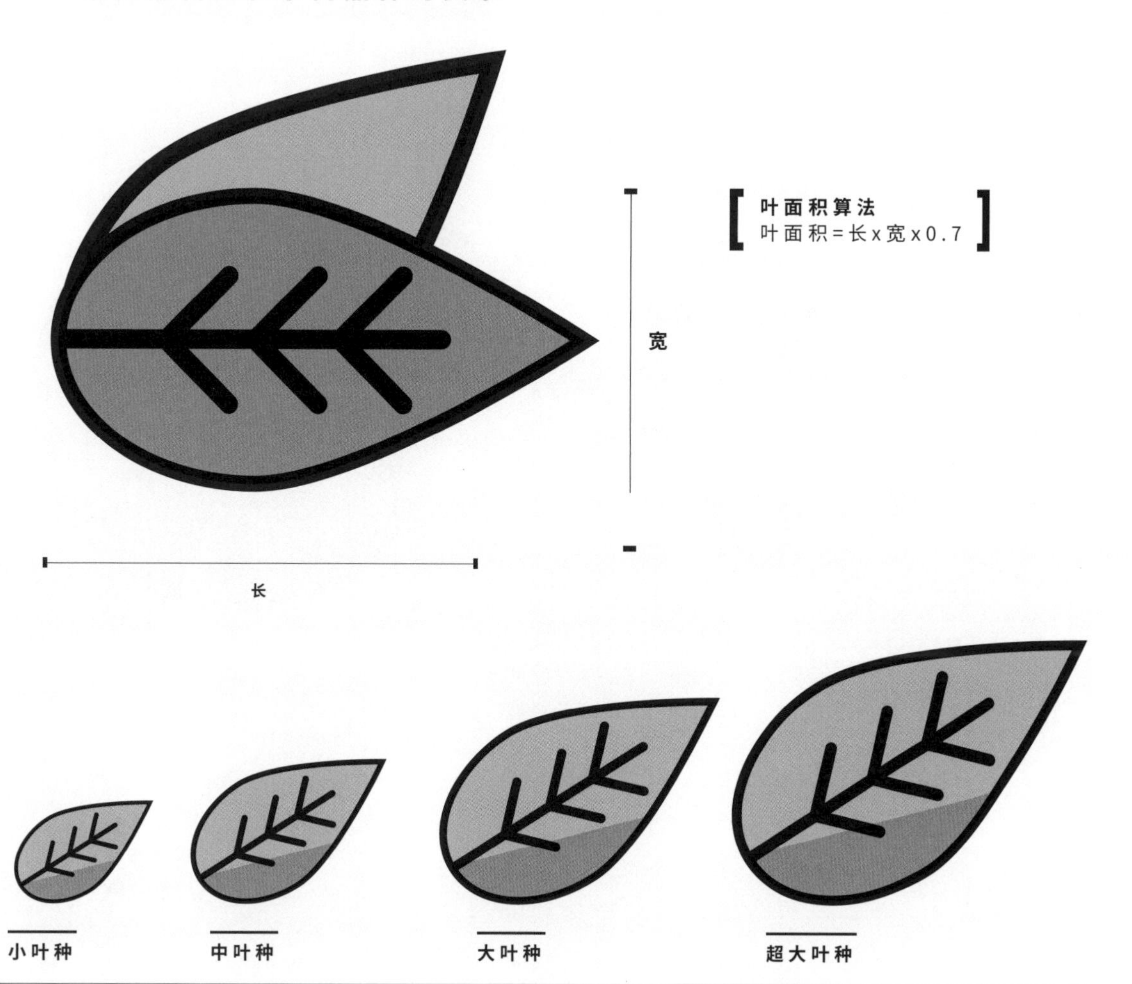

小叶种茶树叶面积≤20平方厘米；
中叶种茶树叶面积≥20平方厘米—40平方厘米；
大叶种茶树叶面积≥40平方厘米—60平方厘米；
大叶种茶树叶面积≥60平方厘米。

● 茶多酚含量
● 其他物质

茶多酚：抗氧化的“好能手”

茶叶的清香味，以及茶汤呈现的青色都源于茶叶中的茶多酚，它对茶叶的色香味形成有很大影响。茶多酚是茶叶中30多种酚类物质的总称，在茶叶内含物中所占比例最高，易溶于水。我们有时饮茶会觉得味道苦涩，也是茶多酚含量高导致的。茶的浓度、刺激性一般都随着茶多酚含量的增加而增加。大叶茶种的茶多酚含量比小叶茶种的要多，所以普洱生茶的滋味要比绿茶来得更深更浓。

茶多酚的形成受温度等因素影响很大。夏季茶中茶多酚的含量比春秋季茶要多，因此会更为苦涩。而茶叶中天然带有的多酚氧化酶，对茶多酚有氧化作用。平时两者井水不犯河水，但当茶叶被破坏或者水分蒸发时，多酚氧化酶就会氧化茶多酚。茶叶的杀青，就是通过控制多酚氧化酶的活性，来做出不同种

茶叶嫩度与咖啡碱含量的关系

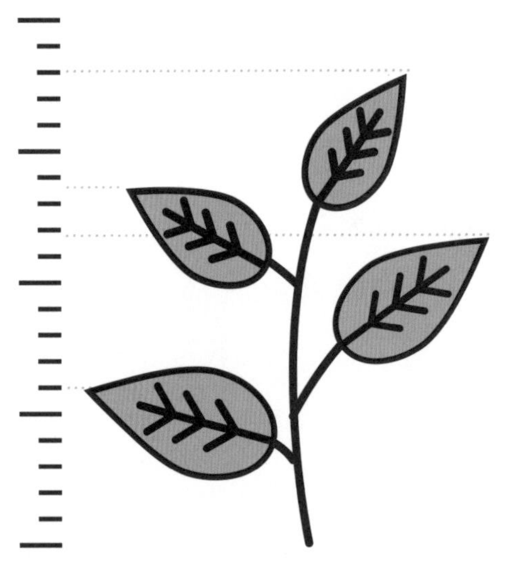

茶叶中所含生物碱的种类

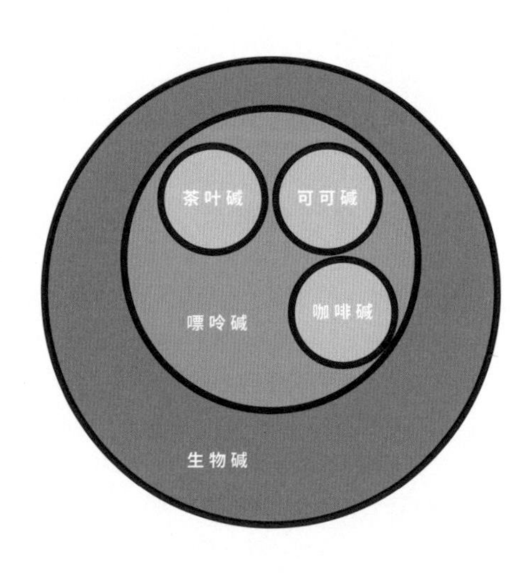

类的茶。

同时，茶多酚是抗氧化物质，具有很好的抗氧化功能，在日常生活中被广泛运用在化妆品、药品等领域。它的主要保健功能包括：消除有害自由基、抗衰老、抗辐射、抑制癌细胞、抗菌杀菌，甚至可以抑制艾滋病病毒等。

不过，我们在饮茶时也一定要注意不能过量，少喝浓茶。因为茶多酚会与食物中的铁元素发生反应，生成难以溶解的新物质，时间长了会引起人体缺铁，甚至诱发贫血症。

咖啡碱：提神醒脑的“良药”

生物碱在古希腊时就被认为是能治疗疾病的物质，是最古老的药物之一。茶叶中主要含有咖啡碱、可可碱、茶叶碱这3种生物碱，均具有兴奋中枢神经的功效。其中以咖啡碱的含量最高，约占2%—4%，所以茶叶中的生物碱含量常以测定咖啡碱的含量为代表。咖啡碱易溶于水，是形成茶叶滋味的重要物质。

当我们在饮茶时，茶中的咖啡碱能兴奋中枢神经系统，增强大脑皮层的兴奋度，从而使头脑清醒，帮助思考，消除疲劳，提高工作效率。因此饮茶也能起到提神醒脑的作用。其次，茶对人体的肾也有好处，因为咖啡碱具有利尿作用。咖啡碱通过兴奋血液运动中枢、舒张肾血管、增加肾脏的血流量、提高肾小球的过滤率来实现利尿作用。长期饮茶，对心源性水肿、水滞留等症状有显著疗效，也对肾结核和肾结石有良好的防治效果。第三，饮茶还有强心、解痉、平喘的作用，主要也是因为咖啡碱可以松弛冠状动脉、促进血液循环和松弛支气管平滑肌，从而达到解痉平喘、治疗支气管哮喘的效果。

我们知道，醉酒后饮茶通常会让头脑清醒，这是咖啡碱起到了解除酒精毒害的作用。咖啡碱能提高肝脏对物质的代谢能力，增强血液循环，把血液中的酒精排出体外，缓和与消除由酒精所引起的刺激。但是过量饮用茶，会扰乱胃液的正常分泌，影响食物消化，还可能使人产生心慌、头晕、四肢乏力等症状，这些都是“醉茶”的主要症状。

氨基酸：保健的“秘密武器”

喝茶能保健，这是我们经常能听闻的一种说法。其实茶的保健功能主要来源于茶叶中的氨基酸。茶中的氨基酸主要有茶氨酸、谷氨酸、天冬氨酸等20多种，其中茶氨酸是形成茶叶香气和鲜爽度的重要成分，占茶叶中游离氨基酸的50%以上。其水溶物主要表现为鲜味、甜味，可以抑制茶汤的苦涩味。日本已在1964年将茶氨酸作为食品添加剂。

茶氨酸除了从茶叶中提取外，还可利用生物合成、化学合成等途径来制取。茶氨酸因其具有很好的医疗保健功效，已用作保健食品和药品的原料。它能促进神经生长和提高大脑机能，从而增进记忆力和学习功能，并对帕金森综合征、老年性痴呆及传导神经功能紊乱等疾病有预防作用；同时，它可以抑制由咖啡碱引起的神经系统兴奋，因而可改善睡眠；还具有增加肠道有益菌群和减少血浆胆固醇的作用；它还有保护人体肝脏、增强人体免疫功能、改善肾功能、延缓衰老等功效。

另外，茶叶中还含有一种含量少但功能强大的氨基酸——γ-氨基丁酸。γ-氨基丁酸可作为制造功能性食品及药品的原料。研究证明，γ-氨基丁酸具有显著的降血压效果，它主要通过扩张血管维持血管正常功能，从而使血压下降，故可用于高血压的辅助治疗。

它还可以改善大脑血液循环、增加氧气供给、改善大脑细胞代谢的功能，有助于治疗脑卒中、脑动脉硬化后遗症等。γ-氨基丁酸还有改善脑功能、增强记忆力的功效。此外，γ-氨基丁酸具有改善视觉、降低胆固醇、调节激素分泌、解除氨毒、增进肝功能、活化肾功能、缓解更年期综合征等功效。

注意事项

就如卢仝《七碗茶歌》所唱，饮茶对身心放松是有好处的，即便如此，我们还是要注意健康饮茶，切勿过度。

（1）老人饮茶应适量

老人随着年龄增长，体质逐渐下降，消化功能逐渐减退，因此过量饮茶，可能稀释胃液，影响食物吸收。茶水过浓，则可能因为过高的咖啡因加重心脏负担。

（2）女性饮茶须注意

茶中所含茶多酚容易与铁元素结合，产生沉淀，阻碍人体对铁元素的吸收，从而导致缺铁性贫血的发生。因此女性生理期不宜饮茶。此外，孕妇及哺乳期女性也应注意适量饮茶，勿饮浓茶，茶中的咖啡因刺激性强，对胎儿及婴幼儿生长不利。

（3）胃病患者如何饮茶

药不可以用茶水冲服，服药后两小时，胃病患者可以选择温饮淡茶。红茶性温，刺激性比较小，但并非完全没有刺激。有人说红茶养胃，但实际上并没有科学实验证据证明茶中含有养胃物质。

05 文：王萱 编：陆沉 绘：挪猫者 text: Wang Xuan edit: Yuki illustrate: Catmover

具备时代精神的生活美学：历代饮茶法沿革

Temper of Time: A Brief History of Tea-Making in China

中国饮茶历史悠久，几千年来，历代饮茶风俗各异，自先秦至明清，乃至当代，制茶饮茶的方式不断发生着变化，不同时代、不同地区、不同社会阶层的人们，饮茶法也各不相同。但总体而言，根据茶叶加工程度、制茶工序繁简、制茶方式不同以及所用器具之别，可以将历代饮茶法大致分为煮茶法、煎茶法、点茶法与泡茶法四种，分别盛行于隋唐以前，中唐以后，五代及宋与元明以降。

陆羽煮茶三彩器 ◎ 河南巩义出土

不同时代的饮茶方式反映了不同的时代精神，冈仓天心便把中国茶史分为三个时期：唐代的煎茶象征着古典主义，宋代的点茶代表的是浪漫主义，明代的淹茶则是自然主义。

隋唐以前：煮茶法

茶的最早功用为药用，故最早的饮茶法与烹制中药的方法非常类似——将鲜茶叶或晒干的茶叶加水熬煮，制成汤汁饮用。这种饮茶的方式比较原始简单，对茶叶几乎没有加工，对烹煮器具也无特殊要求，因其简便易用而长期流行于民间及少数偏远地区。“茶”古字为“荼”，意为“苦菜”。得此名正是由于唐宋以前，茶叶加工工艺不成熟，直接熬煮出来的茶汤味道一般极为苦涩。早期也有将鲜茶叶晒干碾碎，熬成羹汤食用的方法，唐代杨晔《膳夫经手录》记载：“近晋宋以降，吴人采其叶煮，是为茗粥。”茗粥即是用茶树生叶煮成的羹汤。可以看到，这一时期的茶尚未发展为人们的日常饮品，而是更多地被当作药材或食物。皮日休《茶中杂咏》序中说：“然季疵以前称茗饮者，必浑以烹之，与夫瀹蔬而啜者无异也。”也正说明，起初人们饮茶就如同喝菜汤，并无太多复杂的工艺及饮用之道。

唐代：煎茶法

唐陆羽《茶经·七之事》引三国张揖《广雅》云："荆、巴间采叶作饼，叶老者，饼成以米膏出之。欲煮茗饮，先炙令赤色，捣末置瓷器中，以汤浇覆之，用葱、姜，桔子芼之，其饮醒酒，令人不眠。"

这则史料通常被看作最早关于古人饮茶方法的文献记载，有学者经考证发现，其文不见于今本《广雅》，亦与其体例不符，极有可能为唐代以后的注释文字。但无论如何，这段文字向我们透露茶的制作是如何从简单的烹煮转变为一种专门的技艺：人们开始将采摘下来的鲜茶制作为茶饼储存，当需要饮茶时，将茶饼取出，放在火上炙烤至红色，再放入器皿中捣成细末，用沸水浇泡，并且加入葱、姜、橘等其他辅料饮用。

相较原始的直接烹煮，这种将茶先加工为茶饼，需要时再拿出炙烤、碾碎、冲饮的饮茶方式使得新鲜采摘的茶叶能够更加长久地贮存，经过加工和调味的茶汤味道也不再那么苦涩和难以下咽。饼茶、团茶、砖茶等紧压固形茶的出现，既是茶叶制作工艺的进步，同时也推动着饮茶方式的革新。

中唐以后，随着饮茶习惯的普及和制茶技术的发展，一种更为考究的饮茶方式风靡一时，这就是唐人的"煎茶法"。以现存文献记载来看，饮茶讲究以一定方式煎煮，始于陆羽的《茶经》。根据他的记载，煎茶法的制作过程主要分为以下几个步骤：

① 炙茶。用竹夹夹住茶饼，置于火上烘烤，时时翻转，待茶饼表面出现一个个小气泡后，将茶饼抬起，离火五寸，转文火慢焙，待茶叶舒展，再周而复始，将茶饼存放时所吸收的水分完全烤干。炙烤时注意周围不可通风，以免火焰忽大忽小，茶饼受热不均，影响炙烤效果。炙茶时，炭火为佳，薪火次之，用薪以桑、槐、桐、枥木为佳，柏、桂、桧木则不用。

② 碾罗。将烤好的茶饼立刻用纸包好，以存其香气，待茶饼冷却后，放入茶碾中碾成茶末。再将碾好的茶末过筛，以保证其粗细均匀，形状一致。

③ 煮水。取水山泉为上，江水次之，井水为下。过程又分为三沸：如鱼目微有声为一沸；缘边如涌泉连珠为二沸；腾波鼓浪为三沸。三沸过后的水便不可再食用，应当弃之。

④ 投茶。一沸时，根据水量加入适量食盐调味，二沸时，舀出一勺水，然后用竹夹环激汤心，形成漩涡，并将茶末在漩涡中心投下。待水沸腾溅沫时，将刚才舀出的水倒入以止其沸，使其表面生成白色茶沫，此即"育华"。

⑤ 分茶。把沫上形似黑云母的一层水膜去掉，否则茶汤将味道不纯。第一碗舀出的水名为"隽永"，可直接饮用，味道上佳，亦可留备止沸育华之用。而后依次舀出第一、第二、第三碗，味道皆次于"隽永"，到第四、第五碗则"非渴甚莫之饮"。煮水一升，分茶五盏，一定要趁热喝，这时茶汤中的浊物凝下，精英浮上，茶冷后，精英便会随气而散，饮之无味。

需要注意的是，唐人煎茶并非全然依照《茶经》所著，虽大抵不出炙烤、碾罗、煮水、投茶、分茶这5个步骤。但在具体操作过程中可根据环境和条件的不同灵活应变。比如，若选择散茶、末茶或是新制的饼茶，则可以省去“炙茶”这道工序。

唐人饮茶，以饼茶团茶为主，也有少量粗茶、散茶和米茶。“煎茶法”在唐代为饮茶主流，除此以外，也有其他的饮茶法与煎茶法并行不悖，例如较为简单易行的“淹茶法”：只需将茶投入器皿中，用沸水冲泡后即可饮用。

宋代：点茶法

在继承唐代煎茶法的基础上，宋代流行的饮茶法为点茶法。

所谓“点茶”，与煎茶法的不同之处在于，煎茶时先将水煮沸，再投茶入水，而点茶时，则是先将碾罗好的茶末置于茶盏，再以沸水注入，冲点而成。这种饮茶法起始于唐末五代，兴起于宋，盛极一时，有宋一代甚至发展出一系列比拼茶艺的技巧手法与评判标准，谓之“斗茶”。点茶的步骤及斗茶的要诀，据宋徽宗《大观茶论》及蔡襄《茶录》，大致可归纳为以下几点：

① 洗茶。宋代团茶研膏饰面，故对于上年的陈茶，要放入茶洗中以沸水渍洗，洗去尘垢和陈味，并将表面一层刮去。

② 炙茶。与“煎茶法”相同。

③ 碾罗。用干净的纸将茶包起，捶碎，随即碾细，然后放入茶罗中过筛，以保证颗粒细匀。

④ 候汤。候汤最难，未熟则末浮，过熟则茶沉，以蟹目鱼眼连绎迸跃为度。煮水用汤瓶， 汤瓶细口长嘴，以小为宜，这样点茶注汤时更加容易把握。

⑤ 温盏。点茶前需用沸水温盏，盏冷则茶末不浮。

⑥ 点茶。将碾罗好的茶末置于茶盏之中，先注入少量沸水，将茶末调成糊状，谓之“调膏”，然后继续注沸水，同时一手注水，一手持茶筅击拂，搅动茶膏。视其面色鲜白，乳雾汹涌，周回旋而不动，盏壁无水痕为佳，谓之“咬盏”。“斗茶”以水痕先出者为负，耐久者为胜；点茶之色以纯白为上，青白次之，灰白，黄白又次。汤上盏达四至七分为宜，茶少汤多则云脚散，汤少茶多则粥面聚。

宋代为饮茶的黄金时代，其独特的点茶方式及斗茶风气的盛行，把中国饮茶文化推向前所未有的极致。宋人点茶在各道工序及器具的选择上相较于唐人更为严苛精致，上至帝王将相、达官显贵，下到市井平民，无不以点茶、斗茶为能事。文人士大夫更是颇好此风，范仲淹、梅尧臣、欧阳修、苏轼、苏辙、黄庭坚、陆游、朱熹等皆置身其中，苏轼有诗《试院煎茶》：“蟹眼已过鱼眼生，飕飕欲作松风鸣。蒙茸出磨细珠落，眩转绕瓯飞雪轻。银瓶泻汤夸第二，未识古人煎水意。”

元明以降：泡茶法

元代是一个过渡时期，由于蒙古人的征服与统治，饮茶文化的表现并不明显，在这一时期，采用末茶冲饮式的煎茶、点茶法继续延续，同时，以炒青为制茶方式的叶茶也得到了一定的发展。

到了明代，中国饮茶法又发生了一次大的变革。洪武二十四年（1391），明太祖废除福建建安团茶进贡，禁造团茶，改茶制为芽茶，也就是叶茶，从此改变了中国人饮用末茶的习惯。唐宋以来煎茶、点茶、斗茶的风尚随即式微，随着团茶的消失，唐宋的饮茶风俗以及与之相关的饮茶文化逐渐销声匿迹，退出了人们日常生活的舞台。

叶茶的制法和饮法与末茶完全不同，故中国饮茶文化自明代以后展现出了全新的面貌。明清以后，人们多饮用叶茶。叶茶的制作方法为“炒青”，饮茶则以“泡茶法”为主，投茶于壶或茶碗中，加水冲泡而成，这种饮茶方式就比较接近于现代了。

周重林：雅玩的传统应该复兴成为日常

Interview with Zhou Chonglin: Tea Can Take Part in Our Daily Life

适逢周重林老师从日本出差返滇，在北京匆匆停留一日，便相约聊聊关于茶及茶文化的话题。周老师在茶圈人缘极好，当日下午来了数位想与他见面的茶圈人士，于是一人的采访也便成了近十人的群访。本文主要是对周重林及张宇两位老师对谈的记录。

profile
周重林，云南师宗人，现为锥子周文化机构总编辑，自媒体《茶业复兴》出品人，云南大学茶马古道文化研究所研究员，云南大学中国当代文艺研究所副所长，著有《茶叶边疆：勐库寻茶记》《茶叶战争：茶叶与天朝的兴衰》《民国茶范：与大师喝茶的日子》《绿书：周重林的茶世界》等。

profile
张宇，人称“小黑”，1986年生，云南大理人，吉普号创始人，普洱茶新青年。2010年进入普洱茶行业，每年有三分之一以上时间深入云南各茶山进行实践探索。2016年开始录制《茶山黑话》，这是业内第一部普洱茶知识服务型节目，现已逾百期。

知中：你在《绿书：周重林的茶世界》中曾说：“茶与儒释道没有一毛钱关系，有关系的是你的认知和行为。”应该如何解读这句话？

周重林：其实我们所有的行为都和儒释道有关系，不仅是茶，这是一个大前提。为什么有人用儒释道去解读茶呢？这是因为每个人的经历不一样。

茶跟儒释道有关系吗？当然有。茶跟禅的结合，诞生了“禅茶一味”；宋代时，宋儒又推动了茶跟儒家的结合；道家的炼丹术也直接影响了茶：过去唐代要制茶，采取的是制中药那套手段，毕竟茶以前也是入药的。制茶要去苦涩味，如何使得树上的叶子采摘下来后能够长期保存，这是有技法的。但这个技法不是为了制茶专门创造的，而是道家为炼制丹药而贡献的法子。这很重要，现在很少有人会从这个层面思考问题。

从南北朝到唐代，再到宋代，有很多饮料存在过，不只是茶。比如李清照经常喝的熟水，还有豆蔻饮、五色饮、五香饮等饮料，这些都对茶的影响很大。我们现在所说的“色香味”并不是茶所独有，而是借鉴了其他饮料的特点才形成茶的评价体系。此外，茶还有许多承自酒的特点。所以说，茶和儒释道当然有关系，但这些关系需要一定的积累和研究才能看到。如果我们企图用这种大而泛之的词去影响世人，世人可能理解不来。因此谈到这个的时候，我们希望降维，不要一开始就定那么高的起点，而是让我们的知识往下走，以让大众能够理解和接受。

喝茶的好处在于（促进人们日常交流），我们是需要会面的。宋人们就发现了见面的重要性。过去做学问，读书人多是皓首穷经，但到宋代，他们发现光研究书本的东西已经不够了，于是人们有了面聊探讨的需要。那时候书院兴起，语录体流行，这是宋人把学问日常化了。以陆九渊、朱熹为代表的士人，他们推崇格物致知的思想，所以经过宋代，茶也开始变得生活化。宋代人鼓励见面，这和喝茶非常相似，都是讲究感受的日常活动。我们现在容易忽视简单的东西，但高深的“道”，往往是通过日常做简易功夫体现的，这点很重要。我们应该想办法让茶回到生活当中，即便在今天，书仍然是一个高雅奢侈的东西，所以光是利用书本远远不够。如何更有效地传播它，是我们还需要思考的问题。

知中：现在大家都喜欢提“茶文化”这个词，刚才讨论的儒释道也是切入茶文化常用的角度。究竟什么才是茶文化?

周重林：我们现在只有茶，没有茶文化。全世界出版茶文化书刊版本最多的、传播茶文化最勤的人，名叫冈仓天心，他的著作几乎遍布全球，拥有所有语种的译本。我们觉得陆羽是“茶圣”，很牛，可在国外很难见到他的书。民国时期有许多出国留学的知识分子，一些去了日本，一些去了欧美。他们学识确实是高，但这些人没有完成一个重要任务——没有把中国文化传出去，他们只是完成了把西方文化搬回来的任务。但同一时期的冈仓天心却把东方文化传播出去了。他传播了茶，铃木大拙传播了禅，这才是整个东方的禅茶一味。可能有人问，禅有什么了不起的？很简单，东方禅培养了一个信徒，他就是乔布斯。这是给功利主义者的一个最有力的反驳。

中国人一说茶，总是说得很大，像什么茶道、茶文化。本来茶道是个很简单的东西，中国人自己早就解决了。我们国家现在没有系统化的茶文化，唐宋虽然有人着手做这个事情，但后来没有一个集大成者把茶文化完整梳理一番，所以我们现在都是泛泛而谈，甚至有一帮不懂文化的人在谈茶文化。有的人跟你谈茶文化，只不过是为了更好地卖茶而已，这无可厚非，只是这个议题我们自己也没有搞清楚。茶与审美、宗教有什么关系，或说茶和儒释道有什么关系，我对这些研究了十五年，但我想还需要十年时间才能解决。

邦崴古茶树 ◎张宇 摄

邦崴古茶树为乔木型大茶树，生长在海拔1900米的云南省澜沧县邦崴村。树高11.8米，树龄有1000余年。

知中：比起用文化来定义茶，它其实更应该是一种生活方式，对吗？你觉得今天的茶是一种怎样的生活方式？

周重林：过去对此界定得很清楚。在中国，它叫雅生活，这是日本人总结的。他们要学习中国，所以研究过中国人的生活方式，其中最好的就是雅生活，也即“琴棋书画诗酒茶”的生活方式。但对中国人来说，这太日常了，是生活常态，所以在中国，这个雅生活不像在日本那么受推崇。过去我们的物质生活高度发达，江北一带早就有雅生活存在。虽然在云南等一些落后的地方，茶不是作为“琴棋书画诗酒茶”而是作为“柴米油盐酱醋茶”成为生活的一部分，但这是不矛盾的，无论前者还是后者，它对老百姓来说都是日常必备品。

小黑：这次我们去日本，就看到石田三成纪念馆有几个字——常识是茶，这是丰臣秀吉写的。这个观念在日本已经深入人心了，在我们这里还是要普及。老百姓的日常是日常，士大夫的日常也是日常，这是不矛盾的。

知中：相比之下，在广东，茶似乎更为生活化一些？

周重林：他们的茶烟火气很重，很日常，所以在广东，人们生活的自在感很强。我在广州时，每天早上都要跟他们吃早茶，大家喜欢约出来在这个时间里见面。深圳、香港也有早茶文化。你看其他地方是没有这么密集地出现三个大城市的，我认为这跟早茶文化有很大关系，如果广东现在愿意再发展一个城市，也一定起得来。早茶文化就是消费文化，人们在消费中谈事情。像东京街头零售业发达，是因为他们人多且密集，又因交通费用较贵，选择走路的人很多。人流才是零售业的基础。像这种文化的东西，同时也在影响着经济。

香港、广州的茶餐厅、早茶，不仅影响了人们形成合理的饮食结构和健康心态，而且提供了维系人们关系的场所，生意伙伴可以在吃早茶（本质是早点）的时候谈事情，家人朋友也可以一起度过休闲时间。之前看大数据说香港是全球癌症发病率最低的地区之一，和他们嗜茶也有关系。成都也是一个休闲文化之都，这是别的城市很难学会的。在成都，到处是茶，人们身心放松，我们说世界上最乐观的可能就是成都人了。

知中：刚才提到香港癌症发病率低的事情。我们现在看书本、资料里说茶的功效，大部分都有“能抗癌”这一项，对此你们怎么看？茶的功效有没有被夸张或者神化的地方？

周重林：从大数据和统计学角度来看，癌症发病率低肯定和饮食有关，不过能抗癌的东西可能有几百种，不仅仅是茶。

小黑：其实我们自己没有看重自己的东西。这次去东京，我们的一个朋友提到，他媳妇儿在东京的医院做产检时，医生都建议她喝普洱茶的熟茶。从功效上来讲，不管是法国还是日本，都潜心研究过黑茶功效，他们一致认为普洱茶的熟茶很有好处。整体来讲，普洱熟茶的多酚类和咖啡因的含量是低于其他茶的。不过他们普通大众不喝这个，通常还是喝日本的抹茶、煎茶一类。

知中：就我个人身边的情况而言，似乎加工茶、茶包等的消费性更强，你们觉得茶包和茶叶的区别是什么？应该如何引导大众喝茶？

小黑：这就像抽烟一样，有的人抽普通的烟草卷烟，有的人抽雪茄，但雪茄可能在大众中间传播不开。所以我觉得这个（茶）行业最后会两极分化，一边可能不那么讲究，一边则青睐传统冲泡、体验，后者可能越来越精致。

周重林：你看我的身边，大多数茶圈的人都比我年轻，我觉得未来的从业者和研究者也都会年轻化。过去从来没有出现过现象级的茶消费，很少见媒体头条都在报道茶，但今年，喜茶、小罐茶都说明了茶消费的可能性。有的消费者才不管你的叶子什么样，无论茶包还是茶叶，对他们来说并不重要。像是年轻人、外国人，他们并不会去看叶底，所以我们这是在讨论一个人家不在乎的事情。有人说，这是碎片化时代带来的知识缺失，人们看到的是不完整的东西。喝惯了茶包的人，可能以为茶就是这样的碎末。

小黑：但我们不是现在处在一个碎片化的时代，所以信息不完整，而是我们的知识从来没有系统过。现在是碎片化的渗透，使人们呈现出一个碎片化的认知，并不是说现在一切碎片化，所以过去就是系统的。过去是根本没有（系统过）。

周重林：对。中国文化从来没有构建出茶文化，这就是我们现在要做的事情。近现代只有一个人做到了这件事，就是冈仓天心。

冰岛勐库干茶◎张宇 摄
冰岛茶产于云南勐库冰岛村，是近年兴起的普洱茶。

知中：你曾说过，青茶的命名是一个失败案例。青茶这个说法是什么时候有的？为什么人们不用“青茶”这个说法，而更喜欢用“乌龙茶”？

周重林：这种命名很勉强，其实就是找颜色，我们可以推测，当初想六大类的命名时，为了方便记忆和传播，陈椽就以颜色替代了，可大家现在普遍还是在用旧的一套命名体系称呼茶——人们会说“我喝铁观音”“喝大红袍”，但没有人会说“我喝青茶”。老百姓还是用最传统的地域观念，每个地方有一种代表性的茶，像西湖龙井、黄山毛峰。而且六大类的命名和氧化发酵有关，这个对大众也很难解释。我们还是应该和大家谈精神、谈生活。

知中：茶的冲泡中有对水温、投茶量的讲究。但其实现在有许多人也是用沸水加玻璃杯来简单冲泡而已。对完全不懂茶的人，应该如何学会饮茶？

周重林：这种讲究其实是一种境界，普通大众可以不用管，而且喝的茶好不好，自己是可以感知出来的。适度感、投茶量，这些东西过去是没有的，这点我书里也曾经写过。如果你问我到底应该放多少，我一般都是随手一抓，没有概念，也不会真的去称。我们冲水也是这样，大都凭感觉和经验而已。但到了教学培训中就麻烦了，咱们还是得给出一个数字来教给大家吧，于是我们商量说7克似乎很好，再加、减一些，变成6—8克的区间，这是我们长时间流行的习惯与经验。注水量也是如此。

饮茶总体来说是有好处的。从历史周期来看，中国为什么人口多？我们的出生率与很多国家是相近的，但是出生率和存活率还是日本和中国更高，这与中国和日本母亲喝茶有一定关系。喝茶消灭了细菌，让母乳安全，这点《绿色黄金》里也提到过。从统计学和大数据的角度来看，长期喝茶的人普遍更长寿，人们更加健康。

人们饮用茶也和它的药用价值有关。我们感知到我们喜欢吃苦的，是因为心脏这个器官好苦味，而茶里面有一种“苦”是其他的蔬菜提供不了的，所以喝茶能够帮助养好心脏。另外，我们经常评价说广州是一个市民城市，市民就是不排挤，各种人都能够坐在一起，这也是茶的文化之一。英国工业革命为什么兴起？因为差别被消灭了，各种各样的人因为一杯茶而得到了平衡，不同的人能喝同一种茶，这是在寻找平等。在日本、英国，普通大众是不会去妄想自己也有当皇帝的一天的，如果每个人都专心做好自己的事情，就能令社会更井然有序。酒与茶也非常类似，它们都是能引发精神遐想的物质。因此我说茶大量借鉴了酒的书写体系。研究茶的时候，我们同时也要研究酒，否则难以透彻。一定程度上，茶还普及了喝热水的习惯，有很多民族不喜欢喝热水，像美国等国家就不习惯喝热水。

知中：刚有说到热水的问题，我们会用冷泡吗？

周重林： 也有人尝试，但在中国人观念里冷水泡茶推广不起来。

小黑： 中国人从元代后期开始，吃东西就是合餐制，大家喜欢围起来吃，喜欢热闹。在中国文化里，泡茶是有一个主泡的人，然后分给大家，这样喝茶热闹。不像星巴克，这是承自西方可乐文化，喜欢一个人一杯。

周重林： 我专门写过这个，分析为什么年轻人喜欢星巴克。星巴克是一种独享的习惯，不会跟他人共用一个吸管，而且用吸管喝饮品是一种婴儿化的习惯，这也是全球趋势。早期中国也是分餐的，大家每人有个小案子，分放食物酒水。但后来我们更多的还是分杯、分享的文化，工夫茶是其中代表。在潮州工夫茶里，不管几个人喝，都是用三个杯子，哪怕只有一个人他们也会泡三杯，这是永远假设有个人和他一起喝。

知中：那如果有四个人一起喝呢？

周重林： 即使有四个人也是用三个杯子，大家轮着喝。比如我是主泡，分了三杯，请他们三人先喝，然后把杯子涮一下，再分下一轮。

小黑： 潮州工夫茶文化里比较讲究“我们是一块儿的”这种感觉，所以潮州人出来做生意，都是团结在一起，潮州帮非常厉害。

周重林： 有人研究过一个模式，一个公司要发展起来，要有能围一桌子吃饭的人。现在在外华人最多的就是福建人，他们也和潮汕人一样，团结，有围坐分茶的习惯，这样他们中就有一个主心骨，目光有投射点。潮汕人虽然发明了工夫茶，但把工夫茶文化推向全世界的是福建人。全球的茶城差不多都是福建人开起来的。

知中：现在年轻人喜欢喝贡茶、喜茶，和他们受到西方可乐文化的影响有关吗？喜茶算现在茶生活的某种新形态吗？

周重林： 喜茶属于某种新类别，但奶加茶的喝法并不新鲜，它也是一种传统的饮茶方式。西藏、青海整个大藏区，及从东北到西南再到云南等内陆边疆，都在茶里加奶，而潮汕、福建辐射带，及沿长江一带，都是喝清饮。这是很重要的茶的地域特点。

老班章村位于云南省西双版纳州勐海县，原生态植被多样性保存完好，适合古茶树生长。

©张宇 摄

知中：这有什么特殊原因吗？

周重林：它们一个是产茶区，一个是消费区。茶到了消费区后，因保存不善，味道变得很糟糕，没法清饮，且因为质量好的茶都被产茶区消耗掉了，消费区得到的茶质量也相对较差，所以他们（消费区）以前没有喝过新茶，都是在消费陈茶。过去即使以最快的速度运送茶叶，从云南跑到西藏也要花费一年多时间，再加上茶马司的仓储时间，等到放仓时也是三五年之后了，这些放久的茶相对更便宜。

北方民族的茶叶消费区主要围绕两个地方，一个是官方的茶马司，一个是大寺院。普通百姓围绕茶马司消费，他们自己无法种植茶，须等待茶马司仓储之后再发放销售。信徒则围绕寺院消费，诸如藏传佛教为主的塔尔寺、大昭寺、小昭寺等。香港等地是以茶楼模式消费茶，他们茶楼有个地窖，适合规模化储藏。为什么人们喝普洱茶喜欢喝老茶，这是形成于消费区的观念，而不是来自产茶区的观念，产茶区年年都有新茶，根本没有必要存，但在以前，消费区的人不知道这个情况。

翁基老寨◎张宇 摄

知中：想请你们谈谈茶的礼节。我们知道潮州工夫茶会有一些自己讲究的形式和礼节，日本茶道也有一些礼仪性的环节，中国（其他的）茶有饮茶礼节吗？

小黑：日本的茶虽然受到中国影响，但这种传递在宋代以后基本中断了，例如我们因为经由揉捻工艺而开发出来的叶形茶就没能传到日本。日本地方小，物质少，所以他们会把有限的体验极致化，茶道就是其中一类。不过他们还没有经历过我们使用盖碗分茶的这种仪式，也没有品饮过好的叶形茶，这是我们第二次向日本传播的好机会。

在我们国家，潮州工夫茶是最讲究的。怎么注水，怎么吊水，从公道杯中怎么出茶，怎么分到杯子里，这些都会影响口感。

知中：这些讲究会变成阻碍茶变得大众化和市场化的因素吗？

周重林：我觉得不一定。像在潮汕地区，即使如此讲究，但他们家家户户都是这样泡茶，福建也是。大约十年前我统计过，当时昆明只有二十个人喝普洱茶，但现在全城都在喝，这是一个很大的变化。勐库在三年前根本没人会泡工夫茶，连盖碗都没有，但现在也到处都是工夫茶，都开始讲究茶桌、插花。

工夫茶的基数现在是呈几何式增长。我上大学时给人发传单，要求一定要发到老总那里，那时候就有人教我说，有茶台的是老总。可是现在你再去看，很多上着班的员工也可能有个小紫砂壶泡茶。很多人现在研究茶光关注数字去了，但它其实是一种生活。有本书叫《清代贡茶研究》，里面记载了宫廷中的茶叶使用情况，其中大部分是普洱茶，虽然那时候流行喝龙井，皇帝也会写东西讴歌龙井，但其实他们消耗量最大的还是普洱茶。但因为普洱是边远地方来的，他们一般都不对外说。这些都是很有意思的文化现象。

知中：所以茶是在清代没落的吗？

周重林：也不是。没落的是对茶的讲究。你看宋明时期喝茶都比较讲究，但这种讲究的喝法在清代逐渐没落了。

知中：前边提到清代宫廷多饮普洱茶。关于普洱有个很基础的问题一直想问，普洱茶应该如何分类？它属于黑茶吗？是不是也可以把普洱茶看作一个单独的品类？

周重林：简单来说，现在说的所谓“黑茶”所用的这种发酵工艺，是1973年才出现的，而陈椽写六大类分类的时候是1979年。才经历了六年时间，就把这些写到教科书里进行全国推广，还是不够严谨。过去几十年里，我们根据发不发酵、怎么发酵来区分茶叶，这只是让中国人简单地认识它，但这个分类是有缺陷的，不尊重历史，这是人为导致的，类似一种教科书式的玩笑，现在大家也不怎么用这个概念。

知中：为什么普洱茶的消费性这么强，似乎一直没有降温？

小黑：过去云南人自己都不喜欢喝普洱茶，这种茶会做成茶饼销往南洋，以换取外汇，也有一部分销往藏区等。造成这种情况的原因主要还是需求。云南人自己是喝绿茶的，绿茶相比最原始的普洱茶要更为先进，无论是嫩度、香气还是口感，都更好一些。在过去，云南人的喝茶情况是，你来我家做客，我把水烧开后，往杯子里撒一把针眉，这也是绿茶。销往那些地方的砖茶喝的时候要冲奶，比较麻烦，而且口感上来说是粗纤维，咱们觉得不好喝。而往南洋销售的饼茶，转运时要经过高温高湿的香港，茶叶会陈化。云南大叶种的茶叶，茶多酚丰富，消食的功能最强，这也就适应了南洋华人的生活习惯，成为早茶晚茶文化里的生活必需品。整个大藏区也一样，冲奶饮茶帮助了人们调节身体，所以普洱茶在这些地方具有更强的消费性。但在云南本土，普洱茶不够精致，都是以大宗物资的形态出现的，当地没什么人喝它。普洱茶的真正复兴和精致化是在借鉴了乌龙茶的冲泡方法之后。

知中：这算是一种重新发明吗？

周重林：这不是重新发明，而是我们在往回找。前面也提到，清代皇室起居的记录中提到了他们怎么喝普洱茶。所以应该说，以前已经有这样的生活方式，只是普洱茶实际上还没有被挖掘透，这种生活方式的消失是因为战乱，但过去在宫廷里这种讲究还是存在的。我们说普洱茶丰富，主要在于它还没有被解释完全。普洱茶、红茶，跟酥油煮在一起都是非常入味的，所以能和奶很好地融合，但绿茶就只能清饮。普洱茶所有的东西都是在这十几年里发展起来的，它现在已经成为一种精神性的消费。

知中：中国茶历史悠久，如果只顾过去的传统、陈旧的一套，就变成“复古”而不是“复兴”了，但同时我们也不能抛弃传统，而且传统是不应该也无法完全割舍的。你觉得在今天的茶生活中，应该如何复兴茶呢？

周重林：我们复兴的对象是文化生活。中国人最大的毛病就是不会玩，大家过得太沉重了。我经常说，茶能够让我忘记一些事情，安慰我自己。我们要发扬广东、福建、四川这几个区域的精神，像他们那样豁达乐观地生活。茶服是我们在复兴茶时做的一份努力，我们希望能慢慢形成这种标志性的生活方式。过去我们雅玩的传统也应该复兴成为日常。我们现在努力恢复的就是“会玩”。

其实过去在英国，为了下午茶活动，人们也是专门设计了茶会服。以往英国的女士衣服都很紧，不方便活动，身体也被束缚，她们开始喝茶后，效仿中国有了专门设计的更为宽松的茶会服，人的身体也得到了解放。

07 **采+文：**王帆 **编：**陆沉 **interview&text:** Wang fan **edit:** Yuki

王旭烽：什么样的生活向我走来，我就向什么样的生活迎去

Interview with Wang Xufeng: Embracing Everything That Came to My Life

在中国人的语境里，“茶”不单单是“开门七件事”之一。历史发展的过程中，“茶”早已脱离单纯的物质含义，成为一种精神层面的象征。茶在何时被赋予了人文内涵？又是如何与中华民族建立起了内在的共通性？茶有着怎样的人格化精神？又是如何塑造饮茶之人的品性？《知中》邀请到茅盾文学奖得主、茶文化研究学者王旭烽老师，揭示“一片树叶”所承载的文化内涵。

profile

王旭烽，国家一级作家，浙江农林大学文化学院院长、教授，浙江省作家协会副主席，中国国际茶文化研究会理事，浙江农林大学文化学院茶文化学科带头人。1982年毕业于浙江大学历史系，曾就职于中国茶叶博物馆。其代表作品《茶人三部曲》获1995年度国家“五个一工程”奖、国家八五计划优秀长篇小说奖、第五届茅盾文学奖。

王旭烽代表作《茶人三部曲》分别为《南方有嘉木》《不夜之侯》和《筑草为城》。

杭州凤凰山©意匠 摄

知中：你是如何与茶结缘的？

王旭烽：我从小在江南长大，就住在黄公望画的《富春山居图》的（富春江）附近。我出生在平湖，前前后后辗转杭州、富阳、桐庐等地。这些地方都是茶乡，所以我从小到大，有很多接触茶叶的机会。少年时代不曾务农，所以对茶的理解还停留在一般的生活状态。大学毕业后的一次机会让我参与到了中国茶叶博物馆的筹建，我恰好被分配在资料馆工作。我所生活的环境、工作的环境，加之大学历史学的相关专业背景，让我得以与茶结缘。我个人的性格也并非“酒”的性格，而是“茶”的性格。我的内在节奏与“茶”是统一的。

知中：茶是在何时脱离单纯的物质含义，而被赋予文化意义的？“茶”在自身的物质层面之外，有着怎样的人文内涵？

王旭烽：在茶叶与人类刚刚开始接触的时候，这种状态、这种人文的内涵就已初露端倪。比如“神农尝百草，一日而遇七十二毒，得茶以解之”。茶与人类的接触最早便建立在生命的意义之上，建立在生存与死亡的较量之上。它被赋予了一种生命层面的力量，所以从那个时候，文化的基因与种子就已经埋下了。很早的时候，茶便作为贡品出现，因其特有的药用功能和“解忧”的功效，而被人们视为一种有灵性的东西。茶的文化内涵逐渐被越来越多的人体会到了。到了唐代，经过千年的发展，陆羽的《茶经》问世。陆羽作为一个划时代的茶文化的代表性人物出现，标志着茶文化完整地呈现在世人的面前。因此，《茶经》与“茶圣”的出现标志着茶文化的确立。至此“茶”形成了自身完整的文化体系，成为了一个世人所认可的文化范畴。

知中：你曾说，“如果要用一种世间的事物来关照中华民族的话，没有什么比茶更能够象征中华民族了”。为什么这么说？茶与中华民族的内在共通性体现在哪里？

王旭烽：各个国家和民族都会在自然界中寻找一种动物或植物来象征自己，这是一种普遍的现象。就像仙人掌、骆驼，以及欧洲一些国家徽章上的双头鹰。这种类比是人类的共性。那么中国究竟用什么事物来象征最为形象呢？我之所以选择“茶”，是因为：首先，茶是一种农耕文明的产物。中华民族主要生活在内陆地区，基本上属于农业民族，虽然也有海洋文明的成分，但总体来说还是以农耕文明为主。茶与中华民族，虽是两个概念，身上却有着相同的东西。茶的性味是内敛的，不像酒那么刺激；中华民族的性格也是这样。另外，茶是非常顽强的，一点点土一点点水，就可以扎根到很深的地方。茶顽强的扎根能力，也如同中华民族一样，生生不息，没有大开大合，而是像小草一样顽强地生长。第三，茶的繁衍能力很强，具有奉献精神。茶叶一年可以采摘三季，海南等地一直可以采摘到10月份。中华民族有一个特点，即在总体上追求“多”，比如多子多福、长寿等等。而茶叶恰恰是一种“多子多福”的表征，采摘后又生长，具有奉献性。此外，茶有很强的节制力、自控力。这种节制的力量与迸发的力量使茶叶和人一样处在一种“静”的状态。这也是我们整个民族追求的一种特性。总的来说，中华民族是一个追求秩序的民族。和自由、独立的生活相比，中华民族更注重集体性。相互帮衬、相互分担，家族的观念很浓厚。这些特性与茶都是内在共通的。

茶不像玫瑰、牡丹，它不是一种很漂亮的植物，而是由一片一片的叶子组成的，很朴实素雅，很接地气，这都很像中国人。

知中：中国的酒文化、饮食文化皆博大精深，为何单单“茶”能自成一“道”？你是如何理解“茶道”的？

王旭烽：我对茶道的理解就是“有关茶的人文精神以及相应的教化规范”。关于茶道有很多种说法，我觉得所有的说法都完善不了。因此我反而抽象地认为茶道这一

杭州西湖◎意匠 摄

概念是由有关茶的人文精神及其相应的教化规范构成的。“茶道”最早是由陆羽的好朋友、唐代的诗僧皎然提出的。“茶”之所以能自成一“道”，是因为茶具有包容精神。茶不同于其他一些事物，风格非常鲜明。比如酒是浪漫、刺激、奔放的，它很鲜明，但欠缺宁静。相比之下，无论是佛家的禅意，还是道家所追求的养生、长生不老的价值观，都能够被囊括在茶当中。没有一种事物能够囊括这么多的内容，而“茶”做到了。因此茶能够从众多事物中脱颖而出，自成一“道”。

知中：若把“茶”比作人，他（她）有着怎样的性格特征与精神风骨？你在小说《茶人三部曲》中所描写的杭嘉和，其性格就有种类似茶的特质。你在设定人物的时候，是否受到了“茶”的影响，而有意使他具备“茶”的某种特征？

王旭烽：在《茶人三部曲》里，我塑造了很多的角色，但最钟爱杭嘉和。因为他是真正的君子。如果将茶比作人，他应该是一个杭嘉和一样的谦谦君子，但“谦谦君子”并不意味着他是一个软弱的人，一个内心细微、不强大的人。身为一个谦谦君子，杭嘉和内心的爆发力是非常强烈的。如果没有文化的力量和茶的精神把他拉住的话，他会是一个非常激烈的人，甚至可能成为另一个杭天醉。而杭嘉和身上有更多“茶”的完善的精神。

茶的精神总体上是“收”的，是节制的，是忍让而包容的。这样一种“冲出去”的精神和“收进来”的精神正好是均匀的。两种力量交融在一个人身上，就会变得宁静。这种宁静不是软弱无能的宁静，是力量的对峙所造成的宁静。所以杭嘉和才会在日本军官妄图击垮其人格和气节的时候，断然砍下自己的手指。有的人很隐忍，也很软弱。但杭嘉和是强大的。他身上的两种力量互相均衡，使之由动态变为静态。

杭嘉和这一角色的出现是为了“矫正”杭天醉。人们一般认为杭天醉是茶人的主要象征，最近有一部话剧在杭州上映，名字就叫《茶人杭天醉》。实际上，杭天醉是有茶人鲜明的个性，但还是“过”了一点。在“忠于爱情”上，他是不如杭嘉和的。杭嘉和继承了他父亲

《茶人三部曲》的故事发生在绿茶之都杭州。小说以忘忧茶庄的主人杭九斋家族四代人的命运为主线，刻画了杭天醉、杭嘉和、赵寄客、沈绿爱等杭州茶人，书中的人物命运起落与茶业、家族乃至民族的兴衰紧密相联，展现了近现代史上华茶及中国茶人的命运。

品？

王旭烽：在写“茶”之前，我已经写过很多作品，在浙江省也已经是小有名气的青年作家了。但我始终觉得自己的创作还没有开始。大学毕业以后，我做了几年的记者，当时中国茶叶博物馆正在筹建。因为一个特殊的机会，我在1990年底去了中国茶叶博物馆，被分配到资料室工作，使我得以“强化”了几年。到了1991年，我发现这里是一个非常珍贵的宝库，于是决定开始写《茶人三部曲》。从1991年初到2000年，我用了十年时间完成这部作品。

我的创作是从来不去找“点”的。我的小说里有一句话，“什么样的生活向我走来，我就向什么样的生活迎去”。正好“茶”的生活向我走来，于是我就向“茶”的生活走去了。很多年后回头思考，我发现当时的决定是正确的。其实当时不存在选择。所谓选择，是好几样东西摆在你的面前。而当时我是没有选择的。“茶”向你走来，你就去写茶了。就是那么简单。

优秀的一面，同时也填补了他父亲过犹不及的性格。

知中：刚你也提到，这两位小说中的茶人具有不同的个性，那么茶是如何塑造饮茶人的性格的？

王旭烽：如果一个人从一开始不喝茶到后来非常爱喝茶，那他最初大约会是一个对生活没有感知的人。但最后，他变得对生活充满了全方位的感知，他的感官像鲜花一样地开放。因为喝茶的过程实际上是一个感官开放的过程。如果你是一个真正爱喝茶的人，你的听觉、嗅觉、视觉、触觉、味觉都会全方位地开放。一方面，品茶需要这样的修养；另一方面，茶自身的物理状态是会“养”人的。

知中：你曾在美国耶鲁大学的演讲中谈及，你在“用茶文化这样一个符号，去进行精神与美的劳作”。你是何时开始以“茶”为主题进行文学创作的呢？当时为何会选择这一主题来构建自己的作

知中：你曾在采访中表示，从《茶人三部曲》开始，将以杭州作为今后文学创作的定位。对你来说，这一地理维度与“茶”又有着怎样的渊源？

王旭烽：杭州是中国的茶都。杭州生产了中国第一品牌的茶：龙井茶。所以杭州的气质是一定会影响到龙井茶的，龙井茶的气质也会反过来影响杭州。而且书写杭州，建立一个纸上的杭州，确实是我作为一个作家的梦想。这个梦想我一直在坚持。

从茶文化的角度来说，中国有几个地方是特别优秀的，比如四川、重庆、广东。但是杭州也是一个不可替代的茶文化的战略中心。它是完全可以担当起向全球去呈现中华茶文化重任的一个地方。当然，我作为杭州人，可能还会“看高”一点自己的家乡。我认为杭州就是这样一个地方。

知中：《茶人三部曲》之外，你还有着多达几十万字的茶学专著。在你看来，茶文学与茶学专著在茶

杭州灵隐寺©意匠 摄
陆羽《茶经》中便有杭州灵隐寺产茶的相关记载。

文化的传播层面上有着怎样不同的效果？又有着怎样的共通之处？

王旭烽：我过去没有思考过这个问题。因为我在写“茶”的时候并不是说我想传播茶文化，所以我要写一部茶小说。只是这些故事、这些人物感动了我，我要把它写下来。但是反过来思考，确实有很多的信息。有的人曾和我说，在他人生最艰难的时候，是《茶人三部曲》给了他支持，我听了也非常感动。但总体来说，我还是相信，自己真正“想要去写”某种东西是更重要的。但我在当教育工作者的时候，这种诉求就很强烈，即我要传播茶文化，我要教育我的学生。这个时候，为国家、为民族传播文化的诉求就会更多。而小说则是自己完成的东西更多一点。

其共通之处在于，无论是茶文学还是茶学专著，在客观上都会起到传播茶文化的功效。但总体来说，茶的文学作品，包括茶的艺术，传播的功能会更强一些。我的《茶人三部曲》被翻译成俄语后，作为国礼由刘延东副总理赠送给俄罗斯的副总理。这部书明年也将被拍成电视剧。茶文学与茶艺术有其不可替代的地方。但茶的学术专著是为了100年、1000年后茶文化文脉的传承。文学作品虽然也可以流传，但茶学专著可以进入高校，成为一个学科。今年最让我开心的一件事情就是我作为学科带头人，拿下了茶文化的硕士点。再过5年，我希望把茶文化的博士点也拿下来。这样的话，只要大学不灭，这个学科就在，这门学问就在。从这个意义上来说，茶学专著是十分重要的。

知中：你如何看待饮茶习惯与茶文化在年轻群体中的式微？你认为怎样才能让饮茶习俗与茶文化更好地在年轻一代传承？

王旭烽：其实在南方产茶区，年轻人喝茶已经很普遍了。伴随着茶文化的推广，喜欢它的人会越来越多。除此之外，也要让年轻人知道茶对身体的功效。而这方面的宣传力度是远远不够的。每个人都想“长生不老”，喝茶对身体是非常有益的，而相应的宣传还有所欠缺。

饮茶的态势在慢慢变好。曾经饮料之间是相互争斗的，咖啡、可可、可乐，都在与茶竞争。现在有一些饮料已经退出市场了，像可乐等饮料，已经不像从前那样受欢迎了。而茶的相关饮品正在被越来越多地开发出来。这些东西都会加强年轻人对茶的热爱。

中国茶的基本
The Course of Ch

中国茶的基本
The Course of Chinese Tea

08 文：刘一晨 编：陆沉 绘：刘宇佳 text: Liu Yichen edit: Yuki illustrate: Yoka

一年之鲜在绿茶

Green Tea: The Start of A Whole Year

作为我国主要茶类之一的绿茶，制作工艺精细缜密，采摘茶树的新叶或芽，未经发酵，经杀青、揉捻、干燥等典型工艺过程而制成茶叶。茶叶本身和冲泡后的茶汤、叶底依然呈现了新鲜茶叶的绿色格调，故名绿茶。

◎ 李南奇 摄

由于绿茶未经发酵，故而保留了较多鲜叶的天然物质，其中茶多酚、咖啡碱保留了四成以上，叶绿素保留半数左右，茶素、叶绿素、氨基酸、维生素等营养成分也较其他茶类更多，从而有了“清汤绿叶，滋味收敛性强”一说。

最早的绿茶制作可以追溯到远古时期人类采集野茶树芽叶并晾晒、收藏；而真正意义上的绿茶加工则始于公元8世纪的蒸青法；12世纪有了炒青法后，绿茶加工技术则发展到了较为成熟的阶段，沿用至今。绿茶的加工可简单分为杀青、揉捻和干燥3个步骤，其中最关键的步骤就是杀青。种类不同的绿茶具体的制作工艺也不同，其区别也主要体现在杀青上。杀青时，温度、投叶量、时间、杀青方式等都需要严格把控。现在的绿茶主要有手工杀青和机器杀青两种方式，前者是指把茶青倒入锅内用手炒，后者则是使用机器，这也是现今日益普遍的操作。鲜叶通过杀青，其中所含的酶的活性钝化，所以茶叶内含的各种化学成分，基本上是在没有酶影响的条件下，由热力作用进行物理化学变化，从而形成了绿茶的品质特征。

我国茗饮中，绿茶中的品名最多，不但品质高，且造型值得赏玩，故其艺术欣赏价值也十分值得研究。绿茶是我国茶量最大的茶类，生产范围极为广泛。河南、贵州、江西、安徽、浙江、江苏、四川、陕西（陕南）、湖南、湖北、广西、福建都是我国的绿茶主产省份。其中以浙江、安徽、江西所产产量最高、质量最佳，是我国绿茶的主要生产基地。绿茶品种众多，西湖龙井、洞庭碧螺春、顾渚紫笋、黄山毛峰、信阳毛尖、峨眉竹叶青、安吉白茶、太平猴魁、六安瓜片等我们耳熟能详的名茶都属绿茶，下文则对西湖龙井和黄山毛峰两种佳茗进行较为详细的介绍。

West Lake Longjing Tea
西湖龙井

产地

浙江杭州西湖一带。

龙井茶历史悠久，据考证，西湖之茶最早是南朝诗人谢灵运（385—433）在下天竺寺翻译佛经时，将浙江天台山的茶树移植于下天竺寺的香林洞、白云峰一带，至今已近1600年。茶圣陆羽所著的《茶经》中就有关于杭州天竺寺、灵隐寺产茶的记载。明清以来，"西湖龙井"渐渐显其名贵：水清色绿，品质极佳，产量稀少，为人所尊贵，出现了"茶虽有之，但皆不及龙井；茶虽有之，但以龙井贵"一说。

鉴别

从外观上说，茶叶为扁形，叶细嫩，条形整齐，宽度一致，为绿黄色，手感光滑，一芽一叶或二叶。特级西湖龙井则取一芽一叶初展，冲泡后成朵，其叶片呈椭圆形，叶片向叶背方向卷曲。味道上，冲泡之后茶汤清新，且芳香持久，有淡蜜味，无苦无涩；茶汤口感细腻滑润，十分绵柔。

品鉴

西湖龙井茶的级别，分为特级（特二和特三）和一到四级。品级数字越小，茶叶的质量就越好。龙井茶以"色翠，香郁，味甘，形美"四绝著称于世，有"国茶"之称。将这四绝体现于一身的，自然是好茶。

春茶中的特级西湖龙井外形扁平光滑，苗锋尖削，芽长于叶，色泽嫩绿，无茸毛；汤色明亮，滋味或清爽或浓醇，且叶底嫩绿完整。其余各级龙井茶随着级别的下降，外形色泽由嫩绿至青绿再至墨绿，茶身由小到大，茶条由光滑至粗糙；香味由嫩爽转向浓粗；叶底由嫩芽转向对夹叶，色泽由嫩黄至青绿再至黄褐。

夏秋龙井茶区别于春茶，其色泽暗绿或深绿，茶身较大，有清香但较粗糙，总体品质比同级春茶差得多。机制龙井茶外形大多呈棍棒状的扁形，欠完整，色泽暗绿，质量不及手工炒制者。

好龙井茶往往相似：口感醇甘，柔和不苦涩，还带有板栗、兰花等香气，茶叶颜色基本以糙米黄为佳；而较次等的龙井茶喝起来则有苦涩味，香气淡甚至无，茶叶颜色较深。

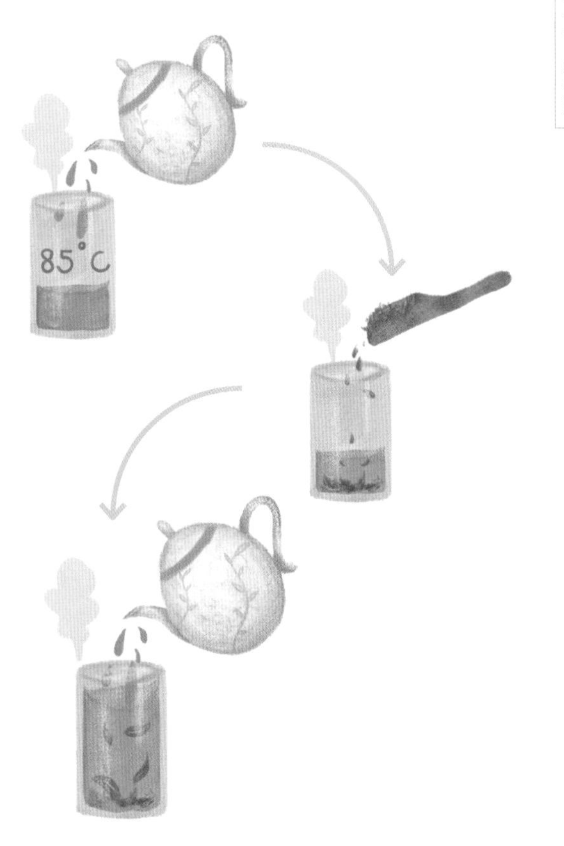

冲泡
一般来说，西湖龙井这样细嫩而高香的绿茶，采用中投法更为合适。
绿茶是未经发酵的茶，水温不宜过高，否则会破坏茶叶品质。

西湖龙井制茶大师：**杨继昌**

杨继昌是国家级非物质文化遗产项目绿茶制作技艺（西湖龙井）代表性传承人。1988年和1989年，他连续两年夺得西湖龙井评比第一名。
前几年，杨继昌经常参加炒茶赛事，对各位参赛人进行点评并与之切磋，也指点过唐小军等新一代炒茶大师。一来是为了赛事的顺利进行，二来也是想通过这种形式吸引年轻人前来学茶，解决炒茶师断代的问题。许多茶迷曾观摩过杨继昌炒茶，也有很多邻近地区的炒茶师前来“偷艺”，杨继昌都乐得为之。当不少茶迷提出要自己试试炒茶的感觉时，杨继昌却挥挥手拒绝了：“炒茶很辛苦的。”
2012年初，“炒茶王”突然病倒。承其衣钵的女婿田建明说，杨家的人工炒茶技艺有可能在他身后就面临“绝收”的境地了，机器加工正疯狂吞噬着传统的手工技艺。然而在杨继昌40多年的炒茶生涯里一直对“手工炒茶”念念不忘，西湖龙井茶炒制工艺难度很高，“看看不值钱，学学两三年。”他说，“手工炒出来的茶叶到底好在哪里？手工炒的茶叶放进石灰缸里，能越放越香，而机器炒的干度不够，放久了会变白。”“但现在会炒的人不多了。”

工艺流程

采摘

龙井茶的采摘宜早不宜迟，且讲究细嫩，这是构成龙井茶品质的基础；龙井茶可多次采摘，一般春茶前期天天采或隔天采，中后期隔几天采一次，全年采摘在三十批左右。

晾晒

西湖龙井采摘后要在竹筛上进行晾晒，半天左右，再对晾好的新叶进行大致分类，根据新叶的品质决定下一步炒制的锅温、力道等条件。

炒制

西湖龙井的炒制需要手工完成。依据不同鲜叶原料不同炒制阶段分别采取“抖、搭、捺、拓、甩、扣、挺、抓、压、磨”等十大手法，过程分为青锅、回潮、辉锅三个阶段。

揉捻

揉捻是通过外力将茶叶定型。龙井茶的形状要求保留一部分自然的刚性，以便茶叶成型后还能看到部分青叶的原状，因此就将揉捻工艺弱化了。

Huangshan Maofeng Tea
黄山毛峰

茶叶

叶底

茶汤

产地

安徽黄山市黄山风景区和毗邻的汤口、充川、岗村、芳村、杨村、长潭一带。

黄山毛峰是中国十大名茶之一。清代光绪年间，由谢裕大茶庄所创制。新制茶叶白毫细密，芽尖峰芒，加之采自黄山高峰，遂以黄山毛峰命名。

品鉴

黄山毛峰按质量可分为特级，一级、二级、三级和一般五种。“黄金片”和“象牙色”是黄山毛峰区别于其他毛峰的两大特征，其中“黄金片”则是指其带有金黄色鱼叶。开汤后雾气结顶，有蕙兰之香，且顶级黄山毛峰冲泡后芽叶直竖悬浮，并徐徐下沉。较为特殊的是，毛峰茶在茶凉之后，仍有余香，人称“幸有冷香”。茶叶泡开之后，光亮鲜活，故有“轻如蝉翼，嫩似莲须”之说。黄山毛峰以清明时节采制的为最香。据爱茶人士说，用黄山泉水冲泡黄山茶，茶汤经过一夜，第二天茶碗也不会留下茶痕。

鉴别

外形上，黄山毛峰的条索细扁，翠中泛黄，色泽光亮；尖芽与叶形似雀舌。

气味上，应有清新之感，或有近似兰香、板栗香味。

汤色上，茶叶冲泡片刻，汤色应清澈明亮，呈浅绿或黄绿，清而不浊，香气悠长。

滋味上，味鲜浓而不苦，回味则有甘饴。从叶底看，应当嫩黄肥壮，厚实饱满，均匀成朵，通体鲜亮。

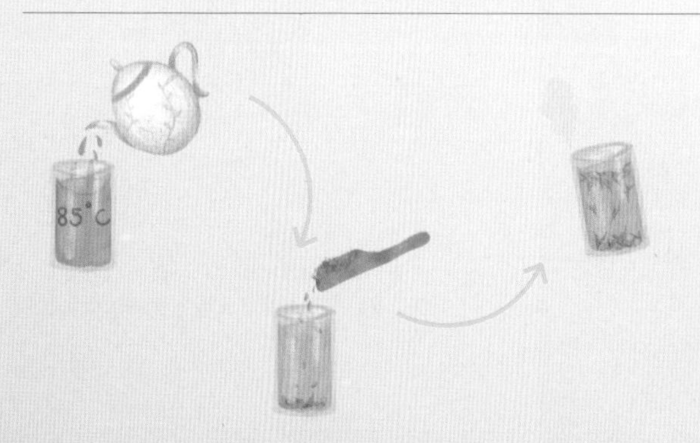

冲泡

黄山毛峰有“金黄片”“象牙色”一说，因此其冲泡过程对茶叶外形的欣赏也是赏茶的重要组成部分；且对于黄山毛峰这种一芽一叶嫩度较高的茶，上投法便更为合适，也能更好地在泡茶过程中欣赏黄山毛峰的独特韵味。

采摘

清明、谷雨前后，有五成的茶芽符合采摘标准时即可开采，每隔两到三天巡回采摘一次，直至立夏。

晾晒

将采摘好的鲜叶按不同鲜嫩程度分开摊放，散失部分水分。

杀青

杀青须在平锅上手工操作，将叶子快速翻拌、抖散，使茶叶受热均匀，直至炒匀炒透。三四分钟后叶质变软，稍有黏性，呈暗色即可。

揉捻

特级和一级的茶叶，杀青火候到了便可以在锅内稍抓几下，起到轻揉和理条的作用，保存叶色鲜艳和芽尖上的白毫；而二、三级原料要将杀青叶起过后放在揉匾上，轻轻加揉，注意抖散，避免闷黄。

干燥

干燥须分两步：先起毛火，配四只烘笼并列排放，火温先高后低。初烘要注意勤翻叶，摊叶要匀，火温要稳定，动作要轻。茶叶达到七成干即可下烘“摊晾”，这时为“毛火茶”。

配四只烘笼并列排放，火温先高后低，第一只烘笼90°C以上，其他三只温度递减，约80°C、70°C、60°C。

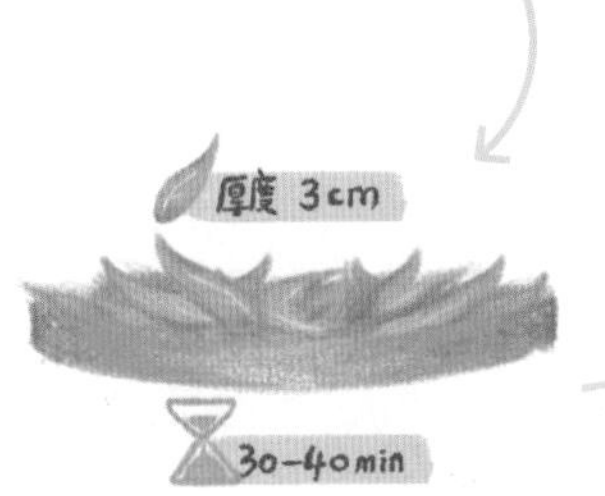

摊晾厚度约3厘米，时长30到40分钟。

将出锅茶坯放置在火温较高的第一个烘笼上进行烘焙，直到茶叶含水率约为15%。

黄山毛峰制茶大师：**谢四十**

老谢家茶掌门人，谢氏“永庆堂”第49代传人谢四十，于2009年6月荣获国家级非物质文化遗产项目黄山毛峰制作技艺传承人称号。

谢四十手作的黄山毛峰享有盛名，曾在第一届世界绿茶评比中荣获“金奖”，还曾作为国礼茶赠送给时任俄罗斯总统普京。谢四十从事茶叶加工已近40年，他说：“现在很多人认为黄山毛峰不香了，归根到底，原因在于大量茶叶为了刻意追求颜色鲜绿，条形漂亮，脱离了传统技艺的传承，对茶叶的品质产生了很大影响。在我们老谢家，祖辈首创的技法一直延续下来，‘炒’‘揉’‘烘’，一样都不能少。”

谢四十对茶的热衷使他坚持茶的品质，“从原料选择、制作技法到销售渠道的全程监管，才能成就一道传世好茶”。这也正是大师手作茶长盛不衰的原因。

09 文：许峥 编：陆沉 绘：刘宇佳 text: Xu Zheng edit: Yuki illustrate: Yoka

全世界都在喝红茶

Black Tea: The Worldwide Affection

择芽采青，茶笼回送，暖风萎凋，揉捻催香，筛散发酵，热烘干燥，以水浸之，汤红，叶赤，味甘，气香，乃红茶。

武夷茶农发明的“正山小种”是红茶的鼻祖。在1610年流入欧洲后，正山小种迅速风靡英国，并成为西欧消费的茶品主流。

© 欧阳茜 摄

红茶始现于300年前的明末清初，当时闽赣交界的桐木村茶人以绿茶为生，茶季一至便采青制茶，此时偶逢一支军队路过并夜驻于此，茶农好奇惊异而观，次日一回神，茶青已在夜间充分发酵，因茶青无法像往日一样及时处理，茶农便急而炒之，炒后揉之，揉后焙之，叶色泛黑，冲泡后汤色转红，虽与平日的绿茶相去甚远，茶农却因惜茶而不舍扔弃这批茶叶，转托星村的闽南商人售至欧洲，茶价竟意外翻番，巧契欧洲口味，畅销至今。这便是桐木村珍贵闻名的红茶鼻祖——正山小种。此茶以纯松木取火，其烟熏之，茶叶焙入松烟香气，叶色为乌，汤色为橙，闻有松烟香，饮有桂圆味，入喉醇香，舌尖遗味绵长。

继小种红茶后，曾有估茶之客（茶贩）收茶至义宁州，其地正处幕阜山以南，九岭水以北，山清树茂，云烟漫野，多水雾，日头疏，土壤肥而润，因进县而授山民以红茶制法。清代叶瑞延所著《纯蒲随笔》有云："红茶起自道光季年，江西估客收茶义宁州，因进峒教以红茶做法。"讲述的即是义宁红茶的发端小史（如今宁红盛产名地修水县即古属义宁州）。此茶尤以山口、漫江所制为首，制茶人颇费功夫，精制以晒、揉、切、置、燥等步骤，使其叶细，多毫，叶色乌而汤色红，取名工夫茶。工夫，文义即时间与精力，对茶青精制细作，讲究形、色、香、味，条索紧实，匀称齐整，色乌润泽，皆出工夫。其中，工夫红茶以初创地古义宁州所产茶叶为上佳，取名为宁红，而特级宁红尤为紧细，多芽毫，色泽乌黑，锋苗显露，叶底柔软红亮，汤色清澈透红。清光绪年间，以漫江罗坤化的厚生隆茶庄的宁红为代表，其庄内上好宁红集散于漫江乡的车船辐辏间，茶香溢庄，生意兴隆，价压六帮，此后宁红因其香高而味长、汤清而色亮，在光绪三十年间被列为贡品，此即太子茶。

除小种红茶、工夫红茶外，另有一款晚成而名盛的红茶品类首现于1938年滇西南的险峻峡谷内。此地名为凤庆，恰临澜沧江，水急而雾重，"晴时早晚遍地雾，阴雨成天满山云"，多有枯草残叶腐殖土层，茶树高立、多枝，芽叶肥硕、多毫，商人以马帮驮运制茶机器，遇水则划竹筏过江，引马凫水而至对岸，上树采青，后以日光萎凋，以掌平揉，平切至细碎，再经静置发酵，覆至热锅翻甩干燥，茶叶由嫩青转至棕黑，由片叶变为粒状，加以热水冲泡，味香直入口鼻，迅至味蕾，较工夫红茶更刺激，且味强。茶农以竹编茶笼将茶叶运至香港，转销伦敦，一售成名。这一品类由冯绍裘老人亲力试制而成，并最终将此类茶叶定名为滇红，成为中国第三大类红茶品种——红碎茶。

红茶史不算古老，曾西渡而风靡英伦，缭绕于贵族唇齿舌尖，而茶农依旧长守茶园，以茶为生，起而采茶，俯而闻茶，伺茶以季，乡间茶动而山涌。

爱茶人皆知，红茶性温，暖胃，脾性随茶农。

Dianhong Tea
滇红茶

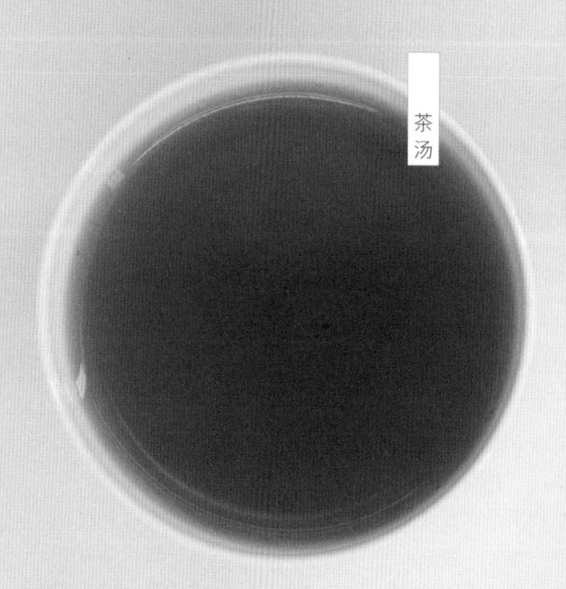

产地

云南南部与西南部的临沧、保山、云县、昌宁、凤庆、西双版纳、德宏等地。

滇红是云南红茶的统称，又可以分为滇红工夫茶和滇红碎茶两种。不同于江南茶产区的四季分明，云南茶产区山峦起伏，云雾缭绕，空气相对湿度高，土壤疏松，腐殖质丰富，具有得天独厚的红茶生长条件。在云南，全省128个县中有120个县都产茶，一年从3月初至11月底都可采茶。

鉴别

滇红工夫茶厚而嫩，色泽偏乌，条索紧细；滇红碎茶则颗粒匀净，秀丽而光润。滇红冲泡后汤色红艳，其香高，味醇，入喉清爽，干茶呈淡黄泛白，而叶底则色润发红，金毫显露。

品鉴

上好滇红茶的茶汤与茶杯接触处显金色汤圈，冷却后出现乳凝状，即“冷后浑”，越早出现此现象的滇红则越优。若茶叶偏棕红，条索完整而无锋锐，凹凸粗糙，冲泡后汤色浑浊偏暗，汤色不正，则属劣质滇红。

冲泡

滇红香醇，冲泡三四次香味仍然不减。冲泡滇红前，须用沸水冲淋茶具；冲泡时，注意沿杯壁注水。红茶可清饮，可调饮，可杯饮，也可壶饮。

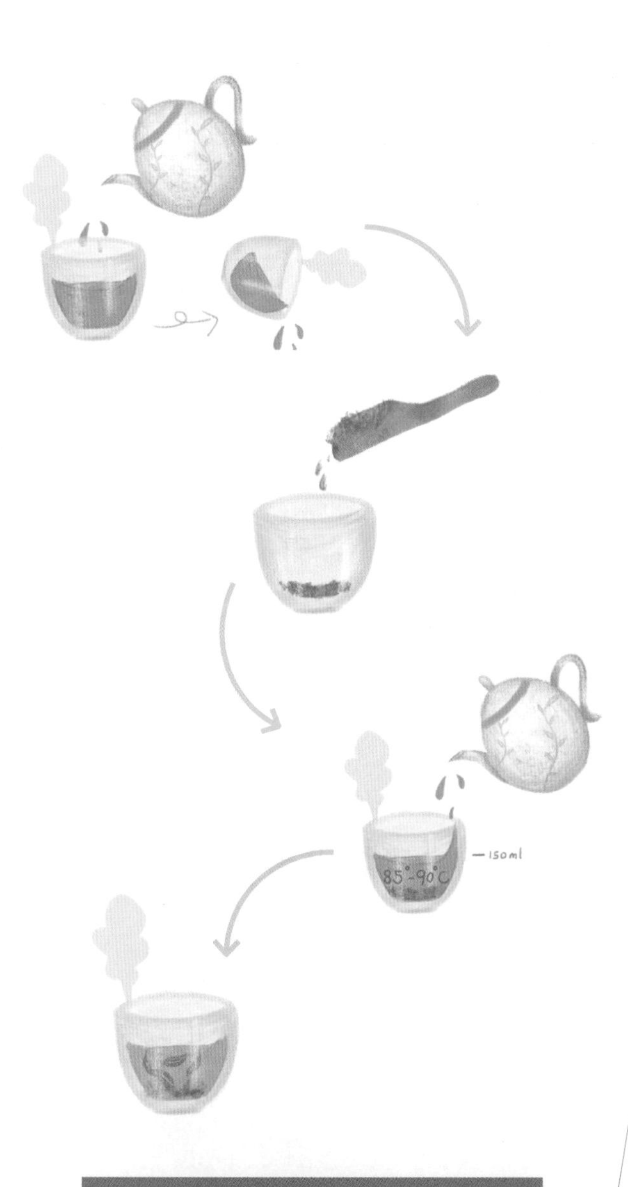

工艺流程

采鲜叶

农历清明后至谷雨前，用指甲掐断一芽二叶，以滇南大叶种茶为佳。

萎凋

用簸箕等工具摊晾，厚度为10—20厘米，每30分钟翻拌一次，温度控制在35—38℃之间，持续3—5小时，使叶色转暗。

揉捻

用手掌旋压揉捻，分两次进行，每次持续35—45分钟，破坏茶叶细胞，在酶的作用下进行氧化。

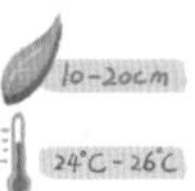

发酵

将茶叶放在发酵筐中，摊叶厚度控制在10—20厘米之间，室内温度在24—26℃之间，叶色由绿变为微红或菜花黄。

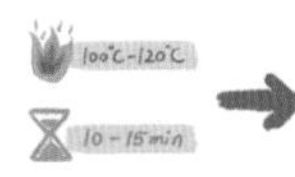

烘焙

在热锅内用手掌大幅度翻拣，分毛火和足火两次，毛火温度在100—120℃之间，持续10—15分钟；足火温度在85—100℃之间，持续15—20分钟。

滇红工夫茶制茶大师：**张成仁**

张成仁，国家非物质文化遗产项目滇红茶制作技艺的传承人，滇红集团茶科院院长，曾带领团队研制出了经典58、中国红等经典滇红品种，从1987年参加工作至今，一直致力于红茶的研制创新，在3月到10月的半年采茶时节里，张成仁每天都会到茶园走走，观察茶树的长势，寻找制作新茶的灵感。

Keemun Black Tea
祁门红茶

茶叶

产地
中国安徽省祁门县。

祁门红茶简称祁红，是世界公认的三大高香茶之一。自1875年创制以来，深受欧洲上流社会的追捧。祁红的出汤时间较长，冲泡时可静待2—3分钟。

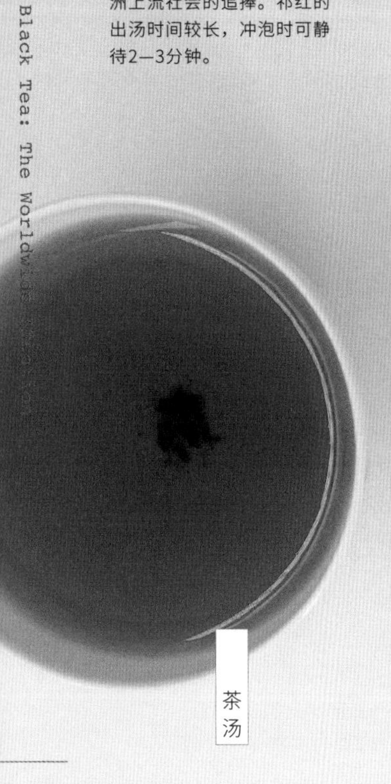
茶汤

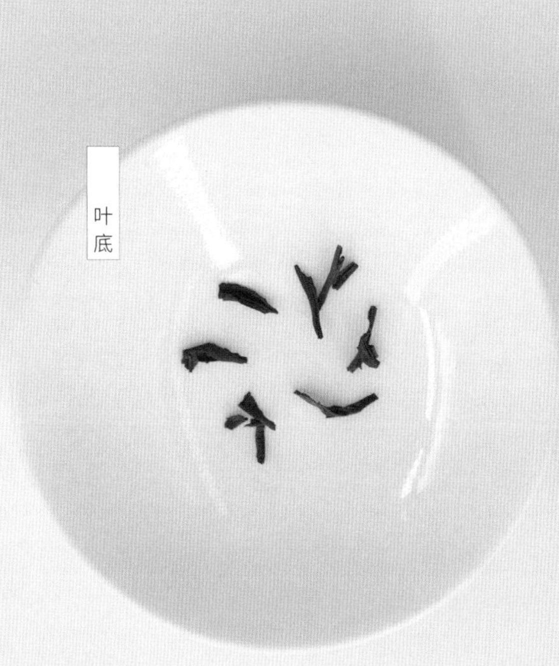
叶底

鉴别
外形整齐，茶叶长0.6—0.8厘米。干茶条索细长，呈略暗的棕红色，冲泡后叶底光滑且鲜红，汤色明澈泛红，入口味醇，唇舌留香绵长，香气因火功不一而多变，似果味，带兰花香气，或蜜糖香，或玫瑰香，或蔷薇香，茶人尊其为“祁门香”。若是假的祁门红茶，一般经过人工染色，干茶与茶汤也为鲜红，但茶汤不透明，且香气低闷。

品鉴
上等祁红以四绝闻名——香高、味醇、形美、色艳，祁门红茶是世界公认的三大高香茶之一，所以祁门红茶的品鉴，先要闻香。好的祁门红茶冲泡后汤色明红透亮，香气高且纯，入味持久，啜一口即茶香绕齿，叶底鲜嫩多芽，软而匀，亮而红。若茶味偏苦，入口齿涩，汤色不正，香气平淡，且叶底杂乱不整，则为劣质祁红，或添加人工色素的假祁红（汤色比正品亮）。

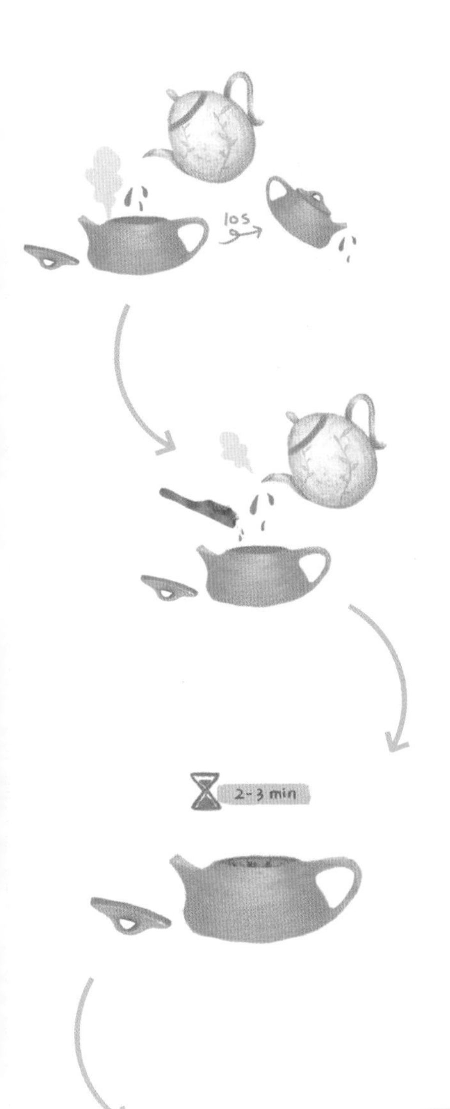

冲泡

在家冲泡祁门红茶时，应先以烧沸的开水温壶。冲泡时，茶叶与水的比例约为1:50。向壶中冲水至满壶后，可静待2—3分钟，而后将泡好的茶汤分至公道杯内，再将公道杯中的茶汤分到各个品茗杯里。因加工工艺的差异，在祁门红茶中可以品出蜜糖香、花香、果香等不同的“祁门香”。

工艺流程

农历清明后至谷雨前，用指甲掐断采摘，以一芽一叶、二叶为主。

将茶叶摊晾，厚度为10—20厘米，每30分钟翻拌一次，温度控制在35—38°C之间，持续3—5小时，使叶色转暗。

用手掌旋压揉捻，嫩叶轻压，老叶重压，分两次进行，每次持续35—45分钟，挤出汁液依附在茶叶上。

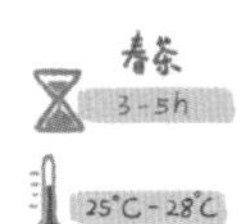

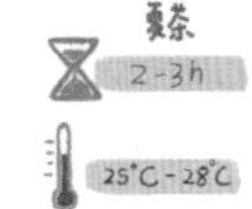

分两次静置发酵，春茶持续3—5小时，夏茶持续2—3小时，室内温度控制在25—28°C之间，逼出花果香气。

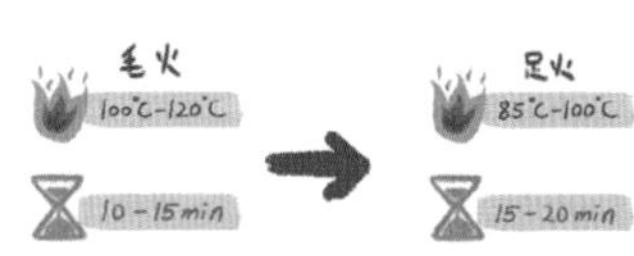

在热锅内用手掌大幅度翻拣，分毛火和足火两次，毛火温度在100—120°C之间，持续10—15分钟；足火温度在85—100°C之间，持续15—20分钟。

祁门红茶制茶大师：**闵宣文**

闵宣文，国家非物质文化遗产项目祁门红茶制作技艺的传承人，擅长官堆，将精筛后的祁红按产地、采时、天气等拼配成堆，俗称“闵拼”，曾参与毛泽东、江泽民赠予外邦的祁门红茶国礼茶的加工，经历了祁门茶厂的辉煌与低谷，从1950年与祁红结缘至今，闵宣文“从来没有后悔过从上海来到祁门，这一辈子就跟祁红打交道了”。

10　文：邓娉　编：[illegible]　绘：[illegible]　text: Deng Pin　edit: Yuki　illustrate: Yoka

乌龙茶：超级茗品的宝库

Oolong Tea: The Treasure House of Fine Tea

目前中国的六大茶类，绿茶最早，黄茶、黑茶其次，最后才演变出白茶、红茶、青茶。青茶又名乌龙茶，人们更习惯使用后者命名。乌龙茶属于半发酵茶，介于红茶和绿茶之间。既有红茶的鲜亮馥郁的色香，又有绿茶清爽可口的味感，同时又没有绿茶的苦和红茶的涩。可以说，乌龙茶兼具了红茶和绿茶的优点，又全无苦涩之味，独具鲜明特色。

新鲜茶叶经过采摘、萎凋、晒青、失水、摇青、杀青、揉捻、焙火等工序之后才能够制成绿叶红镶边、茶汤金黄澄澈的乌龙茶。其著名品种有武夷山岩茶、安溪铁观音、永春佛手、闽北水仙、广东凤凰单丛和台湾冻顶乌龙茶等。

据《福建之茶》及《福建茶叶民间传说》等书记载，在清朝雍正年间，福建安溪西坪乡南岩村有一茶农，姓苏名龙，因外形黝黑健壮，人称“乌龙”。一日，乌龙上山采茶兼打猎，因追捕一头山獐晚归，家人忙于分享猎物而疏于制茶，第二天早晨才想起来昨夜采回来的茶青，却发现新鲜的茶青经过一夜的放置镶上了红边，炒制完成后品尝发现茶汤格外香醇，丝毫没有苦涩之味。由此，经过反复琢磨研究，一种新的茶叶品类——乌龙茶诞生。

不过，“乌龙茶”却并非始于清朝。早在北宋就有关于“乌龙茶”的记载，只是那时的乌龙茶是指一种绿茶，北苑贡茶乌龙茶。其采制工艺在唐代诗人皇甫冉送茶学专家陆羽的采茶诗里所说：“采茶非采菉，远远上层崖，布叶春风暖，盈筐白日斜。”采一筐的新茶青需要花费一天的时间，茶青在筐内积压，到晚上才能开始制作茶叶的工序。这么说来，这种采摘方式无意导致的原料积压难免使茶青的叶片边缘发生红变，氧化成紫色或褐色，无意中恐怕已经造成了茶青的半发酵。因此，虽然北苑贡茶属于绿茶，恰巧同名也叫乌龙茶，但是说北苑贡茶是乌龙茶的前身也有一定的根据。

另外，红茶中的一种高档花色也称“乌龙茶”，这个“乌龙茶”与青茶并无关系，只是同名不同茶。“乌龙茶”，作为一个茶名包含三种茶类，这在中国茶史上也属较为罕见的现象。

如今所说的“乌龙茶”，就是指青茶。在北苑贡茶之后，武夷山茶于元、明、清获得贡茶地位，得到长足发展。现在的乌龙茶便是安溪人仿照武夷山茶的制法，通过改进工艺研发制作出来的。“乌龙茶”创制于1725年前后（清朝雍正年间），福建《安溪县志》记载：“安溪人于清雍正三年首先发明乌龙茶做法，以后传入闽北和台湾。”另据史料考证，1862年福州即设有经营乌龙茶的茶栈。1866年台湾乌龙茶开始外销。历史上，乌龙茶的海外主要消费市场是东南亚地区。现在福建安溪成为全国乌龙茶最大产地，安溪也于1995年被国家农业部和中国农学会等单位命名为“中国乌龙茶（名茶）之乡”。

◎小满山馆 摄

Taiwan Dongding Oolong

台湾冻顶乌龙

产地

台湾南投县鹿谷乡冻顶山。

冻顶乌龙产自冻顶山，产品等级可分为特选、春、冬、梅、兰、竹、菊。

鉴别

冻顶乌龙茶外形条索紧卷整齐，呈半球型弯曲状，色泽墨绿油光，有天然清香，冲泡后茶汤澄黄明亮，香味优雅，有桂花清香，略带焦糖香，甘醇舒爽，回味无穷。茶叶展开，嫩叶金边，叶底边缘有红边，叶中部呈淡绿色；银毫白点，有青蛙皮般灰白点。

品鉴

先闻杯中茶渣的香气， 以鼻吸三口气品鉴香气的浓淡清浊等，再看茶汤水色，等茶汤的温度降到40—45℃时，取茶汤含入口中， 以舌尖不断振动汤液，来分辨汤质。振动汤液时，将口腔中的茶叶香气经鼻孔呼出，再度品鉴茶叶的香气。冻顶乌龙茶浓郁甘醇，高香扑鼻，醇正鲜爽，幽香芬芳，余香不断，余韵悠长。饮过之后，仍然唇齿留香，回味无穷，后韵回甘强。

由于春秋两季冻顶山一带雨量少，茶含水量也少，制出的茶香味浓郁，所以冻顶乌龙茶的品质，以春茶最好，色艳，香高味浓；秋茶次之；夏茶品质较差。

冲泡

冻顶乌龙可用盖碗冲泡，也可用紫砂壶冲泡。盖碗冲泡时，碗口大，便于冲泡，且碗盖能使香气凝集。冲泡时，注意刮去浮沫。乌龙茶的台湾泡法突出了闻香这一程序：斟茶时，可先将茶汤倒入闻香杯，然后将品茗杯盖在闻香杯上，约半分钟后上下倒转，使茶汤倒入品茗杯中，而后可闻香。

工艺流程

冻顶乌龙茶的采集制作都很讲究，产季分春、夏、秋、冬四季，采集到的春茶最为名贵，被称为“黄金之叶”；秋冬茶次之，夏茶最差。其加工过程分为采摘、萎凋、翻青、浪青、杀青、热团揉、解块、干燥等工序。

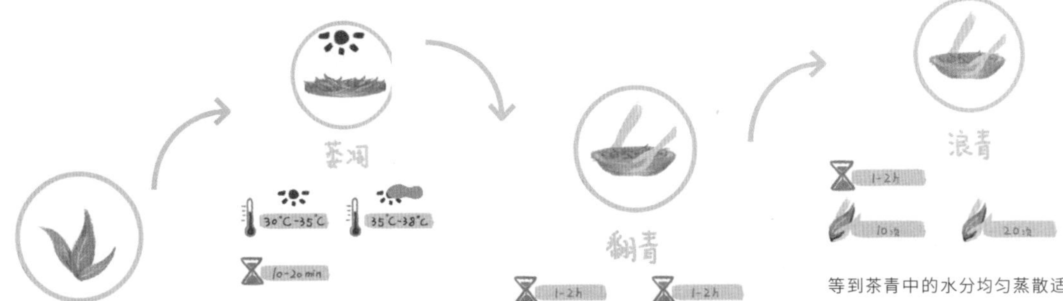

冻顶乌龙茶以台湾冻顶山上种植的“青心乌龙”为原料，采摘以“一心二叶”为标准，即采摘其一芽二叶，其中叶质柔软、叶肉肥厚、呈现淡绿色的茶青最为相宜。

萎凋分为日光萎凋、室内萎凋、热风萎凋等。制茶时，茶农先把所采的冻顶乌龙茶的茶青放在30—35°C的阳光下晒10—20分钟；或者放在室外阴凉处，再移至室内静置，使其萎凋；在阴雨天或者气温不足20°C时，采用温度为35—38°C的热风进行萎凋。

通过摇青与静置促进茶青发酵，同时使茶青中的水分均匀蒸散。一般先将茶青摊放在圆形的筛子上静置1—2小时，再轻轻翻动3—4次。再继续静置1—2小时，再轻轻翻动6—8次。

等到茶青中的水分均匀蒸散适宜之后，摇青加剧。摇青10次以上，继续摊放茶青，静置1—2小时，等到茶青散发出清香时，摇青20次以上。如此反复多次，通过不断地摇青和静置，使得茶青渐渐消退原本的青草味，并散发出阵阵独特的芳香味，表明发酵程度刚刚好，便可以准备杀青了。

冻顶乌龙茶制茶大师：**李瑞河**

李瑞河，1935年生。台湾南投县七代植茶世家，现任台湾天仁、天福集团总裁。1991年开设“天仁茶店”，20世纪90年代在台湾拥有60多家连锁店。1993年到福州考察市场，与福建省农垦局合作创办天福茶业有限公司，全国直营连锁店达230多家，被誉为“中国茶王”。

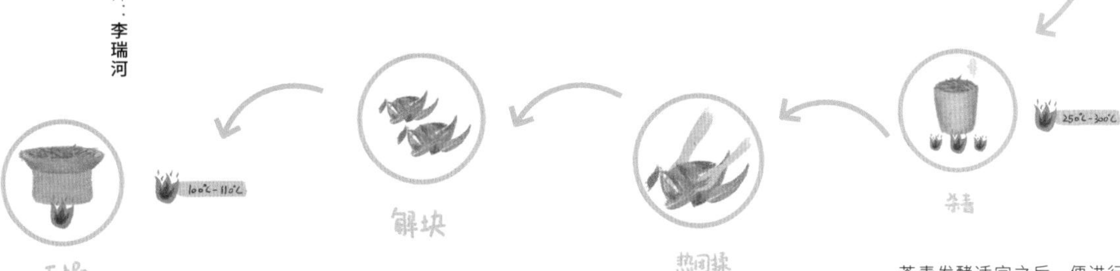

茶青发酵适宜之后，便进行高温杀青，使萎凋和发酵作用停止。将茶青移入金属制筒密闭，采用250—300°C的高温杀青，使茶青黏而干燥，柔韧适宜，青草味全无，只发出冻顶乌龙茶独特的清香。

接着将茶青进行热团揉，将茶叶揉成条，使得茶青中的茶汁流出，附着在茶叶表面。通过反复揉捻，茶叶会结成块状，便需要解块了。

干燥之前，得先将团揉结块的茶叶解块，这样才能保证干燥的时候水分和热量散失均匀，不至于出现茶叶红变。这一步，只需要将团揉结紧的茶块散开就行。

可选用干燥机或者焙笼烘干，温度控制在100—110°C之间，反复翻焙，使得受热均匀，水分蒸干，制成熟茶，精制成品。

Anxi Tieguanyin Oolong
安溪铁观音

茶叶

鉴别

安溪铁观音叶缘有疏松的钝齿，叶面呈波浪状隆起，好像肋骨的形状，略向背面反卷，叶尖端稍凹，向左稍歪，嫩芽呈紫红色，素有“红芽歪尾桃”之称。茶叶条形卷曲，肥壮圆结，沉重匀整，色泽砂绿，整体形状似蜻蜓头、螺旋体、青蛙腿。茶汤金黄浓艳似琥珀，香气馥郁幽长，味道浓郁甘鲜，可谓“七泡有余香”。

品鉴

上品铁观音外形肥壮、沉实、色泽砂绿，香气清纯。可以采用热嗅、温嗅、冷嗅相结合的方法嗅出香气的高低、长短、强弱、纯浊。香气突出、清高，馥郁悠长的，均为上品。铁观音茶汤汤色橙黄明亮。如用茶匙舀取适量的茶汤入口，通过舌头在口腔中做吮吸打转滚动，滋味应醇厚，且厚而不涩。将经沸水冲泡过的茶叶倒入盛有清水的盘中，观察叶底，凡叶底柔软、“青蒂绿腹”明显的，均为上品；反之，为次品。

产地

福建省东南沿海泉州市安溪县。

安溪铁观音为中国十大名茶之一，是闽南乌龙茶的代表，有“美如观音重如铁”之称。

冲泡

安溪铁观音可用盖碗冲泡，也可用紫砂壶冲泡。品茗杯则以小杯为宜。铁观音投茶量一般为盖碗的1/5。冲水时，宜高冲沸水入碗，至茶汤刚溢出杯口。

工艺流程

采摘

安溪铁观音采制技术特别，不是采摘非常幼嫩的芽叶， 而是采摘成熟新梢的2—3叶，俗称“开面采”，指叶片已全部展开，形成驻芽时采摘。

晒青 凉青

晒至失去光泽，叶色转暗绿，顶叶下垂，梗弯而不断，手捏有弹性。静置凉爽处1小时，使得叶梗青绿饱水，叶表干燥无水分。

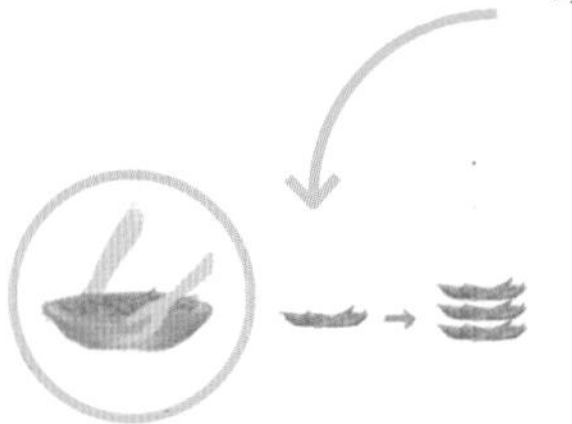

做青

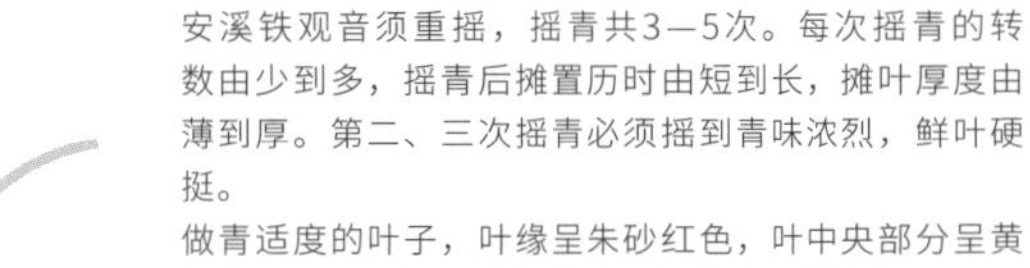

安溪铁观音须重摇，摇青共3—5次。每次摇青的转数由少到多，摇青后摊置历时由短到长，摊叶厚度由薄到厚。第二、三次摇青必须摇到青味浓烈，鲜叶硬挺。

做青适度的叶子，叶缘呈朱砂红色，叶中央部分呈黄绿色，叶面凸起，叶缘背卷，梗表皮显有皱状。

杀青

将茶青静置室内并搅拌，直至草青味渐失时，以高温抑制茶叶继续发酵。

揉焙

安溪铁观音的揉捻、焙火、包揉是多次反复进行的，直到外形让人满意为止。初揉3—4分钟，解块后即行初焙。焙至五六成干，不粘手时下焙，趁热包揉。运用揉、压、搓、抓、缩等手法，经三揉三焙后，再用50—60°C的文火慢烤，使成品香气敛藏，滋味醇厚，外表色泽油亮，茶条表面凝集有一层白霜。

筛拣

慢烤后的茶叶最后经过簸拣，除去梗片、杂质即为成品。

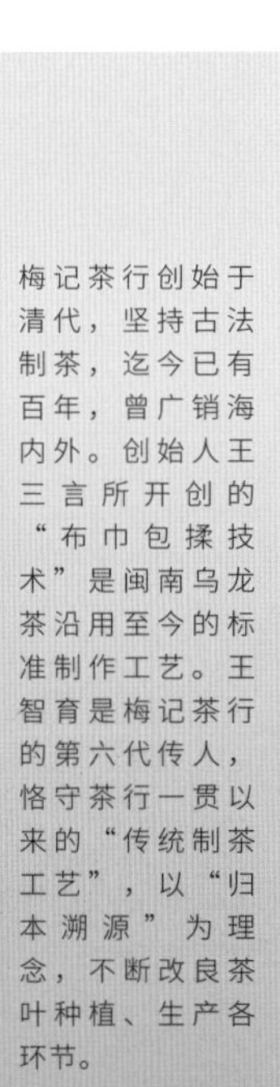

梅记茶行创始于清代，坚持古法制茶，迄今已有百年，曾广销海内外。创始人王三言所开创的“布巾包揉技术”是闽南乌龙茶沿用至今的标准制作工艺。王智育是梅记茶行的第六代传人，恪守茶行一贯以来的“传统制茶工艺”，以“归本溯源”为理念，不断改良茶叶种植、生产各环节。

黄茶：只闻其名，不得其香

Yellow Tea: Intertwining Fame and Fragrance

黄茶产生较早，《资治通鉴》载唐代宗大历十四年（779）"遣中使邵光超赐李希烈旌节；希烈赠之仆、马及缣七百匹，黄茗二百斤"。这条史料说明：第一，黄茶（"黄茗"）的生产应不晚于中唐时期；第二，节度使军阀李希烈用黄茶来赠与朝廷使臣（并且是唐代宗宠幸的宦官），说明在当时黄茶已经是高级礼品；第三，李希烈是淮西节度使，说明可能当时安徽是黄茶的主要产地之一。还有一条历史资料可以作为中唐时期人们饮用黄茶的佐证，那就是唐宋八大家之一的柳宗元有首题目很长的五言诗《奉和周二十二丈酬郴州侍郎衡江夜泊得韶州书并附当州生黄茶一封率然成篇代意之作》。这首诗的题目很长，大意是说此诗为柳宗元与一位周姓人士的诗酒唱和，并且作者收到了当州生产的一封生黄茶。同样说明了不晚于中唐时期，黄茶已经成了一种高级饮品，可以用来馈赠他人。尽管现如今黄茶的产量及销量在六大茶类中均敬陪末座，但黄茶的历史底蕴使其在中国茶中始终占有重要地位。

黄茶属于后发酵茶，由绿茶加工工艺掌握不当产生演变而来。在绿茶制作时，炒青杀青温度不足、杀青时间过长、杀青后未及时摊晾、揉捻后未及时烘干炒干以及堆积过久，均会使叶色变黄，产生黄叶黄汤，形成黄茶。

黄茶的分类标准有二。一是采摘标准，依据鲜叶的嫩度与芽叶的数量及大小，可分为黄芽茶（单芽或一芽一叶初展鲜叶）、黄小茶（一芽一叶标准鲜叶）、黄大茶（一芽三叶到一芽四五叶）三大品种。第二个分类标准取决于黄茶的必要工序"闷黄"，由于在加工过程中，杀青、揉捻、干燥三道工序后均可闷黄，所以在第一个标准分类的三个品种下，又各分为数种，如黄芽茶杀青后闷可制成蒙顶黄芽，揉捻后闷则为海马宫茶、莫干黄芽等，干燥中闷则为君山银针、霍山黄芽等。

君山银针原产于湖南省洞庭湖君山，发展地为岳阳市。君山为洞庭湖中小岛，总面积不到1平方千米，最高海拔不足80米，然而土质肥沃，湖水蒸腾，云雾弥漫，适宜茶类生长。君山银针对采青极为讲究，素有"九不采"之说，即雨天不采、露水芽不采、紫色芽不采、空心芽不采、开口芽不采、冻伤芽不采、虫伤芽不采、瘦弱芽不采、过长过短芽不采。制法也极为精细，须经八道工序历时三昼夜方能完成，故而产量较少。君山茶早期年产仅1斤左右，乾隆四十六年（1781），乾隆皇帝品尝君山银针之后，下诏岁贡18斤，足见其珍贵。君山银针条形肥壮紧实，芽身金黄，满披银毫，汤色橙黄明净，香气清醇，滋味甜爽，叶底嫩黄匀亮，有"金镶玉"的美称，冲泡后芽头陆续竖立杯中，犹如春笋破土，部分芽头能够上下沉浮，有"三起三落"之景观。

©小满山馆 摄

Junshan Yinzhen Tea

君山银针

茶汤

叶底

鉴别

君山银针芽头茁壮、紧实而挺直，白毫显露，茶芽大小长短均匀、形如银针，叶底黄亮匀齐、叶质柔软厚实，汤色橙黄或杏黄，黄而明亮，香气清香高长、清香鲜爽、细而持久，味道甘甜醇和。

品鉴

以外形论，君山银针以芽肥壮、满披茸毫、色杏黄为上，暗绿次之，忌芽瘦薄灰暗。汤色杏黄明亮，浓甜香，忌黄暗熟闷。滋味甜醇柔和，不能有闷熟味，叶底显芽黄亮，不能大小不一，也不能呈黄暗。

产地

湖南岳阳君山。

《红楼梦》第四十一回《栊翠庵茶品梅花雪》中写到，妙玉以“老君眉”招待贾母众人。有说法认为，这里的“老君眉”即是君山银针。1956年德国莱比锡世界博览会上，君山银针获得金质奖章，后来又在国内被公认为中国十大名茶之一。

君山银针制茶大师：**高孝祖**

高孝祖是中国非物质文化遗产第三代黄茶大师，从12岁开始学习君山银针的制作工艺。他以"诚实做人，踏实做茶"为准则，数十年如一日坚持手工技艺制茶，守护产量极少的君山银针。高孝祖表示，"我想把君山银针做得更完美，让越来越多的人爱上岳阳这块金字招牌"。

冲泡

君山银针冲泡后应尽快出汤饮用，避免久置苦涩。冲泡前，须用开水预热茶杯，并将残留的水分擦去，避免茶芽吸水无法竖立。冲泡时，注水可先至半杯处，使茶芽完全吸水，然后将水冲至七八分，盖上玻璃盖片，等待约5分钟，即可观赏茶芽浮动"三起三落"的景观。

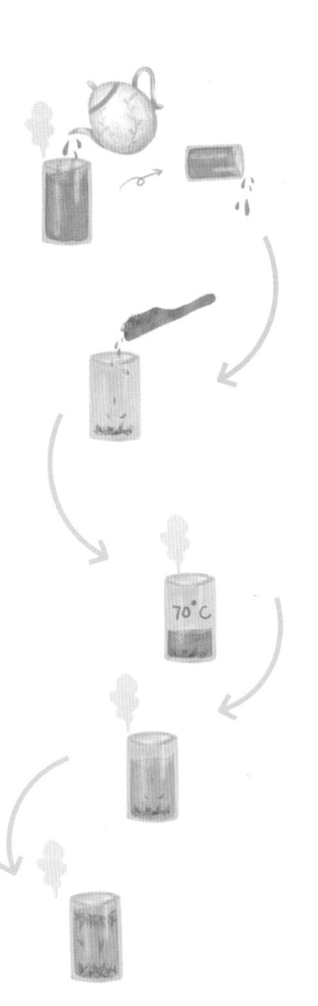

工艺流程

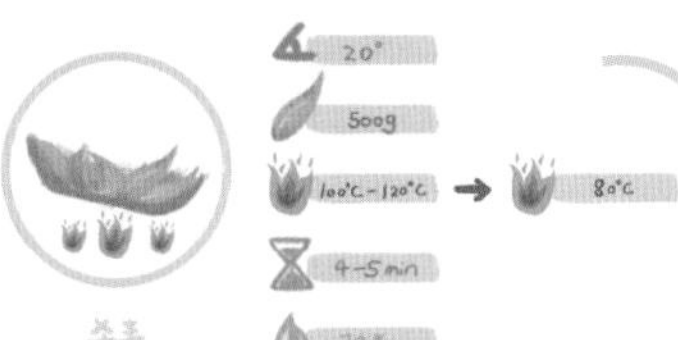

事先将锅磨光打蜡，倾斜20度加温，加热至100—120°C，后降温至80°C。将300克左右的茶芽投入锅中，两手轻轻捞起茶芽，由怀内向前推，再上抛抖散，让茶芽沿锅下滑。动作要轻，避免弄伤茶芽。4—5分钟后，茶蒂变软，清气消失，茶香出来，水分减至70%左右即可出锅。

将杀青后的茶芽盛入小篾盘中，轻轻扬簸数次，使茶芽热气散发，并清除细末杂片。此步骤持续4—5分钟即可。

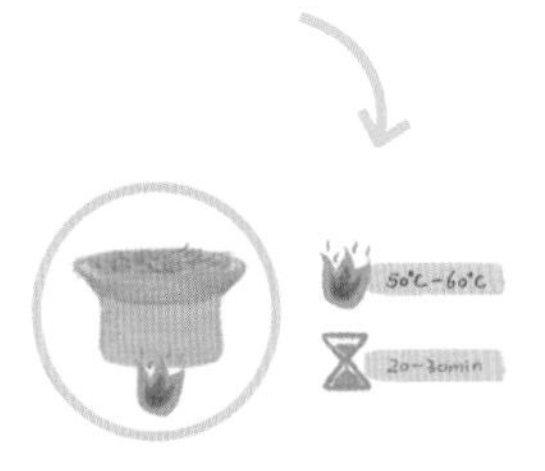

将茶芽放在炭火炕灶上，温度维持在50—60°C，持续20—30分钟，使其达到五成干即可。过干，会导致茶芽转色困难，叶色依然青绿，达不到香高色黄的要求；过湿，会导致香气低闷，色泽暗。

将茶芽用草纸包好，静置40—48小时。24小时后，须及时翻包，以使茶芽发酵均匀。茶芽出现黄色时结束。

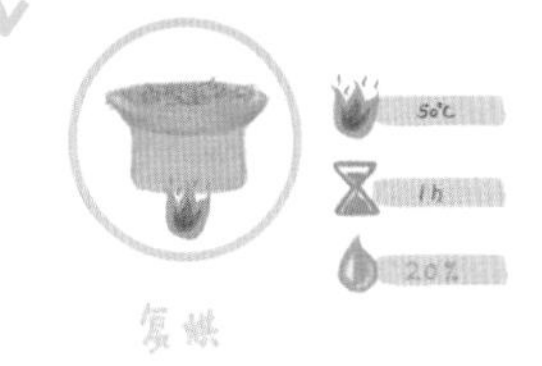

方法同初烘，温度为50°C左右，时间维持约1小时，水分减至20%左右即可。

与初烘后的摊晾相同。

与初包相同，历时约20小时，待茶芽色泽金黄，香气浓郁即可。

加温至50—55°C，烘量每次约0.5千克，待茶芽全干即可。

Mengding Huangya Tea

蒙顶黄芽

茶汤

叶底

茶叶

鉴别

蒙顶黄芽芽条匀整，扁平挺直，色泽黄润，芽毫显露，汤色黄中透碧，黄亮，清澈明亮，香气甜香、清纯、芬芳，味道鲜醇，浓郁甘爽。

品鉴

蒙顶黄芽外形以扁平挺直、芽头肥壮、满披茸毫为上，条弯曲、芽瘦小为下。冲泡后，汤色黄中有碧，以明亮为优，黄暗或黄浊为劣；香气以清悦为上，有闷浊气为下；滋味以醇和鲜爽、回甘、收敛性弱为好，苦、涩、淡、闷为差；叶底以芽叶肥壮、匀整、黄色鲜亮为优，芽叶瘦薄黄暗为次。忌芽叶断碎、红梗红叶等。

产地

四川雅安蒙顶山。

蒙顶茶产于四川雅安蒙顶山，是中国最古老的名茶。在唐代，蒙顶茶便已成为高级饮品，宋代时，文人雅士关于蒙顶茶的记载很多，如画家文同云："蜀土茶称圣，防山味独珍。"（这里防山即蒙顶山）文彦博云："旧谱最称蒙顶味，露芽云液胜醍醐。"足见蒙顶茶历史之悠久，品质之优良。

蒙顶山的气候特征是"三多"——雨多，雾多，云多。每年蒙顶山降水天数为220天左右，其中夜间降水又占总降水量70%以上。冬春之时，山下暖流与山顶冷空气会合，常在山腰形成大雾，另外，蒙顶山树木葱茏，植被茂盛，土层深厚，地质疏松，成就了适宜茶类的生长环境。

蒙顶黄芽是我国黄茶类名优茶中的珍品。采于每年春分，茶园有10%左右芽头鳞片展开即可采摘肥壮芽头作为特级黄芽，采摘工作一般于清明后半月结束。

工艺流程

冲泡

蒙顶黄芽也可观赏茶芽在水中林立的景象，因此适合用无色透明玻璃杯冲泡。冲泡前，可用开水预热茶杯，清洁茶具并将其擦净，以避免茶芽吸水而在冲泡中无法竖立。

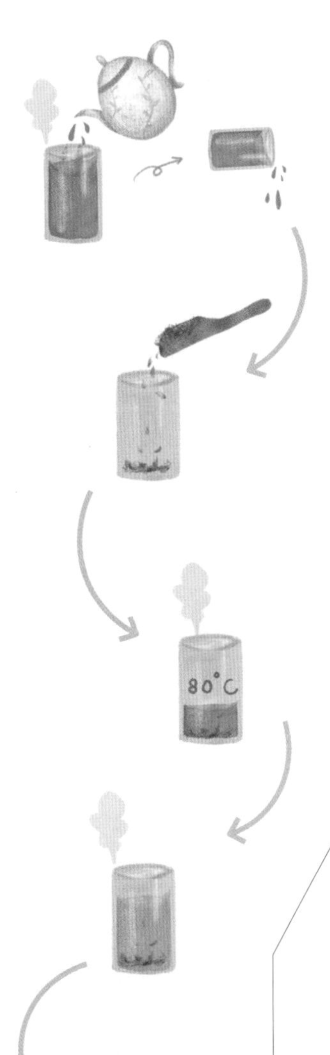

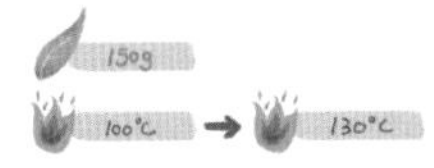

杀青

锅事先磨光打蜡，将锅加热至100°C，然后用草纸将锅中白蜡擦匀，待蜡烟消散后，锅温升至130°C，将约150克茶芽投入锅中，两手轻轻捞起茶芽，由怀内向前推，再上抛抖散，让茶芽沿锅下滑。动作要轻，避免弄伤茶芽。4—5分钟后，茶蒂变软，清气消失，茶香出来，水分减至50%左右即可出锅。

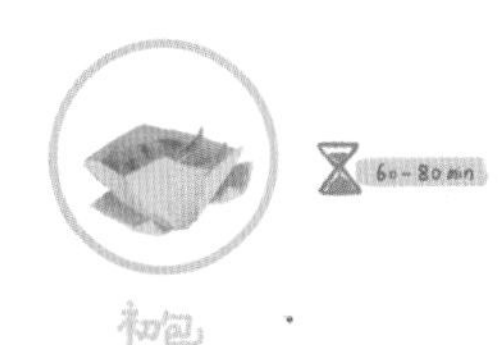

初包

将茶芽用牛皮纸包好，放入箱内，静置60—80分钟，使茶芽发酵。半小时后，及时开包翻拌茶芽一次，使变黄均匀。待茶芽由暗绿变微黄绿时结束。

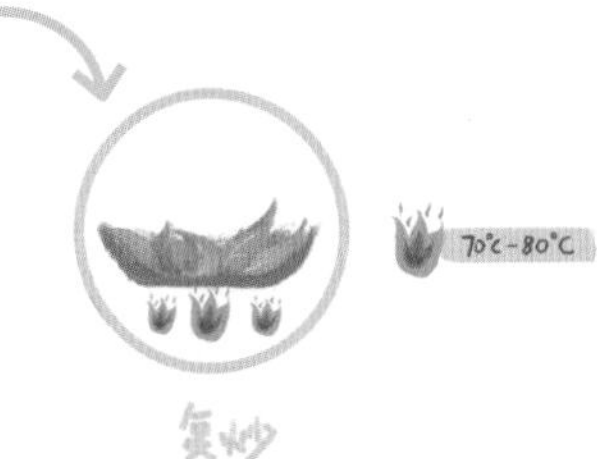

复炒

方法同杀青，锅温为70—80°C，水分减至40%左右即可出锅。

复包

方法同初包，静置50—60分钟，茶芽变为黄绿时结束。

三炒

方法同杀青，锅温为70°C左右，水分减至30%—35%即可出锅。

堆积摊放

将茶芽盛入细篾簸箕中，随即盖上草纸以保温。摊晾24—36小时即可。

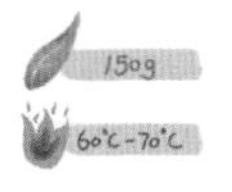

四炒

方法同杀青，锅温为60—70°C，水分减至20%左右即可出锅。

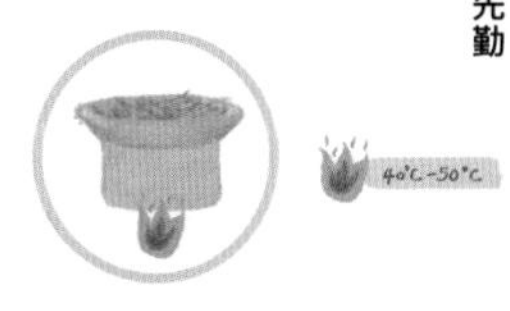

烘干

加温至40—50°C，待水分减至7%以下即可。

蒙顶黄芽制茶大师：**成先勤**

成先勤是非物质文化遗产项目蒙山茶传统制作技艺传承人、中华蒙山派创始人。成先勤出生于成都，1963作为知青下放到雅安蒙顶山，从此与蒙顶茶结缘一生。五十余年，他精研茶技茶艺，不断推广蒙顶山茶文化，更开创了“龙行十八式”和“天风十二品”两种茶艺绝式，享誉四海。成先勤认为，我们一定要继承传统文化，即使创新的东西也一定在传统的基础上进行。科技只能增加产量，文化地能增加魅力。

文：刘天宇 编：陆沉 绘：刘宇佳 text: Liu Tianyu edit: Yuki illustrate: Yoka

黑茶：边民的日常必备

Dark Tea: Daily Necessity of Inhabitants of Border Areas

黑茶是六大茶类之一，为我国特有。史载北宋熙宁年间（1068—1077）四川地区经销边茶，以绿毛茶蒸压堆积，变为黑色，是为黑茶起源。黑茶的正式生产始于明代，《明史·食货志四·茶法》载："嘉靖三年，御史陈讲以商茶低伪，悉征黑茶，地产有限，乃第茶为上中二品，印烙篦上，书商名而考之。"这是关于黑茶较早的文献记录。黑茶最初产自四川，16世纪末渐为湖南黑茶所取代。湖南黑茶起先产于安化，由安化沿资江扩大，中华人民共和国成立后渐渐扩大到桃江、沅江、汉寿、宁乡、益阳、临湘等地。

© yu_sofia 摄

黑茶属于后发酵茶，年产量在我国仅次于绿茶和红茶，居第三位。黑茶一般原料较为粗老，经长时间（春12—18小时，夏秋8—12小时）渥堆发酵后，叶色油黑或黑褐，由此得名。最初黑茶主要用于边销，少量内销与侨销，是我国边疆少数民族日常必备饮品。自唐代以来历代政府均推行“茶马互市”“以茶治边”政策，黑茶多数供给西部藏族、蒙古族与维吾尔族人民饮用。

因产区、品种和工艺制作上的不同，黑茶可分为湖南黑茶、湖北老青茶、四川边茶、滇桂黑茶四大品类。湖南黑茶以采摘新梢为原料，经杀青、初揉、渥堆、复揉、干燥加工而成，砖形可制为茯砖茶、花砖茶，篓装形制为湘尖茶。湖北老青茶分为面茶与里茶，面茶为鲜叶杀青、初揉、初晒、复炒、复揉、渥堆、晒干而成，里茶则仅用杀青、揉捻、渥堆、晒干四道工序。老青茶主要用于压制青砖茶。四川边茶包括南路边茶与西路边茶，二者得名于清乾隆年间朝廷规定雅安、天全、荥经等地所产边茶专销康藏，而灌县、崇庆、大邑等地专销西北，故前者被称为南路边茶，后者被称为西路边茶。滇桂黑茶主要有云南普洱与广西六堡两系，均享盛名。

湖南黑茶生产始于湖南省益阳市安化县。安化茶农有加工烟熏茶的传统，唐杨晔《膳夫经手录》有关于安化生产“渠江薄片”的记载。五代毛文锡《茶谱》载“渠江薄片，一斤八十枚”“其色如铁，而芳香异常”，说明这种茶为黑褐色，但还未被称为黑茶。明代以来，安化生产的黑茶渐渐取代四川黑茶，用于互市。明清时期，安化茶行已增加到数百家。乾隆年间，安化黑茶占全国黑茶总量的70%，集黑茶生产工艺之大成的“千两茶”被誉为“世界茶王”，故宫尚存有一支。直到今日，安化生产的黑茶依旧占据全国黑茶产量的半壁江山。

Anhua Dark Tea
安化黑茶

鉴别
外形砖面平整紧结，花纹图案清晰，棱角分明，厚薄一致，色泽黑褐，无黑霉、白霉等霉菌。

品鉴
冲泡后，汤色橙黄，香气纯正或带松烟香，滋味醇厚微带涩味，叶底老嫩尚匀暗褐。

产地
湖南安化。

黑茶种类很多，可以按照产地和加工工艺的不同来进行划分，湖南千两茶、湖北青砖、广西六堡茶等都属于黑茶。早期，普洱茶也被划分在黑茶的品类中，但后来人们研究发现，普洱茶与黑茶在制作及品质上还是存在一定差异，所以本书将普洱茶单独分作一类。

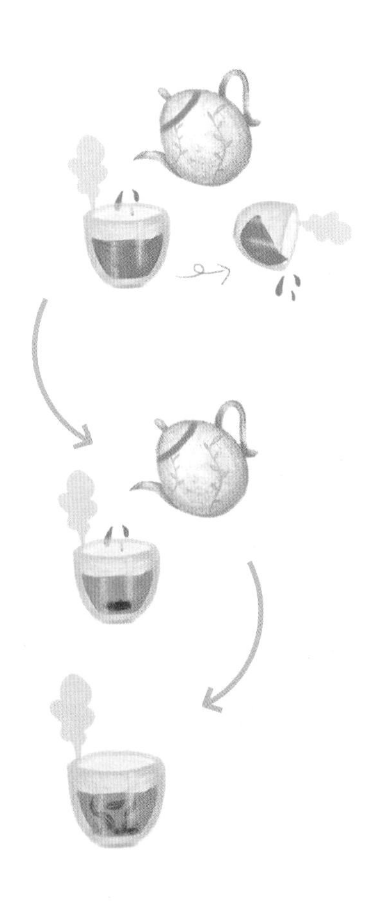

冲泡

用刀具切下一小块湖南黑茶，放在用开水预热清洁后的杯中。黑茶较老，宜用沸水冲泡，也可煮饮。待茶芽完全舒展开即可饮用。

工艺流程

黑茶是六大茶类中加工最为复杂的一种，湖南黑茶加工过程的标志工序为初制过程中的渥堆发酵以及松柴明火干燥（七星灶），这是湖南黑茶生产的必要条件，缺少即不能称为“黑茶”。大体上讲，湖南黑茶的加工工艺分初制和精制两大阶段。首先是初制：

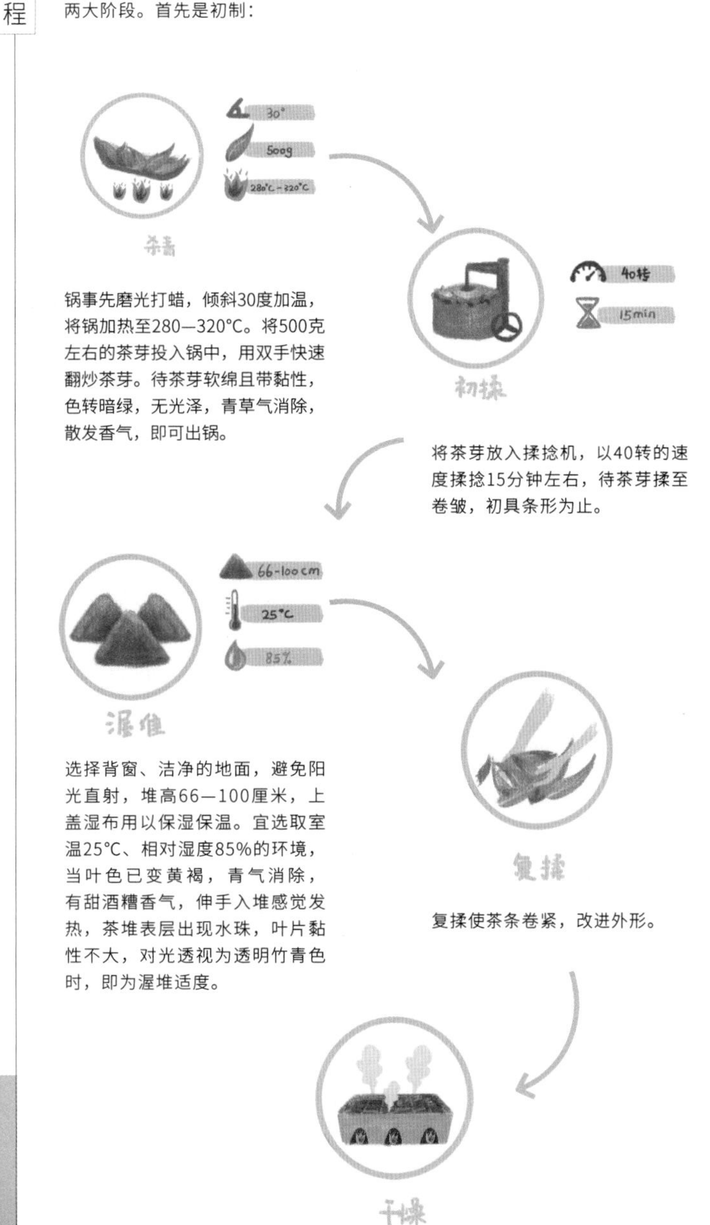

锅事先磨光打蜡，倾斜30度加温，将锅加热至280—320℃。将500克左右的茶芽投入锅中，用双手快速翻炒茶芽。待茶芽软绵且带黏性，色转暗绿，无光泽，青草气消除，散发香气，即可出锅。

将茶芽放入揉捻机，以40转的速度揉捻15分钟左右，待茶芽揉至卷皱，初具条形为止。

选择背窗、洁净的地面，避免阳光直射，堆高66—100厘米，上盖湿布用以保湿保温。宜选取室温25℃、相对湿度85%的环境，当叶色已变黄褐，青气消除，有甜酒糟香气，伸手入堆感觉发热，茶堆表层出现水珠，叶片黏性不大，对光透视为透明竹青色时，即为渥堆适度。

复揉使茶条卷紧，改进外形。

典型黑茶的干燥方法有别于其他茶类，以松柴明火，分层累加湿坯，长时间一次干燥。此工艺使用特制的“七星灶”，灶的进口为砖砌7个灶孔，用松柴明火烘焙，而明火不进灶孔，全程不忌烟味。经此道工序干燥而成的黑茶，色泽乌黑油润，有独特的松烟香。

初制过后，黑茶可以进一步产品加工，精制成黑砖茶、花砖茶、茯砖茶、千两茶（花卷茶）、“三尖茶”（天尖、贡尖、生尖）等等，工艺各有不同，兹以黑砖茶为例说明。

1.筛分

通过多次筛茶使茶叶形状整齐均一，并剔出杂物，用截刀按一定长度截断，拣出粗梗、黄片，捆踩多次紧压成条，区别轻重后以细嫩、长短、色泽分四类（天、地、人、和）分别入机蒸压。

2.压制

现多用机器进行蒸压。压成砖茶后，经8小时冷却，送解茶匣，退出茶砖。

3.干燥

采用烘房干燥，温度逐渐上升，干至水分达11%时即可完成，出烘房包装。

安化黑茶制茶大师：李一农

李一农出生于湖南安化的茶叶世家，自幼随祖父学习黑茶制作工艺，现为安化黑茶非物质文化传承人、“源远长”记茶号传承人。

李一农挚爱险些失传了的黑茶工艺。有人曾以5万元高价购买一泡（约5到7克）他所珍藏的百年“源远长”千两茶，李一农因不忍破坏百年老茶的完整性而于交易前反悔。如今，他的“一农茶庄”已将“源远长”申请为商标，志在将黑茶发扬光大，走向全球。

“只有用心做好茶，才能被消费者认可，广告也好，宣传也好，都是次要的。茶做不好，什么都不算”。李一农如是说。

13 文：Harry 编：陆沉 绘：刘宇佳 text: Harry edit: Yuki illustrate: Yoka

普洱茶的基本

Pu'Er Tea's Basics

按产地划分，黑茶主要有云南普洱、四川边茶、广西六堡茶、湖北青砖茶、湖南千两茶、安徽安茶等和陕西茯茶等。虽然一般都会经过杀青、揉捻和干燥这三个步骤，但因产地不同，水土差异，以及制作方式的细节区别，形成了各具特色的样式与口感。而其中又以云南普洱茶最广为人知。

清代，普洱茶因入贡而深受皇室喜爱，这一时期也是普洱茶鼎盛发展的时期。

◎ 小满山馆 摄

与滇红一样，普洱茶的茶种多为云南大叶种茶。茶树根系健壮，叶大肥嫩。高原土壤肥沃，茶树在生长过程中吸收了周围植被的味道，在循环作用下，这些味道的细节又保留在叶芽之中。每年2月下旬到11月都是普洱茶的采摘期。鲜叶采摘最佳时间在日出后半小时后到正午之前，以避免鲜叶水分含量过高，不利于后续萎凋与杀青。

“越陈越香”的特性，给了普洱茶升值的空间和理由。其在市场上的一夜火爆，身价暴涨，不过是最近十几年的事情。高峰时期的普洱单价可达到每克几千元甚至上万元，比黄金还要贵得多。但在此之前，普洱茶多是沿着茶马古道卖给游牧民族的寻常茶叶，是牧民们维持健康的必需品。茶中富含的维生素、茶多酚、氨基酸和各种微量元素等具有很好的抗氧化作用。

清人赵学敏在《本草纲目拾遗》中写道：“普洱茶膏，黑如漆，醒酒第一，绿色更佳。消食化痰，清胃生津……味苦性刻，解油腻牛羊毒，苦涩，逐痰下气，利肠通泄。”普洱茶解腻减肥的功效，正好为营养过剩的现代人提供了一味“良药”。初尝普洱可从熟茶开始，性质温和不伤胃，口感醇和易入口。生茶茶汤稍苦，夏天喝有去火的功效。

Yunnan Pu'Er Tea
云南普洱茶

产地
普洱茶是云南特有的茶品种。云南省昆明市、玉溪市、红河州、文山州、普洱市、临沧市等地均产普洱。

鉴别
普洱茶可以按照外观形态、存放方式、制作方法等划分。按外观形态，普洱可以分为散茶和紧压茶；按存放方式，普洱可分为干仓普洱和湿仓普洱。按制作方法来划分，普洱可以分为普洱生茶和普洱熟茶。普洱生茶汤色绿黄，普洱熟茶汤色红浓。优质的云南普洱茶，茶汤具有“金圈”，汤面看似有油珠形的膜。

品鉴
好的普洱茶，散茶茶叶完整，润泽有光，无杂质异味；饼茶或沱茶等包装干净完整，茶叶条索清晰，绝无霉味或霉斑显露。熟茶茶汤深红明亮，生茶金黄透亮，年份浅的更显青绿，闻起来应有特别的陈香，喝入口中润喉回甘，滋味无穷。生茶和熟茶完全是两种性质不同的茶，转化成熟的生茶并不会变成熟茶。熟茶经过渥堆是全发酵茶，生茶没有经过发酵，需要后发酵陈化，所以需要转化年份才比较适合饮用。陈化后的生茶的口感香气汤感和熟茶完全不同，完全是两种不同的茶，只是都使用普洱大叶种乔木茶作为原料。经过了渥堆，不用长时间的存放也能品饮到普洱茶的成熟香和醇厚的口感。打算长期收藏的话则可以选择普洱生茶。依靠纯自然发酵，普洱生茶的转变更为耗时，天然的转化和时间的魔力使其更具独特风味，也更具收藏价值。

冲泡

冲泡普洱茶，应用100°C的沸水。最好选用腹大的壶来冲泡，可避免茶汤过浓。尤以陶壶或紫砂壶为佳。初泡润茶，也叫醒茶或洗茶，就是在饮茶之前，先用热水淋洗茶叶，洗去杂质，同时激发出茶叶的香气。如果是制作干净的茶则不需要洗茶，是否要醒茶需根据茶叶状况而定。根据个人口感，可对投茶量多少等灵活调整。

茶饼制作

早期，普洱茶多为散茶，后来为了方便仓储和运输，人们把普洱散茶紧压成为圆饼形、方形或柱形的紧压茶。茶饼的制作，关键是蒸压茶叶。经过采摘、萎凋、杀青、揉捻等步骤后，可将茶叶放在太阳下自然晒干，此时得到毛茶。制作茶饼时，首先应按照要求称重（例如，云南七子饼茶的标准克重为357克/饼），然后将毛茶入桶，以高温蒸汽蒸湿茶叶，并放在所需模具里压制成型。晾干压制的茶饼，将其含水量控制在要求的范围后，便可用白棉纸包装茶饼了。

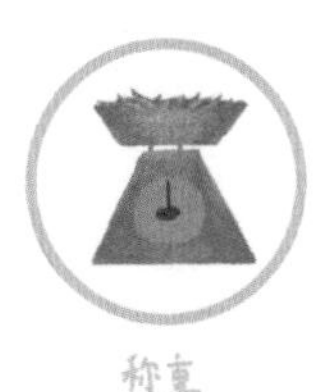

毛茶入桶

普洱茶制茶大师：邹炳良

邹炳良，云南省祥云县人，1939年生，中国普洱茶终身成就大师，原勐海茶厂厂长，大益品牌创始人之一。因为改变了传统的普洱制茶工艺，开创了普洱熟茶渥堆技术，将普洱茶的生产规范化，以满足市场上日益增长的普洱需求，他又被人们尊称为“普洱熟茶之父”。

“普洱茶的标准化，是从7542这片茶开始的。”7542是一款普洱生茶，75指的是配方的时间——1975年，4是指原料级别，2是勐海茶厂的代号。7542这款茶的配方就是邹炳良制定的。

工艺流程

制作工艺上，普洱茶和绿茶都要经过杀青，却又有所不同。绿茶多用炒青或烘青，杀青程度高，目的在于完全停止茶叶的自然发酵。普洱则用晒青的方法，杀青温度较低，酶的活性得以保留，有利于后期继续发酵。

杀青后趁热进行揉捻，将茶叶紧抱成小团，搓揉挤压，榨出茶汁，附于茶叶表面，茶叶条状初现。之后在阳光下摊晒，得到的就是晒青毛茶。

渥堆，是普洱茶制作中最为关键的一道工序，也是生普洱和熟普洱的根本区别。在背光干净的地面上，将晒青毛茶堆放后洒水，覆上湿麻布或蓑衣，茶酵素和微生物开始活跃起来，茶叶在湿热的条件下迅速发酵。经过渥堆，茶叶的青草气完全消除，颜色也由绿转变为黄、栗红或栗黑。

经渥堆制成的茶就是普洱熟茶，马上就能喝。存放三五年后，堆味消去，口感更加甘醇。生茶未经渥堆，在晒青毛茶的基础上直接压制成饼茶或沱茶，存放的过程中由其自然发酵。虽然都离不开微生物的作用，但是和渥堆的“人工催熟”是两个截然不同的过程。旧时运输不便，原本性寒的晒青毛在经由茶马古道的长途运输过程中，正好经历转化。而随着饮茶人口增加，加速茶叶陈化的渥堆法运应而生，以满足市场对普洱茶的需求。

14　文：刘晓希　编：陆沉　绘：刘宇佳　text: Liu Xiaoxi　edit: Yuki　illustrate: Yoka

白茶：宋徽宗的天下第一茶

White Tea: The First Choice of Emperor Huizong of Song

白茶的名字最早出现在茶圣陆羽的《茶经·七之事》中。陆羽引现已失佚的地方志《永嘉图经》记载："永嘉东三百里有白茶山。"永嘉就是现在浙江温州的永嘉县，东三百里已经到了海里。据已故的茶学泰斗陈椽教授考证，东三百里是南三百里之误。永嘉县南三百里，恰好是今天的福建福鼎，而白茶山，很可能就是福鼎的太姥山。

《茶经》成于唐代，对白茶着墨寥寥。仅凭名字，其实难以断定彼白茶就是今天的白茶。更为明确的记载要等到北宋。茶迷宋徽宗赵佶所著的《大观茶论》中写道："白茶，自为一种，与常茶不同。其条敷阐，其叶莹薄，林崖之间，偶然生出，虽非人力所可致。"其后洋洋洒洒，能看到"无与伦也"和"白茶第一"之类的溢美之词，足见宋徽宗对白茶的推崇备至。

有人认为，宋徽宗谈到的白茶，也并非今天的白茶。这里说的白茶产自宋代的皇家茶山——北苑御焙茶山，位于今天的福建省建瓯市。制作工艺亦不同于今天的萎凋，而是先蒸后压，制成北宋最为典型的团茶。题外一句，北苑御焙的团茶，也代表了历代团茶的最高工艺，传世名茶"龙凤团饼"就产于此地。

无论是陆羽还是宋徽宗，他们提到的白茶，都是产自小白茶树。从《大观茶论》里的"林崖之间，偶然生出"等文字可见，植株还是野生，未到人工种植的阶段。

在宋徽宗龙颜大悦、赞白茶为第一之后，福建关棣县人就将福鼎的小白茶树移植到了本县，进行人工培植。此后，进贡宫廷的白茶几乎都是产自关棣县。政和年间，宋徽宗甚至下赐了自己的年号："喜动龙颜，获赐年号，遂改县名关棣为政和。"

在政和人的不断改良下，小白茶逐步走向量产。从曾经的御前珍味，通过"春桥悬酒幔，夜栅集茶樯"的各地茶商，进入到寻常百姓家。

清代同治年间，福鼎人培育出来新的白茶树种，也就是今天的"大白茶"。与小白茶柔弱的芽头、细小的叶片相比，大白茶的芽叶整齐、健壮、明丽，产量也高，担得起一个"大"字。

福鼎人进而在1885年制作出了白毫银针。政和不甘其后，于1889年也制作出了银针。对白茶稍有了解的人都会知道，白毫银针有南路银针和北路银针之分。其中，北路指的就是位置偏北的福鼎，南路就指的是政和了。

时至今日，小白茶（菜茶）因为产量不高、外形不好，已被多数茶农弃种。少数留存下来，似乎也被认为风味不如大白茶，常作为贡眉、寿眉的原料。

20世纪60年代，福鼎开发出了"新白茶"。"新白茶"的炮制过程，主要是在传统工艺中增加了轻揉，使得茶叶更易出色出味。浓醇清甘的茶汤，色泽甚至能够达到红茶般的橙红。

新白茶行销海外，较之古法白茶似乎更受好评。不过，许多本土茶人仍对新白茶持保留意见。他们更为推崇的还是传统工艺白茶的清淡茶汤：八泡、十泡之后，仍有隽永香味于舌尖萦回。

© yu_sofia 摄

Fuding White Tea
福鼎白茶

产地

福建福鼎。

“白茶”字眼在今天，除了上面提到的福建福鼎等地的白茶外，有时亦指浙江安吉白茶或云南月光白。后两者其实并非六大茶类中的白茶：安吉白茶实为绿茶，月光白实为普洱。无论从原料、产地抑或风味来看，都是大不相同的。

茶叶

茶汤

叶底

鉴别

白茶不炒不揉，为日晒茶。总体特色是“天青地白”：色泽灰绿，叶背多白色绒毛。随着陈放，茶色灰绿转深，毫色则转银灰。陈放3—5年，还会出现淡淡的花香茶气。白茶随形态可分为散茶和饼茶，随选料，又可分分白毫银针、白牡丹、寿眉三品，其中高品质的寿眉又称贡眉。

品鉴

从原料看，只选芽头的白毫银针是福鼎白茶的“拳头产品”。银针条索壮实紧结，白毫满披；白牡丹选一芽二叶或一芽三叶；贡眉选料标准低于牡丹，高于寿眉。寿眉只用抽针后的鲜叶，一般会等到4月下旬芽叶粗老后方开始制作，茶叶形态也就较为粗放。

以白毫银针而论，毫心肥壮、鲜艳、银白闪亮为上，瘦小灰败为次；白牡丹以叶张肥嫩伸展、毫色银白为上，瘦薄色灰为次；贡眉则是以叶张肥嫩、夹带毫芽为优质。一般认为，白毫银针、白牡丹属于高级白茶。不过，制作精良、保存完好、发酵充分的寿眉，口感很可能不输甚至胜过银针。

另一个指标就是茶的新老，即陈放时间。一般认为白茶宜陈，越久越贵，五六年的白茶即可称为“老白茶”。

品鉴茶汤时，讲究“毫香蜜韵”：毫香足显，蜜香浓郁。相较政和白茶，福鼎白茶入口甜柔，汤水糯滑，无论新茶老茶，都有回甘。新茶更为鲜爽，老茶则浓厚胜之。

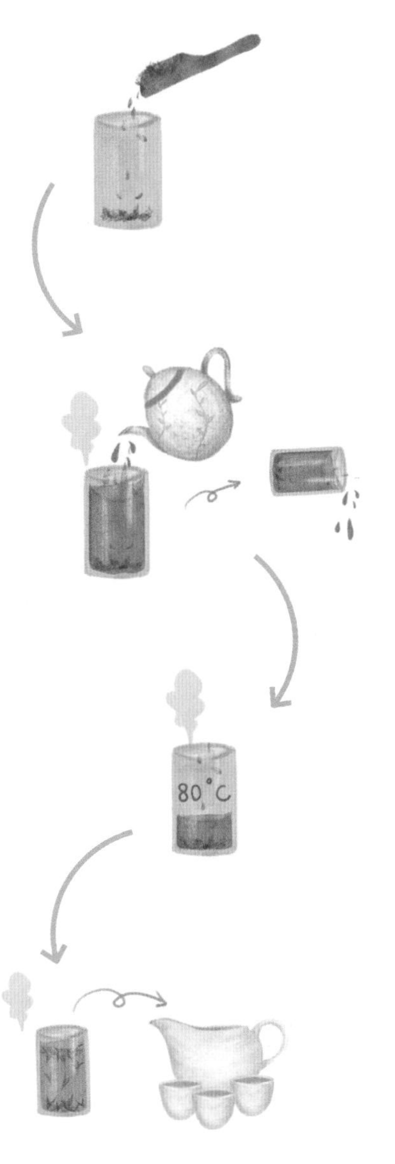

冲泡

水选用山泉最好，纯净水也可以。烧好水后，将热水倒入茶具中，温热一遍茶具，然后将水倒掉。白茶不需要洗茶，冲泡时产生的茶沫是茶皂素和氨基酸的表现，是非常有益的物质。

白茶可以泡，可以煮，也可以先泡再煮。老白茶尤其宜煮，新白茶没有可煮性，否则会较涩口。茶性易染，煮茶应用专用的壶，不能用奶锅。从火的角度，炭炉比电炉更合适。

将水加热到一定程度后，可投茶同煮。寿眉宜煮，白毫银针则不建议。3分钟后汤色转浓，不必关火，可以随煮随喝。需要注意的是，每次最好不要把壶中的茶汤全部倒完再加新水煮，应当留部分茶汤再加水。

工艺流程

白茶最突出的特点便是其制作工艺，其中“萎凋”环节是该茶种关键。

采鲜叶

也叫采茶青。采制银针以春芽的头轮品质为佳，并且最好是晴天，阴雨天不宜采。白牡丹则是在清明前后开采。

开筛

开筛，即为摊晾。这个过程是让白茶中的水分先挥发一部分，为之后的萎凋做准备。

萎凋

萎凋是形成优质白茶的最关键工序，简单来说，就是使鲜叶失水、茎叶萎蔫、青草气散失的过程。萎凋需要较为苛刻的时间、温度、湿度条件，传统的日光萎凋过程完全是需要看天气的。在没有适宜天气的情况下，现代发展出来的主要方法还有室内萎凋。

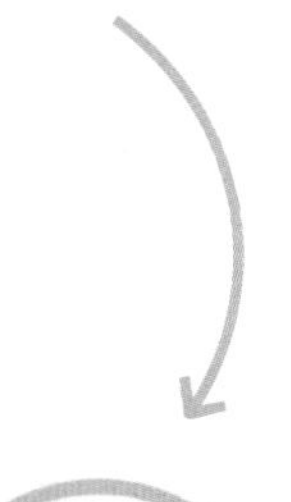

鲜叶中去了七八成水分时，再用文火慢慢烘干。

福鼎白茶制茶大师：**梅相靖**

福鼎白茶的制作工艺已列入第三批国家级非物质文化遗产名录，传承人为梅相靖，民国时期福鼎茶人梅伯珍的孙子。

梅伯珍以种植、制作、经营白茶起家，曾将白毫银针运销东南亚各国，亦曾多次去往菲律宾、新加坡等国办理茶务，当时茶人都尊他一声“梅伯”。“文革”期间，因为梅伯珍是大茶商，“成分不好”，梅家不被允许制茶，传统工具也都被毁坏。梅相靖十几岁时就开始学习白茶制作技艺。“文革”结束后，梅相靖重新做了一些工具，继续制作白茶。

如今年过70的梅相靖觉得，白茶的工艺是“大道至简”，表面看来并不复杂，但要制成优异品质，则全凭经验掌握。

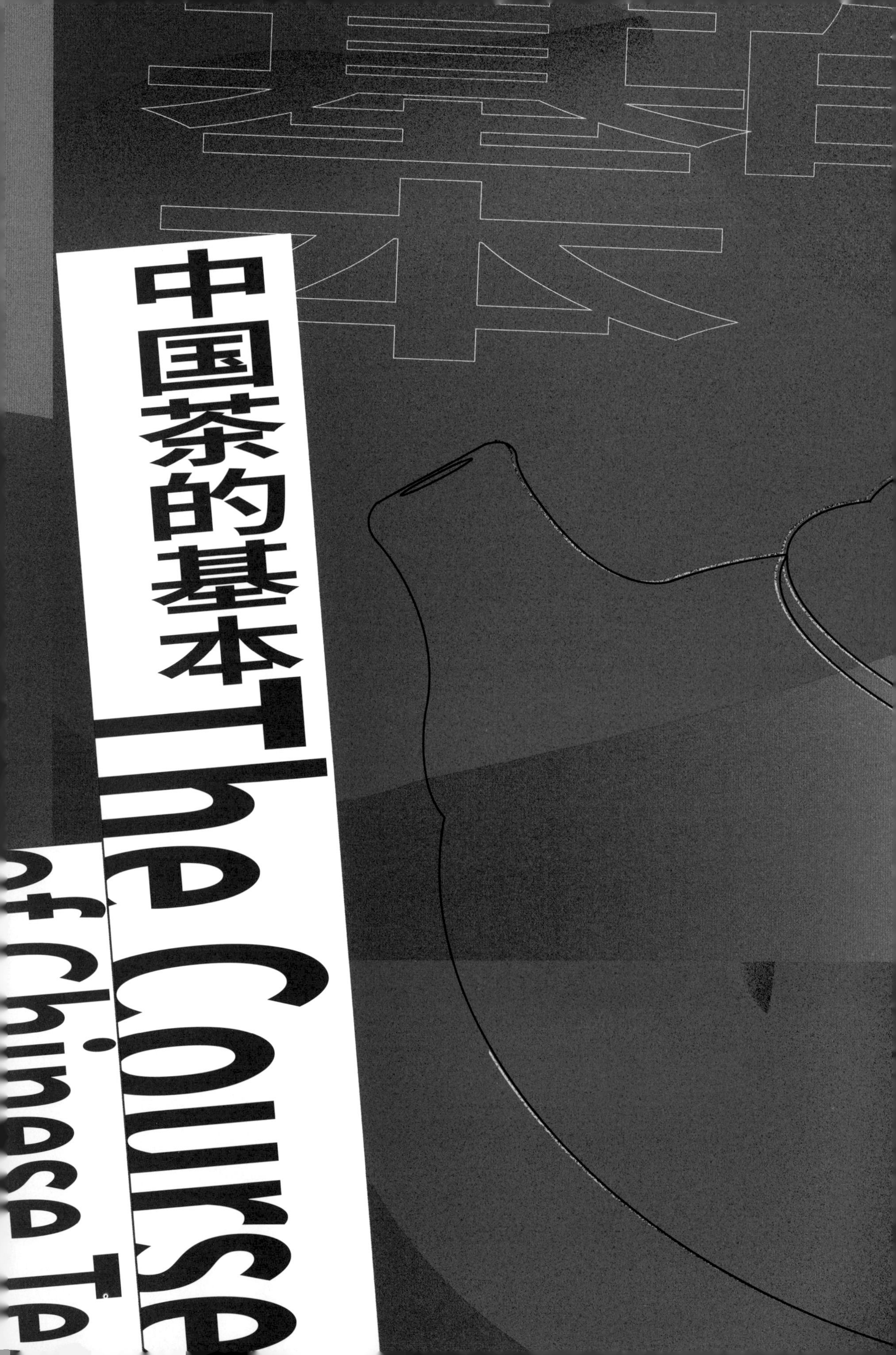

中国茶的基本
The Course
of Chinese

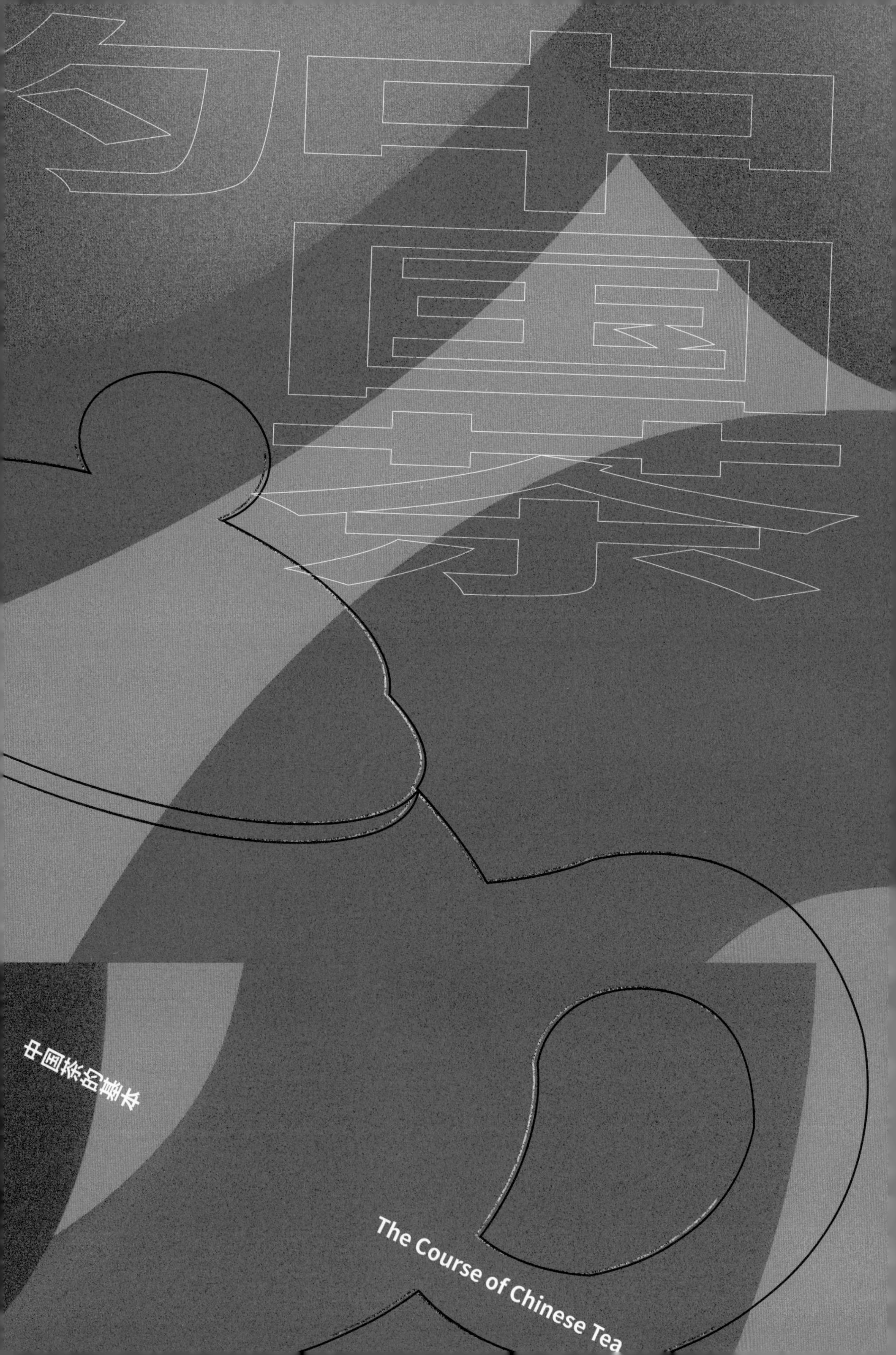
中国茶的基本
The Course of Chinese Tea

15　文：杨涛　编：陆沉　绘：Scarrie　text: Yang Tao　edit: Yuki　illustrate: Scarrie

茶马古道：以茶易马，连接东西

The Ancient Tea Horse Road: Connecting the East and the West

悠悠驼铃声，瑟瑟清谷风。远道而来的马队正在山路上有条不紊地走着，而迎接他们的，却是艰苦的自然环境，险峻的山路，急湍的河流，随时的降雨，巨大的温差。因为他们正走在中国海拔最高的一段商道上，这段商道被人称作“茶马古道”。

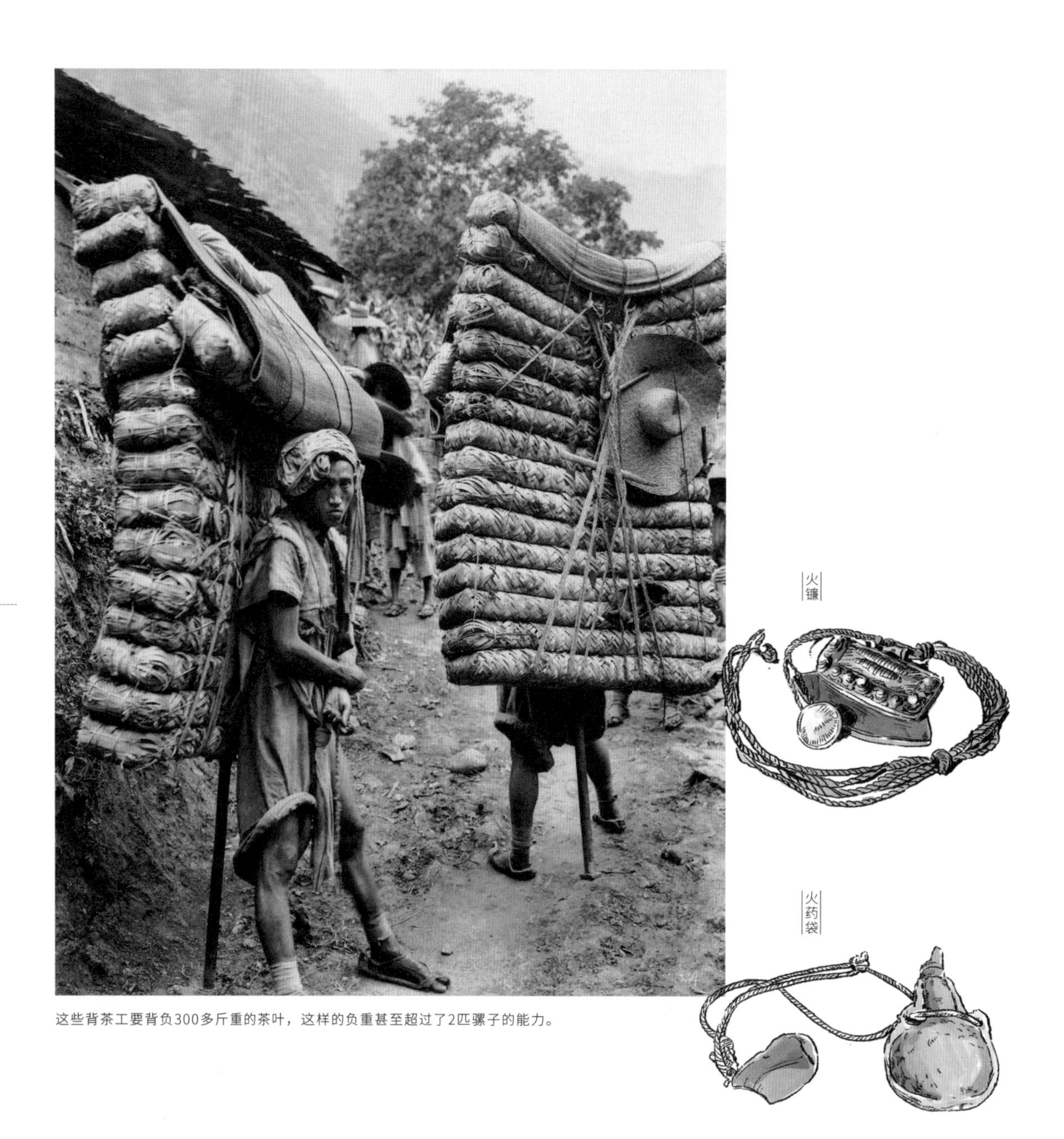

这些背茶工要背负300多斤重的茶叶，这样的负重甚至超过了2匹骡子的能力。

这是如今拍摄的茶马古道。可以看出路面崎岖，并且路面狭窄，旁边就是峡谷，十分危险。

茶马古道的起源

一条崎岖山道，将中原产的茶叶运送到西部，又将西部产的宝马良驹输送到东部。形成这“茶马古道”的因由，可以追溯到很久很久以前。那时，在我国西部的广大边疆地区，生活环境相比东部可谓天差地别。西部地区海拔高，气候严寒干燥，传统的种植型农业很难得到发展。也正因如此，生活在西部地区的居民大都以游牧为生。

恶劣的自然环境，不仅影响了当地人的生活方式，也影响了他们的饮食结构。当地居民的主食为青稞，只有青稞能适应那里的恶劣环境，自然生长。此外，牛羊肉和奶制品等高蛋白、高油脂的食物占了很大比重。这些食物能为他们的日常生活提供充足的热量，甚至帮助他们抵御严寒。

单一的饮食结构虽然能够保障他们的日常生活，但也同样存在弊端。高油脂、高蛋白的食物不易消化，容易让人患上消化不良或便秘等疾病。同时，蔬果的缺乏也造成西部居民大都摄取维生素不足的情况。

但饮茶帮助他们解决了这个问题。茶叶不仅可以促进消化化解油腻，而且能为人体提供维生素。基于以上两点，西部地区的居民将饮茶作为自己日常生活的一部分，甚至养成“嗜茶”的习惯。如今，在西藏流传着不少与茶有关的谚语，例如：“加察热！加霞热！加梭热！”其汉语意思是：“茶是血！茶是肉！茶是生命！”由此可以看出茶对当地人是多么重要。

但在西部地区，连基本的农作物都难以成活，更不要说茶叶了。而中国东部却盛产各类茶叶。于是，西部居民便打算从东部买进茶叶。但要拿什么来换取茶叶呢？那就选择当地的特产马匹吧。要知道在中国古代，战马是基本的作战工具和军需物资，但中国东部不产良马，好的战马多产自西部边疆地区。在明代就有“骁腾可用者不逾陕西”的说法。

既然如此，大家就各取所需，于是一条条连接东西部的贸易商道就这么形成了。因为交易的物品主要是马和茶叶，所以这些商道现在又被称作“茶马古道”。

茶马古道的路线

早在唐宋的时候就有茶马互市的情况，但当时并没有茶马古道的说法，茶马互市其实是茶马古道的前身，后者不是特定的一条商道，而是一个统称。在诸多茶马古道中，又以三条最为有名——陕甘茶马古道、陕康藏茶马古道与滇藏茶马古道。这三条商道历史悠久，其他茶马古道大都是在这三条商道的基础上延伸发展出来的。

陕甘茶马古道

陕甘茶马古道形成于明朝初年，是最早形成的茶马古道。当时明朝刚刚建立，正是明太祖增强国防的时期，而国防建设需要优质的战马。为了方便从西南地区换取战马，洪武五年起，明朝政府先后在青藏高原入口

木氏土司在丽江经历了元明清三朝的统治。

处的秦州、河州、洮州设茶马司[1]。茶马司设立后，朝廷先是在陕西紫阳茶区收购了13万斤茶叶，又在四川保宁收购100万斤茶叶，加在一起去西南地区换取战马[2]。而等到清朝的时候，在这条茶马古道上，清朝政府为了换取战马将茶叶数量增加到了1500吨。以至于在《甘肃通志·茶马》中有这样的记载："中茶易马，惟保宁、汉中。"

陕甘茶马古道是从陕西紫阳始发，到达汉中后，经"批验所"检验又分两路向青藏。一路称为"汉洮道"，经勉县、略阳、徽县、西河到达临潭（今洮州）；另一路称"汉秦道"，经留坝、凤县、两当到秦州。这条"汉秦道"在到达天水后又会分成两条，一条去往宁夏兰州，另一条去往西藏草原。可以看出，陕甘茶马古道覆盖的面积很大，在当时是联结东西的主要贸易商道。

陕康藏茶马古道

陕甘茶马古道形成不久后，陕康藏茶马古道也开通了。陕康藏茶马古道从西安出发，分成六条路，最终都汇集到汉中，又从汉中出发到达康定，再从康定进藏。可后来人们发现，在康定不仅有从西安来的茶叶，还有从四川雅安来的茶叶。不仅如此，康定还会有许多西藏来的商人。于是康定成为了陕康藏茶马古道最重要的中转枢纽。后在洪武二十六年，明朝政府将本设在雅州、黎州的茶马司迁到了康定，以便于管理茶马交易。

后来，从四川雅安进藏的茶叶也越来越多，雅安也成为了一个重要的茶叶供应地。于是在陕康藏茶马古道的基础上，一条新的茶马古道——川藏茶马古道开通了。川藏茶马古道东起四川茶产地雅安，经康定后到西藏拉萨。到达拉萨后到不丹、尼泊尔和印度，全长4000余公里。川藏茶马古道也成为了古代西藏和内地联系必不可少的桥梁和纽带。

滇藏茶马古道

滇藏茶马古道大约开通于公元6世纪后期，兴于唐宋，盛于明清。它的起点在另一个产茶重地云南，终点也是西藏。明清时期，滇藏茶马古道的起点云南正

1 茶马司，官署名。掌管以茶易马。
2《紫阳县志》中记载："陕西紫阳茶区产茶十三万斤，又四川保宁府转茶一百万斤，赴西番易马。"

玉湖村是纳西木氏土司的发源地之一。

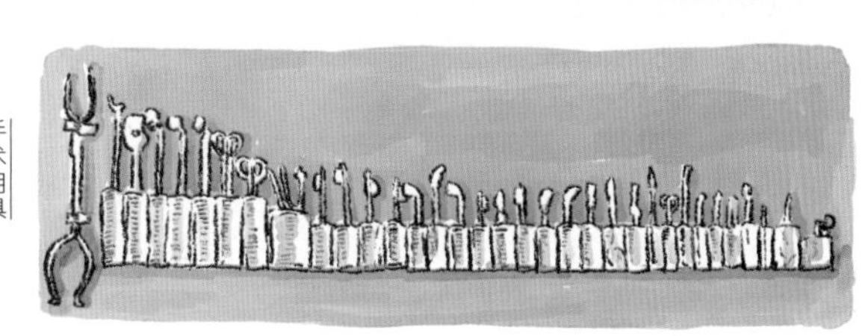

手术用具

值木氏土司统治，当时的云南土司按照朝廷指令设立“官马帮”。“官马帮”设立后，便可将云南出产的“普洱茶”和“沱茶”运送到西藏以换取战马。设立“官马帮”也成为滇藏茶马古道兴盛的标志。

滇藏茶马古道的主要路线分为两条，分别为上行与下行。上行便是从普洱茶的原产地西双版纳、思茅等地出发，向西北方向前进，经景谷、下关、丽江、中甸、德钦，直到西藏。在进入西藏后，有一部分茶叶会从西藏出口到印度、尼泊尔等国；而另一部分则会最终运送到拉萨。相比于上行，下行则是从普洱出发，一路向南经勐先、黎明、江城，最终到达越南莱州、海防。可以说，滇藏茶马古道是古代中国与南亚地区一条重要的国际贸易通道。

茶马古道的马帮

茶马古道的开通促进了东西部的贸易往来，也带动了东西部文化的交流。但是在古代，交通不如现代便利，能用的交通工具也不多。将大批量的茶叶运送到西部的困难程度可想而知。

最初人们以人力负重来进行运送，每个人要背负300斤的茶叶前行，这些背茶人手持拐杖，防止前进时跌倒。若是累了想休息，便可将拐杖放置背部下方以支撑货物，人则倚靠着货物休息，以免重新装卸。

但是单靠人力背负实在不是长久之计，要知道这一路并不平坦，不仅有不少崎岖的山路，还常遇到湍急的河流。马帮于是应运而生。顾名思义，马帮就是按民间约定俗成的方式组织起来的一群赶马人及其骡马队。用骡马来驮运货物要比用人大大提高了效率，也更为安全。

马帮一般有三种组成模式。第一种是家族式马帮，这样的马帮一般较为团结，由一家人组成，骡马也全为自家所有。有些家族式的马帮会用自己的姓氏作为马帮的名字。

第二种是逗凑式马帮。这种马帮的组成人员不是一家人，但也都互相认识，一般都是同一村子或相近村子的人。他们每家出上几匹骡马，结队而行，各自照看自家的骡马，路上也会相互扶持。逗凑式马帮会选一位德高望重、经验丰富的人做“马锅头”。他不仅要带领大家前进，还要出面联系生意。但是马锅头不会做无用功，在每次结算分红的时候，马锅头可多得两成左右的收入。

第三种是结帮式马帮。这种马帮的成员之间并没有什么关系，可能是因为走同一条路，也可能仅仅是接受了同一宗业务，还可能只是因为担心匪患而走到了一起。这种马帮相比较前两种马帮结构更为松散。

马帮为了克服路上的种种困难，就必须训练有素，组织严密。并且马锅头、赶马人和骡马都要各司其职，按部就班，行动也需要井然有序。一路上，马锅头要熟知路线，提醒整个马帮可能遇到的危险。而赶马人随时都要检查马掌，一有损坏，马上就得钉补。有趣的是，马帮中的骡马们也是有自己的领导的。骡马中的领导叫作头骡、二骡。这两匹骡马是一支马帮中最好的骡子。并且头骡与二骡一般只用母骡，按照马帮赶马人的说法是，母骡比较灵敏，而且懂事、警觉，能知道哪里有危险，而公骡太莽撞，不宜当领导。

马帮每天的生活十分有规律。早上人们将头一天放出觅食的骡马找回，然后给骡马喂料，人们吃饭；吃完早饭，马帮便开始赶路；等到了目的地，马帮中的人们便扎营做饭，并将骡马放出觅食；吃过晚饭的人们便可歇息了。虽然生活略显单调，但马帮中也有很多规矩和禁忌。

马帮吃饭的时候，要先为骡马添料加草，然后人们才做自己的饭食。这样一是向骡马表示感谢，二是对骡马的关爱和崇敬。马队朝哪个方向走，生火做饭的锅桩尖必须正对这一方向，并且烧柴必须一顺，切忌烧对头柴。煮饭要转锅时，只能逆时针方向一点点慢慢转。开饭时，马锅头坐在饭锣锅正对面，面对要走的方向。所有的人吃头一碗饭是不能泡汤的，因为怕碰上下雨。人不能从火塘和锣锅上跨过，也不能挡住第二天要走的方向。吃饭吃得快的人只须洗自己的筷子，最后歇碗者要洗碗洗锣锅，锣锅不能翻扑，翻了就是犯讳。

马帮在途中，不仅行为上有这么多忌讳，就连语言上也有很多的忌讳。在路上，马帮要将“碗”叫“莲花”。因为碗跟晚是谐音，马帮可不想迟到。钵头不能叫钵头，要说缸钵。因为头与偷谐音，马帮不想财物失窃。不过，“柴”因跟“财”发音相近，是不用忌讳的。有时马帮路过村寨还要去买一捆柴扛回来，并大喊道：“柴（财）来了！柴（财）来了！”他们认为这样能帮助马帮招财进宝。

随着时间的推移，茶马古道也渐渐失去了它原有的作用。古老的茶马古道如今已被川藏公路和青藏铁路取代。虽然它的交通作用被削弱，但人们并没有将它忘记。不少旅行者以徒步走完这些世界上海拔最高、最险峻的商道为荣。茶马古道上的城市——大理、康定、拉萨、普洱、丽江、香格里拉……已经成为现代人首选的旅游目的地。

如今在丽江，你仍然可以清楚地看到凹凸斑驳的石板上那深浅不一的车辙，也似乎还能听到那悠悠的驼铃声和马帮嘹亮的歌声在耳边回响。

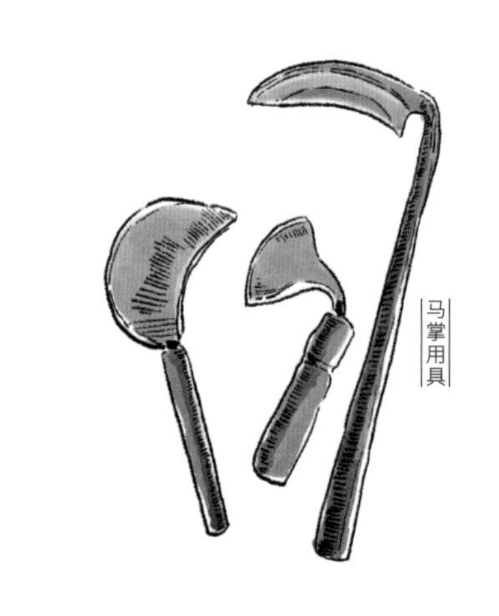
马掌用具

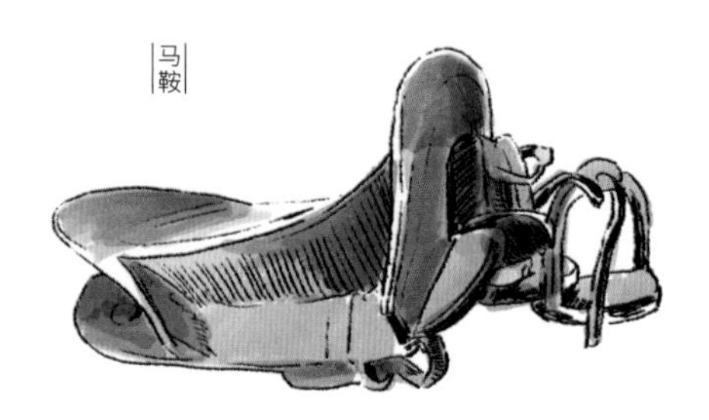
马鞍

文：绪颖 编：陆沉 绘：周若伊曼 text: Sui Wing edit: Yuki illustrate: Zhou Ruoyiman

茶马互市，以茶治边：茶的边销与侨销

Being as Diplomatists: The Export of Chinese Tea

据销路可以分为外销茶、内销茶、边销茶和侨销茶。边销茶是一个很早形成的商业经营概念，指销往边区的茶，古时的边区主要指现在的西北少数民族地区。侨销茶指销往香港、澳门等地区及东南亚国家（如马来西亚、印度尼西亚、文莱等国）的茶；外销茶则是销往日本及欧美国家的茶。

酥油茶

边销茶

因茶的工艺和形状，边销茶又称“紧压茶”和“砖茶”，传统的规格有2千克、1千克和500克等。它以黑毛茶、老青茶及其他适制毛茶为原料，经过渥堆、蒸、压等典型工艺过程加工而成。边销茶是边疆少数民族同胞的生活必需品；对政府而言，也是事关民族团结和边疆地区社会稳定的民贸产品。

边销茶的消费群体是生活在青藏高原、蒙古高原以及绵延数千里丝绸之路两侧的蒙古、藏、回、维吾尔、裕固、锡伯、哈萨克等20多个民族的数千万人民。用黑茶熬制成的茶，能够祛痰消食，为饮食结构单一的边民补充水分和维生素，因此又有“腥肉之物，非茶不消；青稞之热，非茶不解”“宁可三日无饭，不可一日无茶”和“一日无茶则滞，三日无茶则病”的说法。其中，消费量最大的茯砖茶更是被称为“生命之茶”。

各民族人民喝茶的习惯不一样，比如蒙古族人主要喝奶茶，蒙古族奶茶是在水中加奶熬茶；藏族人则喝酥油茶，酥油茶是熬茶后添加酥油（奶油）饮用；

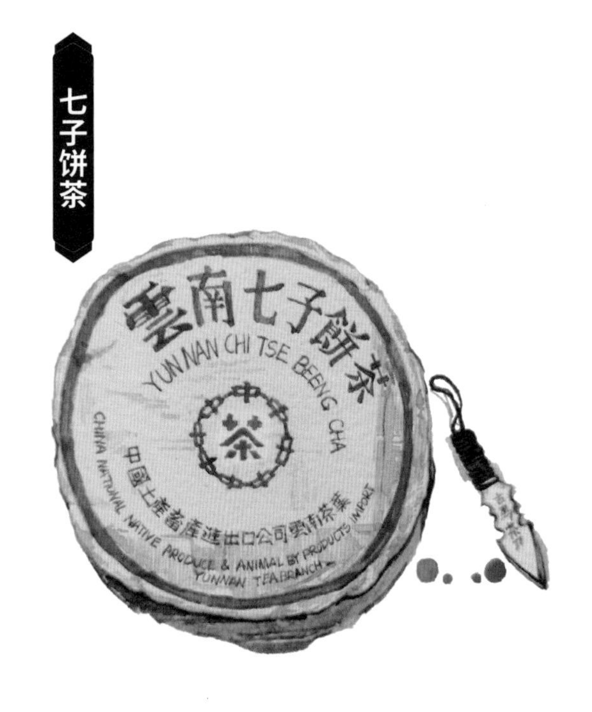

回族的八宝茶是待友接客的上等饮料，茶料叫窝窝茶，配以冰糖、核桃仁、红枣等，香甜可口。

边销茶的品种也很多，主要有湖南的伏砖、黑砖、花砖；湖北的青砖、米砖；四川的康砖、金尖；云南的紧压茶等。各民族所饮用的边销茶品种也不同。伏砖、黑砖、花砖、米砖主要供应新疆、青海、甘肃、宁夏等地；康砖和金尖主要供应西藏和青海；青砖茶主要供应内蒙；云南的紧压茶主要供应给云南本省，部分供应到西藏和四川。现在的边疆少数民族最熟悉的几种名茶有“川”字牌青砖茶、“牌坊”和“火车头”牌米砖茶、“川”字牌加碘茯砖茶、“川”字牌绿砖茶等。

汤显祖曾在《茶马》诗中写道：“黑茶一何美？羌马一何殊？……羌马与黄茶，胡马求金珠。”道出边销茶之贵重。因此，历代政府都非常重视边茶的管理——在边疆地区以茶易马，“茶马互市”的茶被称作“官茶”。

我国从唐代开始设置官吏，征收茶税。宋代时，政府从国家安全和货币尊严考虑[1]，在北宋太平兴国八年（983），正式禁止以铜钱买马，而改用布帛、茶叶、药材等来进行物物交换。宋神宗熙宁七年（1074），王安石变法时初行茶马法，这也被视为茶马制度[2]的开端。彼时管理茶叶和马匹的机构叫“茶马司”。宋代后，除元代因蒙古盛产马匹未实行“茶马互市”外，明、清二代均沿袭茶马制度，至康熙四十四年（1705）才予以废止。

1206年，蒙古大汗成吉思汗率骑兵直指阿里，西藏归降。成吉思汗去世后，他的孙子阔端把藏茶带到中亚、西亚乃至欧洲，这也是中国茶在欧洲的发端。直到今天，从中国运去的砖茶仍然是中西亚人民心目中的正宗的“茶”。

我国边销茶最早的产区在四川雅安，这里也被称为“中国藏茶之乡”。1078年，宋神宗特诏：“专以雅州名山茶易马，不得他用。”如今依然可以在雅安看到当年茶马司的遗迹。作为川藏茶马古道的起点，雅安集中了来自四川泸州、宜宾等地，以及云南的一部分原料茶，供应藏区。

康定是川藏茶马古道上一个重要的中转站，那时候的康定还叫作“打箭炉”。从雅安到康定有“大路”和“小路”之分。大路是朝廷向藏区输入军饷物资的官道，小路则逆青衣江而上，一路多羊肠小道，险峻难行，山里的气候多变，只能靠背夫肩扛背驮。背茶人称“茶背子”，多是求生存的穷苦人家——农忙时种地，农闲时背茶。一包茶20千克，强壮的青壮年一次最多能背十五六包。

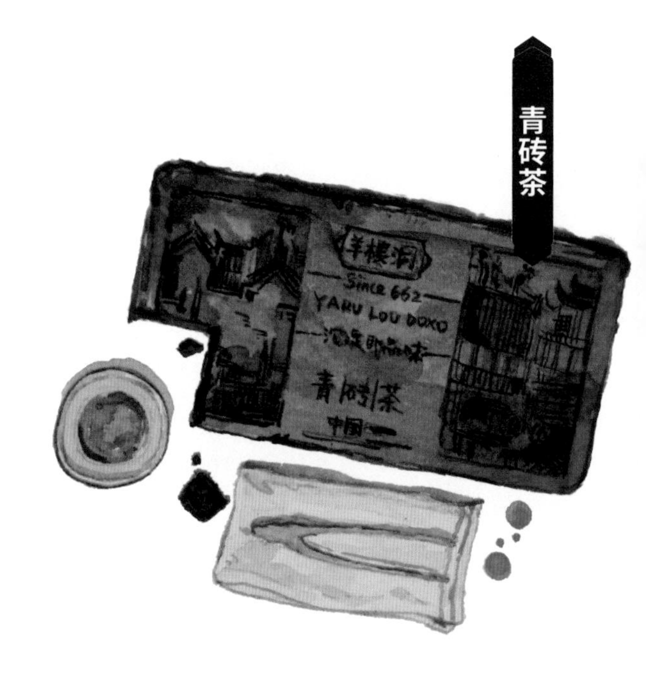

1 当时边疆人民不需要铜钱，所以把它们熔化用来制作兵器

2 茶马指宋代和明代，中原政权以垄断茶叶贸易，以换取青海、甘肃、四川、西藏以及西南等地当地民族马匹的政策和贸易制度。

从前运茶的旅程极其漫长。茶叶在康定进入锅庄，售给藏商后继续北上，经道孚、炉霍、甘孜、邓柯，过金沙江至昌都进西藏。在明代中期，90%的川茶都销往藏区；在清代，进入藏区的茶有80%以上来自四川。

清代中期，雅安茶号发展到80余家。茶号的商人为了牟利，千方百计控制货源，并抬高售价。茶叶本来不算贵重，成了边茶便身价百倍。一方面，在藏区的劳苦百姓无力购买，有些只能拾取富人丢弃的茶叶梗渣；另一方面，经营边茶的商人成了巨富。

20世纪50年代，为保障边疆各民族生活需要，政府规划建成了一批边销茶生产企业，其中最具规模和代表性的生产厂家为国营湖南省益阳茶厂、湖北赵李桥茶厂及四川雅安茶厂；并且颁布了《边销茶国家储备管理办法》来规范边销茶的收购、储备及销售。

随着现代交通发展和信息化进步，边区素菜供应充足，更多精细茶类可供选择，边销茶的传统消费市场正在缩减。来自内地的茶叶不再有“以茶易马”的历史使命，也不再是边区人民唯一的维生素来源，但上千年养成的口味和习惯还是植入边区人民的日常生活。在传统边销茶覆盖的市场区域之外，以养生价值为特点的边销茶（黑茶为主）开始返销内地，为都市人民所接受。

侨销茶

中国茶因其口味和保健功效受到世界消费者欢迎。而对那些自幼受茶文化熏陶的华侨而言，一杯中国茶叶冲泡出来的茶，更是可解乡愁。传统的侨销茶有云南普洱圆茶、福建的武夷岩茶和广西六堡茶等。

茶在香港

香港人爱饮茶，除去上茗茶馆品好茶外，茶饮在日常生活中也随处可见。在中西文化交汇的茶餐厅里，港人爱喝英式红茶调制的奶茶、鸳鸯茶或者冻柠茶；到广式茶楼第一件事是开壶茶，一般茶楼会供应中国内地的普洱、寿眉、铁观音、香片、菊花等。

茶在东南亚

汉唐以来，茶叶就与丝绸、瓷器一道成为

六堡茶

丝绸之路贸易的必需品。在宋代，福建省港口贸易繁盛，茶叶通过“海上丝绸之路”走向世界。当时有58个国家和中国有茶叶贸易，如今这些国家遍及东南亚、西非、北非等地。随着泉州、福州、漳州、厦门港相继兴起，越来越多的福建人下南洋，尤其在马六甲、沙捞越（今马来西亚砂拉越州）一带，聚居了大量闽籍华侨。因此，马来西亚人饮茶以传统的福建铁观音和武夷岩茶为主。

清末国势衰落，迫于生计的同胞们远渡马来西亚挖矿为生。许多矿工带着六堡茶前往锡矿之乡霹雳州工作。马来西亚气候湿热，工人们容易水土不服，他们把六堡茶作为解热驱毒的茶饮，茶渣用以洗澡。应当时需求，茶商们大量进口价格便宜的六堡茶到当地。

云南七子饼茶

七子饼茶以普洱散茶为原料，是云南省西双版纳傣族自治州生产的一种传统名茶，属于紧压茶，每七块饼茶包装为一筒，易于携带及长期贮藏。七子饼茶汤色红浓明亮，滋味浓厚回甘，带有陈香。

七子饼茶曾是清廷在云南茶法里明文规定的云南外销茶。在茶法里官方以法条形式清晰描述了外销茶应有的形状、重量和包装规格——每筒7饼，每饼7两。这样规定，一是方便计税，二是为使云南输出的茶有统一的规格形状。

七子饼茶，俗称“侨销圆茶”“侨销七子饼”，因其形状被视为“合家团圆”的象征，又寄托着华侨们的乡情。民国初年在东南亚一带“七子饼茶”“普洱茶”是同一个概念，说明当时出口的普洱大都是饼茶形式。

福建武夷岩茶和铁观音

福建生产的茶叶，以乌龙茶为主，占年产量80%左右，也兼有工夫红茶，年产量约占10%，其中最著名的是武夷岩茶、安溪铁观音和正山小种。属乌龙茶类的武夷岩茶和安溪铁观音多为侨销，属红茶类的正山小种以外销为主。

武夷岩茶是乌龙茶中的极品，因武夷山多悬崖绝壁，茶农利用岩凹、石隙、石缝，沿边砌筑石岸种茶，“岩岩有茶，非岩不茶”而得名。岩茶中最著名的有大红袍、白鸡冠、铁罗汉和水金龟等 。

铁观音则起源于福建安溪，因在冲泡后有“茶色泽乌润，沉重似铁”的外观及口感而得名。铁观音叶质厚实，香气浓郁，饮后齿颊留香，这种韵味被称为“观音韵”。

正山小种红茶，原产地武夷山桐木村，是世界级的顶级红茶。茶叶经松木熏制而成，有着非常浓烈的松烟香。茶汤为深红色，有特有的桂圆汤味。正山小种也适合跟咖喱和肉等菜肴搭配，深受欧洲人喜爱。17世纪，荷兰东印度公司首次采购福建武夷山的茶叶。几十年后，武夷茶已发展成为一些欧洲人日常必需的饮料，英国最早的茶叶文献中的“Bohea”即为“武夷”之音译。

20世纪初，侨居东南亚的福建人积极经营家乡的乌龙茶，使得铁观音成为畅销东南亚的“侨销茶”。如今在马来西亚的闽籍华侨有360多万人，福建乌龙茶、茉莉花茶、白茶等闽茶成为他们日常生活的必需品。

20世纪80年代，福建乌龙茶因为当红日本女星推崇，作为降脂的“健美茶”风靡东瀛。现在，日本市面上畅销的茶叶饮品，很多都是中国茶。在福建省，也有日本大型的茶叶饮料公司设厂生产瓶装茶饮。

广西六堡茶

六堡茶是主产于广西梧州苍梧县六堡乡的黑茶。它有特殊的槟榔香，特点是“红、浓、陈、醇”，存放越久品质越佳。

乾隆二十二年（1757），清廷见西方商船在中国沿海地区走私贸易活动猖獗，便封闭了福建、浙江、江苏三处海关，只留广州一个口岸通商，从此，广州十三行便独占对外贸易。

20世纪初，侨销的铁观音和武夷茶价格高昂，在马来西亚唯有富裕家庭常饮。清末到二战期间，远渡马来西亚的矿工多是贫穷人家，当他们水土不服、肠胃不适的时候，他们就会喝从中国带去的六堡茶防病治病。于是，当地矿主招工时也会在福利中注明六堡茶的供应，以吸引工人。

由于六堡茶的需求增加，当时的粤商就在广西六堡合口街设庄收茶叶，著名的茶庄有“广元泰”“广福泰”“新记”“三记”“永记”和“公盛”六家。收到的茶叶被炊蒸压箩，从六堡的合口街用小船装运至苍梧梨埠，再由梨埠换大木船运至广东封开，用电船装运广州港，再销往港澳地区以及南洋及吉隆坡一带。

文：胖蝉 编：陆沉 图：胖蝉，司北 绘：挪猫者 text: Pangchan edit: Yuki photo: Pangchan, Sibei illustrate: Catmover

极致的艺与美：日本茶之道

Infinite Art and Beauty: Japanese Way of Tea

“千余年前，一片来自大国的树叶渡过海峡，为日本带来了耳目一新的高雅文化载体。千余年来，源自彼岸的茶文化已根植在日本人心中，并渗透至生活的方方面面。今日，我怀着崇敬与感恩之心横越海峡，在中国茶的盛会上为各位奉茶。庆幸在我65岁的这一年，终于完成了属于自己的一个轮回。”在台湾省台中市举办的“中华茶艺会”双杯式泡茶比赛上，东京茶友会会长横山透用不太流利的中文如是介绍他的茶席“海峡”。

位于京都的日本茶室遗芳庵©司北 摄

在岛国东瀛，这片大国舶来的树叶的分量竟远远超过很多人的想象。如今，茶道已成为日本最具代表性的文化名片，并以其强大的包容性和统率力融合美学、哲学、工艺；号令雅人、名工，甚至料理达人，形成了无比庞大的文化体系。不仅滋润着日本人之心，更让无数外国人沉迷其中。在长达四个小时的正式茶会中，建筑庭园，古董雅器，精致料理，可口茶点，曼妙手法和点睛的两服茶顺次登场，循序渐进地将茶道的精神境界推演至极致。耳濡目染中，即便是再闷钝的人，也定会略有所感，略有所想，甚至略有所悟吧。

日本的茶种和茶习源自中国。每年4月，在日本京都建仁寺的定例活动“四头茶会”上，我们仍可一睹茶在东瀛开疆拓土时期的威严。而在上级茶道仪轨中崭露头角的中国舶来品古董“唐物”们，更是茶习东传的实际见证者。一件源自中国南部窑口的小巧施釉陶罐在漂洋过海来到日本后一跃成为茶器“茶入”，身价暴增。其中佼佼者从1贯文（当时已是巨款）一路飙升至2000贯文，在日本战国时代，茶入更一跃成为象征权威与征服的无价之宝，令枭雄们为之倾心、倾城、倾国。

而时至今日，双方的茶人却难在同一张茶席上切磋。茶香茶味，茶器的形制质感，品饮习惯以及渗透在其中的内在逻辑无一不让彼此陌生，甚至连碗中的茶，也呈现出别样的颜色。

确实，茶的东传已是千余年前的事了，千年实在太久，其间会发生很多事情。小到朱元璋一纸禁令废绝龙凤团饼，大到垄断茶叶供应导致的贸易顺差最终招来战祸。如今，中国茶在六大茶类的基础框架下进入了另一轮全盛期，日本茶则始终在蒸青绿茶的领域内默默深耕。若将前者比作宏伟壮观的皇家建筑群，那么后者就像禅寺内矗立的独座木塔，精致而色彩鲜明。

相对我国六大茶类旗下数目庞大的名优品种，日本茶的品类少得可怜，除了大家耳熟能详的抹茶、煎茶、玉露外，还有价格更加亲民的焙茶、番茶、玄米茶等。

日本抹茶 ◎胖蝉 摄

抹茶

抹茶是在宋式末茶的基础上发展壮大的独立茶种，具有独特的种植与加工方式；它既不是将绿茶单纯粉碎后的产物，也并没有继承末茶的全部特征。

初次体验抹茶的人往往会被其特殊的香气吸引，紧接着，便沉溺在强烈的鲜美甘醇中。抹茶的标志性海苔香的学名唤作覆香，是嫩叶在光照不足的条件下代谢路径发生变化的结果。种植抹茶和玉露的“玉露园”内支有用来架设遮光材料的竹竿，在嫩芽分叶至2片时，茶农便在竹架上铺设寒袱纱，将遮光比率控制在70%。约10日后嫩芽分叶至4片，遮光率亦随之调高至95%—98%，任茶树在几乎绝对的黑暗中生长10日左右。以牺牲产量为代价，抑制幼叶中鲜醇物质的分解和苦涩成分的合成，改善茶味。

同时，代谢途径的变化也大幅提升了鲜叶中含硫有机化合物的含量，形成鲜烈的香气。要驯服这种异香并不容易，蒸汽杀青后的鲜叶唯有经过“焙炉干燥”“拆叶分选”“封罐熟成”和“石磨粉碎”，才得以蜕变成为香醇的抹茶。

中国茶中举足轻重的火功在抹茶的制程中同样重要，庞大焙炉的精密操控一向是各大茶铺竞争的焦点，茶香的差异便产生于此。充分干燥提香后的干茶还会经历一次极特殊的分选程序：手工或利用特种设备将叶肉与叶脉拆离，用于制作不同等级的浓茶和薄茶。经历这一切繁复制程的碎干茶称为碾茶，然而除去极少数用于尝鲜外，绝大多数的碾茶在磨粉前会被封存在茶罐中经历长达一年的熟成，磨圆尖锐的棱角，使茶香内敛，滋味变得愈发醇厚柔和。重见天日时，碾茶会被传统石磨细细磨碎，并在50°C左右的摩擦热下完成包装前最后一次茶香的提升。

火功与陈化向来都被认为是中国茶特有的工艺，然而在绿茶上的应用极少，身为典型蒸青绿茶的抹茶在发展与革新中竟与彼岸不同的茶种形成共鸣，在某种意义上，也可以算是对茶叶大类的一种补完罢。

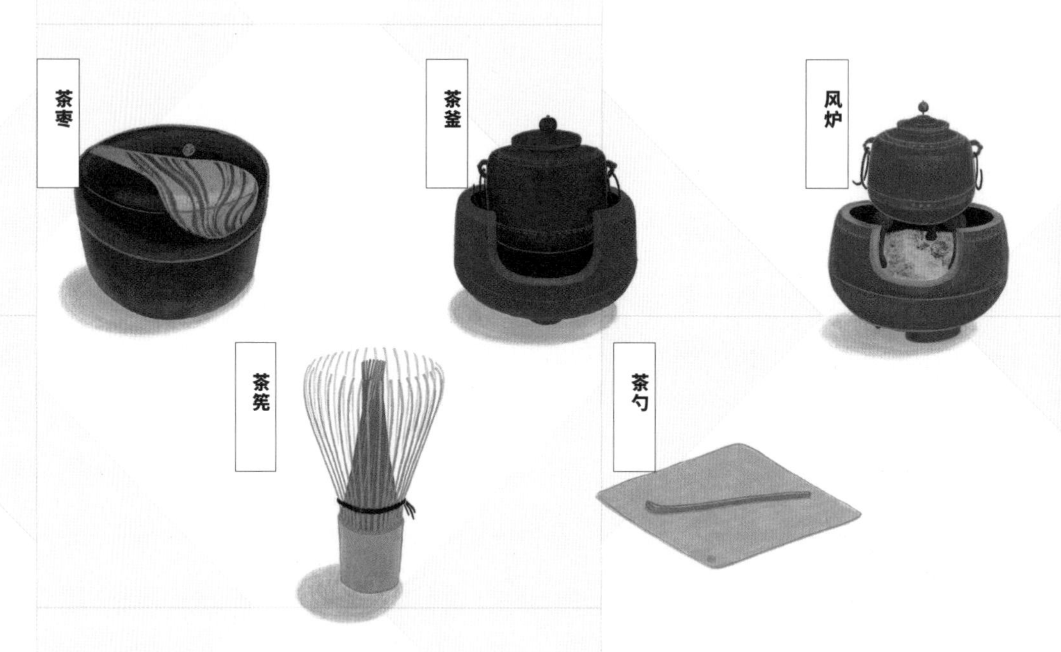

茶道具

茶具是茶会的鉴赏要点，也是评价茶人审美的重要依据。

茶道中使用的道具数目众多，集齐一套简易配置往往就须费些周折，而茶会的道具不仅要求与季节、主题契合，还有太多约定俗成的固定搭配。随着茶人资历的提升，持有的道具数目往往呈几何式增长。

按照用途，可以把茶道具划分为点茶具（包括茶碗、茶筅、茶杓、茶巾、薄器、茶入、建水），水具（包括釜、柄杓、风炉、炉缘、敷板、盖置、水指），壁龛（包括挂轴、花入），食器（包括菓子器、菓子筷、怀石食器、酒具），炭道具（包括香盒、釜环、炭斗、灰器、灰匙、羽帚）。按照材质，则又可分为茶陶（包括茶碗、茶入、水指、花入等），漆具（包括薄器、怀石具等），金工（包括釜、风炉等），竹器（茶杓、柄杓、茶筅等）。

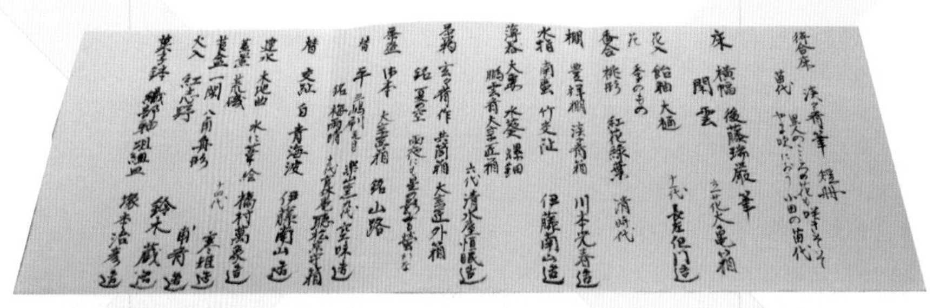
床 横幅 閑雲 後藤瑞巖 筆
花入 飴釉 大樋 十代 長左衛門造
棚 豊楽棚 淡々斎箱 川本光春造
水指 南蛮 伊藤南山造
建水 伊藤南山造
菓子鉢 織部釉

一次简式茶会的道具单 ©胖蝉 摄

萩烧茶碗 ©胖蝉 摄
厚而多孔的胎质使茶的温热以令人愉悦的方式传达到掌心，看似随意的口沿暗含着讨好口唇的细节。

茶陶：茶碗、茶入、水指、花入等

茶道具中的陶瓷器统称茶陶。作品能否在茶陶领域得到茶人的认可是评判一名陶艺家艺术成就的重要指标。不同于食器或摆饰，优秀的茶陶崇尚内敛而含蓄的美，重视观感、触感乃至长期使用中的变化，正因如此，对陶艺制作者的审美和技艺都提出了极苛刻的要求。

以汉文化为源流的东亚传统美学折射出了丰富的人与自然的互动与共鸣，这种对自然的敬畏与礼赞渗透在绘画、诗文，甚至是乐理中。在汉文化中长久浸润的日本更因其本土信仰中强烈的自然崇拜色彩，推动茶习在仪式色彩浓重的道路上继续前行。在这片土地上，茶道被重新塑形，赋予贯穿光阴、联系自然的使命。作为使命的实际承载者，茶陶在艺术取向上更加强调通过浑然天成的，或说是高度概括性的形状和丰富而多层次的质感，引发玩赏者的思考与共鸣。涉及形状、光泽、色彩和触觉的直观感受在意识中解构，并根据观者的主观形成不同的形象：曙光、岩骨、惊涛、萤火……这便是茶陶的雅趣。看似粗拙随意，实则独具匠心。

同时，来自神道教的万物有灵论深深渗透进茶道的仪轨，反映为对器物的宗教式尊重。日本的茶陶多有名字，伴随其一生，而它们的生命远超过人类寿命的极限。一只古旧茶碗仿佛一幅长卷，每个有缘人都满怀崇敬地阅读着前人留下的文字，并有权写下属于自己的那一页。

遗憾的是，因为茶种与品饮习惯的过大差异，很多茶名颇高的日本窑口所制茶陶在中国茶的茶席上全无用武之地，这在一定程度上限制了两国顶尖陶艺家的交流。

收纳抹茶粉的木胎漆器 ©胖蝉 摄

漆具：薄器、怀石具等

薄器是茶会上收纳抹茶粉的道具，多为木胎漆器。其精致与华美常与身旁茶碗的朴拙形成鲜明对比。不同于国内的茶罐，薄器不密封，因而不可用于茶粉的长久保存。茶会前不久，筛好的抹茶才会被转移到薄器里，垒成一座小小的山峰备用。

莳绘与雕刻，镶嵌与打磨，东瀛丰富的漆艺技法赋予了漆具制作者们广阔的发挥空间。季节题材是薄器创作中不变的主角：春华秋实、夏雨冬雪、日月星辉与鸟兽鸣虫，一季的标志物被浓缩进一幅微型景观，却将观者带入了另一个维度。

金工：釜、风炉等

茶道中用来烧水的器具叫釜。

国人对茶道最深的误会当属笃信东瀛的铁壶乃是一件高雅茶具，殊不知它只不过是寻常百姓家的炉灶具。抹茶道中用釜和银壶搭配风炉或地炉，煎茶道则选择了凉炉砂吊，两大茶道体系中均没有铁壶出场的戏码。

茶釜被称为“一席之主”，不仅仅是因为其地位的显赫和功能上的不可替代性，更是因为茶釜身处茶室中唯一一个岿然不动的静止位置：任主客去来、花轴更替，釜都端坐在原地，默默地烧着水。

茶杓 ◎胖蝉 摄

茶筅 ◎胖蝉 摄

竹器：茶杓、柄杓、茶筅等

东瀛茶人对竹的喜爱不亚于国人。竹不仅质轻而坚韧，更有着极深厚的文化内涵，在茶道具中有着举足轻重的地位。

茶杓是从茶入或薄器中取用抹茶的小道具，以竹制居多。传世的名品大多貌不惊人，实则暗藏玄机，是公认最具鉴赏价值的道具之一。茶杓和收纳它的竹筒均由茶道名人亲手削制，造物抒怀。一支托付了思想和审美理念的杰作，会被送到茶缘深厚的禅寺由得道高僧题写铭文，将茶人的理念流传后世。也正因如此，鉴赏历代名茶人的手削茶杓时颇有些与古人对话的感动。

茶筅是抹茶道具中为数不多的消耗品。其穗（筅前端细密的竹丝）在被水沁润、弯折、风干的反复中会逐渐劣化变脆，最终折断。因此正式茶会上，为了防止老化的穗在强有力的击拂中折断落入茶中，规定一律使用新茶筅。或许正因如此，茶会上的茶筅才比其他道具更多了一分庄严的宗教色彩。

一期一会，一生，只在一次茶会上，绽放一回。

自古以来，茶人对茶与道具的深刻理解和超凡脱俗的审美品味一直在工匠们的创作中起着指导性的作用。显赫的茶人们也会给予技艺高超且与自己产生共鸣的工匠们特别的庇护。在漫长的茶道发展史中，茶门望族“三千家”（表千家、里千家和武者小路千家合称三千家）的茶人们与十个工匠家族间建立起了深厚的相知与信赖关系，后者逐渐发展成为世袭制的名工家族“千家十职”。

名号	家系名	世袭名	工艺
茶碗师	乐家	吉左卫门	专精于乐茶碗的制作
烧物师	永乐家	善五郎	擅长土风炉，色绘茶碗，水指等陶瓷器
涂师	中村家	宗哲	漆器世家
釜师	大西家	清右卫门	铸造茶釜
金工师	中川家	净益	主攻风炉和金工制品
柄杓竹器师	黑田家	正玄	擅长盖置，花入等竹制品的制作
一闲张师	飞来家	一闲	特色工艺“一闲张”的传承家系
表具师	奥村家	吉兵卫	装裱挂轴名工家系
袋师	土田家	友湖	专精帛纱，茶具仕覆等织物的制作
指物师	驹泽家	利斋	棚，炉缘等木配器的制作

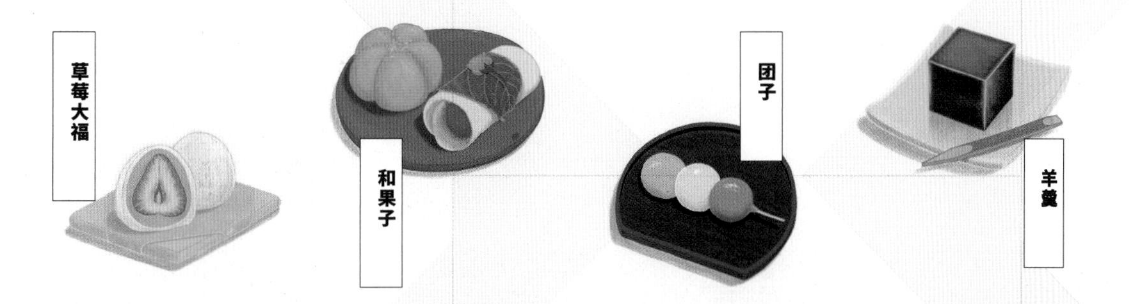

和菓子

除却鲜绿而静谧的茶汤，茶席上最吸引眼球的，恐怕就要数生动的和菓子了。

比起气吞山河的巨作，日本的职人们更擅长通过以小见大的艺术形式再现自然与生活中的细节和感动。和菓子的主题可用“花鸟风月”四字概括，当季的动植物、自然现象与意象都能带来无尽的创作灵感。仅用寥寥几件器具，出色职人的一双巧手便能塑造出几可乱真的花卉，写意生动的鸟兽，灵秀的风景，而最令人叹服的，是用极富感染力的色彩组合勾画出抽象却直击心灵的“意象”。和茶道的其他构件一样，和菓子也极度重视季节感，与怀石料理只取时令食材的“不时不食”理念相映成趣，娓娓诉说着创作者的良苦用心。

根据水分含量不同，和菓子可分为生果子和干果子，分别搭配一场茶会中的浓茶和薄茶。而最上级的“上生菓子”用料考究制作精良，更是和菓子职人们角逐技艺与创意的无二舞台。

茶道的精神内涵

清雅考究却又艰深刻板，日本茶道给外人留下的印象大致如此。有人一再强调茶道一分一厘的精准和繁复的规则才是精髓，并以它来讽刺国内茶习的随意、随性。更有甚者，叫嚣“茶道的形式其实就是它的内容”。

茶道的形式并不是内容，而是方法。就好比有人吃素修佛，有人抄经悟道，殊途同归。而把形式当作内容的人，永远都会在门口徘徊，不得要领。

有个老太前半生事事不如意，便每日念佛只求死后得入极乐净土，每念断一串念珠，便把散珠收进一只袋子里，去世时已攒了一大包。死后魂灵见到阎罗，阎罗判她再度转世为人，老妪不服去找佛祖理论，说：我一生虔诚念佛，你看这一麻袋散珠，少说也念了千万遍，怎得判我再投胎受这人世之苦？

佛说：是啊，你念断了千余条念珠，却不曾有一遍进到心里。

茶道的内容，是美，感动，和关乎自己的思考。

茶汤的美，茶器的美，茶空间的美，捧在手中却又身处其中的立体的美的体验。

主人的心，伴客的缘，恰到好处的舒适的距离感与彼此偶然共鸣时的触动交织，震颤心灵。

然后我们会想很多事情，兴许很多思绪并不能带出茶室，但每每忆起这碗茶汤时，都会有别样的滋味。

“一期一会”“禅茶一味”“喫茶去”，像这样被商家和媒体滥用，仿佛高深，细品却不知其味的茶语还有很多。

何为一期一会？

三千家之祖，大茶人宗旦新设了茶席，便邀请大德寺高僧清严和尚为其授名。当日宗旦在府上左等右等不见清严，遂嘱咐下人捎话给和尚：茶会明日再办。随后径自出门去了。不多时清严登门拜访，不见宗旦，听下人说明原委后沉思片刻，索来纸笔，留下墨宝“懈怠比丘不期明日”（不求长进如我，疲于应付今日，明日之事无暇顾及）扬长而去。这个典故，最终成为了里千家世袭茶室“今日庵”的命名由来。

本属于今日，属于此刻的茶会，改期后即便用同样的茶，同样的器，甚至同样的手法再现，也只不过是另一场茶会。

一生中仅有一个此刻，而此刻对坐的二人，亦都是一生中最年轻的彼此。逝去的不再来，本应诞生的碰撞与感悟，也随之永远湮灭于如水的时光中。错过的，即是错过了。

有人问我，什么是一期一会？

在广博空间和漫漫时间的横纵交叉中，让你会记住的那一个点。

瑞士画家让•埃蒂安•利奥塔尔•（Jean-Étienne Liotard）所绘茶具静物（1781）。

18

文：绪颖 编：陆沉 绘：贤二 text: Sui Wing edit: Yuki illustrate: Xian'er

大不列颠的下午茶：当时钟敲响四下时，世上的一切为茶而停

The The British Afternoon Tea: The World Stops For It at 4PM: The World Stops For It at 4 PM

英国人爱茶，似乎已经植入到我们对这个国家的文化印象里。这个受地理气候限制不能产茶的国家，却是世界上人均饮茶最多的地方。

茶叶，曾是改变世界进程的重要商品。19世纪英国国民对茶叶的庞大需求，让当时的商人们看到机遇，并为了那巨额利润前赴后继地开启了从东方到西方危险重重的海上航程。英国借着日不落帝国的影响力使茶在世界范围里流行起来。茶在英国，更衍变成了优雅的下午茶文化。它代表了“家”“闲适”“安全感”“体面”这些温暖的感觉。但其实，茶在英国不过400年的历史。

饮茶王后凯瑟琳

1662年，葡萄牙公主凯瑟琳嫁给英国国王查理二世。她的陪嫁品中就有几箱茶叶，闲时她总会泡上一壶茶饮用。于是贵族夫人们纷纷效仿王后，很快喝茶便在上流社会流行开来。

这童话般的故事其实发生在急遽动荡的历史背景下——1660 年5月，斯图亚特王朝复辟，查理二世被推上王位；之前英吉利共和国的“护国公”克伦威尔建立的联邦已经崩坏，当时政府债台高筑，和其他实力强盛的王朝联姻是最有效的解决方法。在大航海时代积累了巨额财富的葡萄牙国王提供给查理二世最诱人的许诺，于是葡萄牙公主嫁来了英国。

随公主到英国的陪嫁礼物里有三箱茶叶，属于当时葡萄牙宫廷最时兴的货品。凯瑟琳王后不会想到，她引导的这个饮茶时尚让一直想要和葡萄牙在海上贸易中分一杯羹的英国，开始与茶叶贸易有了更多纠葛。18世纪50年代的工业革命时期，茶饮代替酒融入了普通百姓的生活。不到200年，英国人民举国爱上了茶。

因茶而生的冒险和战争

17世纪初，绿茶作为可治百病的东方仙草，由荷兰人带到了欧洲，多是在药房里分成小包出售。1644年，被女王伊丽莎白一世授予皇家特许状的英属东印度公司做了第一笔茶叶买卖，经爪哇为英国贵族运来了100磅中国茶叶。几十年间茶叶消费量涨了200倍，但英国一直无法与中国建立有效的贸易往来，又由于茶叶进口方式和供应地区单一， 其价格居高不下——66先令才能买1磅，比最好的咖啡还贵10倍。英国家庭年收入的10%都用来购买茶叶了，国内白银急剧外流。白银没有了，用什么来交换茶叶？当时的中国不需要英国的工业品，于是英国商人从印度运来了鸦片。这无可避免地导致了1840—1842年的灾难性的战争——鸦片战争，同时也是茶叶战争。

美国画家温斯洛•霍默（Winslow Homer）作品《国际茶会》（*International Tea Party*）（1867）。

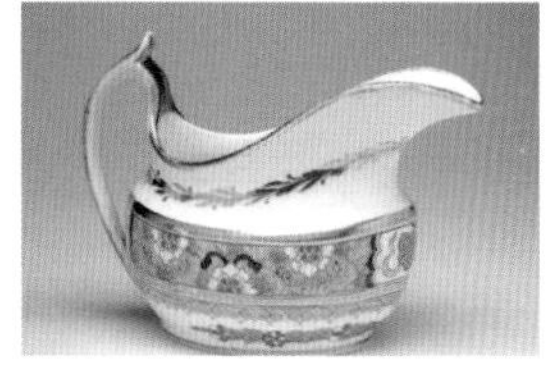

18世纪的英国茶具，由英国陶艺家乔赛亚•斯波德（Josiah Spode）制作。

19世纪产于英国伍斯特郡张伯伦工厂（Chamberlain's Factory）的茶具。

在19世纪，福建的红茶和乌龙茶风靡世界，飞剪船是当时运送茶叶的工具。作为传统木制帆船最后的辉煌，飞剪船的设计为了最快地运送货物，尤其是茶叶。传统帆船从中国到欧洲要走一年，而最快的飞剪船只需要56天。速度提升后，安全系数随之降低——在茶叶贸易初期，10条飞剪船从中国福州港出发，能抵达英国的不过三四条。

日不落帝国的茶叶工业体系

相比绿茶，红茶更符合欧洲人的口味。英国人常喝的茶种有英国早餐茶和格雷伯爵茶，也有由中国传入的茉莉茶，以及日本传入的绿茶。传统的英国人喝茶颇为隆重，清晨6点空腹就要喝“床茶”，上午11点再喝“晨茶”，午饭后又喝“下午茶”，晚饭后还要喝“晚茶”。相比中国的大叶子散茶，英国人更多地喝碎叶茶——他们把茶袋浸入热水里，一小袋茶只泡一杯水，喝完就丢弃。

英国纬度高气候寒冷，茶树在此无法生长。而这个几乎不产茶的地方，却因为国民对茶的热爱，使印度、斯里兰卡、肯尼亚成为庞大的茶叶生产国。现在，这几个国家都有“红茶王国”的称号。英国消费最多的两种红茶——阿萨姆红茶和大吉岭红茶，都来自印度。1774年，英国驻孟加拉总督选取了中国茶种想在不丹种植，而著名英国植物学家约瑟夫·班克斯爵士建议改去印度种植。经过多轮筛选和评估，印度阿萨姆地区的茶种成为培育的主要对象。1838年，阿萨姆的本地茶叶运抵伦敦，阿萨姆公司作为第一家由英国与印度联合拥有的茶叶公司，也在伦敦成立——联合创立人包括印度诗人泰戈尔的祖父德瓦侃纳特·泰戈尔。

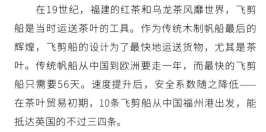

18世纪中期至19世纪时的英国茶具。

1850年的美国茶壶。

1796年，英国艺术家威廉•比林斯利（William Billingsley）的茶具作品。

威廉•艾利斯•塔克（William Ellis Tucker）制作的美国茶具（1828—1834）。

19世纪的英国茶和咖啡器具。

印度大吉岭红茶则于1835 年由东印度公司经销。19世纪30年代，在印度工作的医生亚瑟·坎贝尔从尼泊尔加德满都调到了孟加拉西邦大吉岭地区，搬家时顺手移栽了尼泊尔的中国茶。及至19世纪50年代，大吉岭红茶的种植园大批成立。大吉岭红茶味道带有果香而浓郁，又被誉为“茶业界的香槟”。

在英国畅销的红茶名品还有来自中国安徽的祁门红茶和福建的正山小种。祁门红茶色泽乌润有宝光，带有蜜糖香味，上品茶更蕴含兰花香，也称“祁门香”。正山小种汤色红浓，带松烟香和桂圆汤味，加入牛奶后茶香不减，还会形成糖浆状的奶茶。

茶叶种植和简单加工在海外产区完成，英国本土主要进行拼配工序。和中国不同，混合口味的茶叶制品在欧洲很受欢迎。著名英国茶品牌川宁就因其卓越的拼配技术闻名，它最著名的产品是格雷伯爵茶。格雷伯爵茶是以中国的祁门红茶或正山小种为茶基，或再配以锡兰红茶等，并在其中加入佛手柑油的一种调味茶，是当今世界最流行的红茶调味茶之一。

午后4点的下午茶

相传下午茶的风尚是于1840年由贝德芙公爵夫人带起的。维多利亚时代的英国人一天只吃早餐和晚餐，贵族的晚膳一般在晚上8点后才用。两餐间的漫长时光无聊难耐，公爵夫人常常在下午四五点钟让女仆备一壶茶和几片烤面包送到她房间。

渐渐地，公爵夫人开始在每天下午4点，以考究的茶具盛着上好的茶，和精致的茶点招待三五好友同享午后时光。因为是坐在起居室矮桌上享用的，所以又叫作low tea；这个时尚普及至平民阶层，人们经过一

1887年的英国茶服。

天辛劳的工作后，回到家在高桌上放满食物进食，引申为high tea。现代，它们都统称为下午茶afternoon tea，喝下午茶的方式也是丰俭由人。

正统英式下午茶的吃法是由下至上，由咸到甜。点心是用三层的瓷盘盛载。最下层是三文治，中层是司康，上层则是蛋糕或者水果馅饼。司康的吃法是先在公盘中取部分果酱和奶油放在自己的小盘子里，再依次抹上果酱和奶油，吃完一口，再涂下一口。

如今，茶是英国文化不可或缺的一部分，在这里也出现了一个新兴的职业，侍茶师（Tea Sommelier）。对于大部分英国人来说，茶能让他们找到舒适安全的家的感觉。“把茶匙放回碟子里，优雅地端着茶杯不弄出声响；身体坐直，手指小心地拿三明治吃，这是每个英国孩子从小就要学习的礼仪。”英国茶叶协会的顾问简这么说道。

不再仅仅是一个影响世界进程的商品，茶现在还是一种生活态度，就像一首英国民谣唱道：“当时钟敲响四下时，世上的一切瞬间为茶而停。”

英国下午茶好去处

Hotel Café Royal
皇家凯馥酒店

皇家凯馥酒店，坐落在伦敦高贵典雅的梅费尔区和充满活力的苏活区之间，是摄政街的标志性建筑。那些为世界带来变革的伟大人物也曾经在此留下踪迹，包括戴安娜王妃、大卫•鲍伊、披头士和伊丽莎白•泰勒等。

皇家凯馥酒店下午茶供应的场所始建于1865年，英国作家王尔德几乎每日下午都来光顾——后来酒店便把此处命名为Oscar Wilde Bar以作纪念。用金碧辉煌来形容毫不为过，这个咖啡室的装修保留着维多利亚时代的风情，但下午茶的主厨也对传统的点心加以改良，呈现现代活泼俏皮的风格。

近期，酒店和法国顶级香氛品牌Diptyque合作推出了4款甜点，每款分别对它经典的玫瑰、香草、紫罗兰和马鞭草香气做出致敬。此外，每位享用下午茶的客人也可带走1份Diptyque 70g香氛蜡烛礼盒。

地址：68 Regent St, Soho, London W1B 4DY

Fortnum & Mason
福南梅森

成立于1707年，迄今已有300余年历史的福南梅森，在安妮女王时期（1703—1714）便在贵族圈广受好评。1863年，威尔士亲王向福南梅森颁发了皇室认证章，从而成为皇室的御用品牌，因此又被称为“女王的杂货店”。在这里可以享用到各种精致的甜品和茶，亦可选购高级的骨瓷茶具、刀叉和其他精品。

地址：181Piccadilly,St.James's,London W1A 1ER

The Ritz London
伦敦丽兹酒店

伦敦丽兹酒店的下午茶是老派不列颠贵族奢华生活的代名词。从吊灯帘幕到骨瓷茶具，每样都古典奢华到极致。创始于1906年的丽兹酒店比邻伦敦著名的绿地公园，离伊丽莎白女王居住的白金汉宫，步行也只要5分钟。

酒店下午茶的消费者绝大多数是慕名而来的游客。丽兹酒店对于服装要求严格，男士须着正装打领带，女士以裙装和小礼服为佳。喝下午茶的地方位于丽兹酒店一层的开放式大厅Palm Court。

地址：150 Piccadilly, St. James's, London W1J 9BR

The Waldorf Hilton London
希尔顿华尔道夫酒店

100多年前，舞蹈与茶在英国的社交场合完美结合。在茶会上跳的舞，也是当时英国淑女们必修的艺术。在今天已经几近绝迹的茶舞会，在伦敦的希尔顿华尔道夫酒店还每月举办一次，它也是唯一一家保留古老茶舞习俗的酒店。

地址：Aldwych, London WC2B 4DD

Bettys Café Tea Rooms
贝蒂茶室

坐落于约克郡小镇的贝蒂茶室是英格兰北方最好的茶室。贝蒂茶室由瑞士烘培师在1919年开创，是一间传统中带着古老气息的英式茶室。对很多本地人来说，贝蒂茶室不仅是喝茶聊天的地方，也是他们的生活方式。“就算罢工72小时也不能罢茶，半日闲总是最金贵。”傍晚时分，在茶室里喝一杯茶、听钢琴师弹奏乐曲，一切是那么惬意。

地址：1 Parliament St, Harrogate HG1 2QU

茶叶引发的鸦片战争

The Role of Chinese Tea in the Opium War

1839年6月3日，林则徐在广东虎门海滩销毁鸦片。销烟活动历时23天，销毁鸦片近20000箱，逾240万斤。英国人把中国此次禁烟行动看成侵犯私人财产的行为，表示不可容忍。同年8月15日，林则徐下令禁止一切贸易，派兵进入澳门，进一步驱逐英国人。10月，英国内阁以商务受阻和英国公民生命受到威胁为理由，做出“派遣舰队去中国海”的决定。1840年6月，英国海军少将懿律、驻华商务监督义律率领47艘战船，4000名陆军陆续抵达广东珠江口外，封锁海口——鸦片战争爆发。

图为东印度公司的麦尔尼（George Macartney）及其助理。东印度公司派遣二人以为乾隆祝寿之名，希望扭转英国人在中国人心中的形象，以求中国能开放更多通商港口，并提供可让英国商人居住的地方。

在英国历史中，这次战争被称为“第一次英中战争”（First Anglo-Chinese War）或“通商战争”。鸦片战争从1840年开始，至1842年8月29日《南京条约》签订为止，在各地发生了数十场战役，陆续维持了2年，被视为中国近代史的开端。后来有些人把这场战争称作“茶叶战争”，因为茶叶这个珍贵的商品和这场战争紧密相连。

茶在6世纪时开始传入中西亚，13世纪，横跨欧亚的蒙古帝国把茶文化带到阿拉伯半岛和印度。出口的茶叶形制多是便于保存和携带的红茶砖，茶砖一直是丝路商人通行的贸易品。后来，崛起的奥斯曼土耳其帝国阻断了亚欧大陆的商路，欧洲商人开始寻求从海上前往东方大陆。

茶叶贸易的历史也是欧洲殖民扩张史的一部分。1498年，葡萄牙航海家达伽马抵达印度，此后茶叶的传播主要通过海上航路进行。荷兰和葡萄牙最早开始贸易，他们关于茶叶的知识大多来自阿拉伯人。中国绿茶在他们看来有滋补和退烧的功效，于是将其作为药物高价在药房出售。随后，红茶的口味逐渐为欧洲人所接受，他们多是加糖和奶一起饮用。葡萄牙公主凯瑟琳就十分喜爱饮茶，她在1662年携带到英国的嫁妆中就有几箱茶叶，使饮茶成为英国皇室和贵族圈的时尚。18世纪，茶取代了杜松子酒，成为英国人最喜爱的饮料。茶叶在英国的流行因工业革命和海上贸易而起，并从小范围的贵族阶层走向大范围的平民工人阶层。

彼得•莱利（Peter Lely, 1618—1680）所绘制的凯瑟琳。这位葡萄牙公主为英国引进了茶叶，并在英国掀起饮茶风尚。

在16世纪初期，葡萄牙船队来到中国进行通商贸易。随之而来的是荷兰人。荷兰在1602年组建荷属东印度公司并抢夺茶叶贸易垄断权，不甘示弱的葡萄牙也占据了要冲马六甲。在16世纪末，先后有葡萄牙、英国、荷兰、丹麦、法国在东半球的印度、印度尼西亚和马来西亚等地成立东印度公司。

东印度公司是各国的准权力机构，带有强烈的政治色彩——他们从政府取得贸易垄断权（主要是茶叶贸易），配有独立武装，并在殖民地进行经济和政治的暴力统治（如经济掠夺、奴隶贩卖和毒品走私）。1795年，荷属东印度公司遭到英国打击破产，英属东印度公司开始主控全球茶叶贸易。

当时，中国出产的茶叶、丝绸、瓷器等产品是欧洲市场上的奢侈品、时兴货。光是英国，每年平均从中国购买茶叶数千万斤，值白银几百万两，而运到中国的洋布、钟表总值尚不足以抵销茶叶一项。

英国在18世纪开始实行金本位货币政策，而清廷以银作为货币，因此英国需要从欧洲大陆购入白银做贸易用途。为了贸易用途所做的金银兑换，已经让英国损失了不少。英国希望中国能成为其羊毛、尼绒等工业制品的出口地，但乾隆皇帝认为中国什么都不缺，也不稀罕那些工业品，用高税率的手段拒绝和英国进行贸易。白银只进不出，世界的财富都在中国汇集——鸦片战争前，从欧洲、美洲运往中国的白银达到1.7亿两。这巨额贸易逆差，使欧洲的白银严重短缺，诱发金融危机。除了英国，其他欧洲国家逐渐退出对华贸易。

明朝在郑和下西洋（1405－1433）后，实施海禁，并在北方修建明长城以锁国。长期的闭关政策下，中国人的造船技术落后。1683年台湾郑氏降清，次年康熙废止海禁，开海贸易。但清廷担心船员远洋外海勾结洋人，规定不许打造双桅大船——康熙的开禁规定写道："如有打造双桅五百石以上违式船只出海者，不论官兵民人，俱发边卫充军。该管文武官员及地方甲长，同谋打造者，官革职，兵民杖一百。"至康熙四十二年（1703），虽允许打造双桅船，但又限定，"其梁头不得过一丈八尺，舵水人等不得过二十八名"，若"有梁头过限，并多带人数，诡名顶替，以及讯口盘查不实卖行者，罪名处分皆照渔船加一等"。

这时，中国商船的技术和能力最多只能到南洋的巴达维亚（雅加达）进行贸易，而欧洲的多桅大型远洋快速商船水平则高得多，它们能往返欧亚大陆。落后的政策和科技让中国商人处于劣势——茶商手中上好的茶叶并没有其他交易对象可选择，即使荷属东印度公司压低茶价，中国商人也只能忍声吐气。

荷兰东印度公司总督画像。

东印度公司总督罗伯特•克诺斯（Robert Knox）（约1641—1720）。

约翰•奥克特洛尼（John Ouchterlony）作品《中国战争》（The Chinese War）中，关于英国军队及当时中国现状的插图（1844）。

白银没有了，用什么来换茶叶？英国为了平衡这巨额逆差，向中国大量输入了鸦片。英国东印度公司的货船在英国装上工业品，运到印度贩卖，再从孟加拉装上鸦片，沿海路运往广州湾，在伶仃岛卸货出售换成白银，鸦片由中国商人走私上岸，英国人把鸦片收入换成茶叶、丝绸，运回英国。为此，英国东印度公司甚至成立了鸦片事务局，垄断印度鸦片生产和出口。

经过近50年的时间，每年销往中国的鸦片从2000箱递增到40000箱。到林则徐禁烟那一年，输入中国的鸦片价值约2.4亿两白银。中国白银开始外流，同样，在中国引起了铜钱贬值的经济危机。银太贵，钱太贱——清初期银钱兑换率保持在80文每两；鸦片战争前夕，银钱兑换率达到1600文每两。鸦片的非法输入在社会上更导致了严重的后果，不论达官贵人还是士农工商，都沉沦在鸦片的乌烟瘴气中，导致身体衰败，家破人亡者不在少数。

故林则徐上奏道光帝指出：“若犹泄泄视之，数十年后中国无可以御敌之兵，亦无可以充饷之银。”这不是危言耸听，1839年冬天，道光帝命林则徐前往广东禁烟。

到了广州，林则徐开始想办法从英国商人手中缴烟。他先带了许多标兵壮势，但仅收到了五箱鸦片。之后，他又采取另一个办法——用茶叶换鸦片。他提议每当商人缴纳一定鸦片，清政府补偿一定数量的茶叶。林则徐这个提议等了一个月才得到道光的批复同意，而有些外商提前得到林则徐的承诺，就交了烟。林则徐最终收缴21306箱鸦片，在虎门轰轰烈烈地举行了销烟行动。

往后，琦善替林则徐出任钦差大臣做善后工作。他最先面对的就是英国商人的索赔问题，义律又拒签永不来华售鸦片的保证书并拒收清廷赏给的茶叶。鸦片战争的种子在此埋下了。

那时候，以茶制夷的想法被各界人士所认同——朝臣、文人和百姓都以为其可行。美国作者马士在著作《中华帝国对外关系史》记：“无论大黄、茶叶，不得即无以为生。”在中国人看来，茶和大黄对西方而言是生活必需品。

林则徐曾给英国女王递过一封信函《拟谕英吉利国王檄》，这封信经道光帝审阅，再找人翻译成英文，但最后被英国皇家拒收；伦敦《泰晤士报》登载了此信，英国全国人民都把这封信看作笑话。确实，信件内容夸张愚昧，语气倨傲无礼——即便如今我们看这封信，也不得不承认当时清朝皇帝和官员的夜郎自大。

1841年，浙江巡抚刘韵珂上书道光帝，罗列了开放宁波口岸的弊端，讲到物产时，他说：“蚕丝素为夷人所重，至茶叶则夷人更以之为命，是中华之所以能制外夷者在此，而外夷之受制于中华者亦在此。故粤东与夷人交易，茶叶为先，若叹夷在定海通商，稻縠铁丝，既可就近谋取，而各处茶叶，更为百计潜收，以能制该夷之物，阴便该夷之取携，不特耗内地之资财，弛该夷之忌惮，且恐其居奇，转售他国，获价倍蓰，适足以遂其贪而益其富。”浙江是茶丝主产区，开通宁波港的

绘有铁轮船克星和英国军队的卷轴画。

林则徐向清道光皇帝奏报收缴鸦片情况的奏折，现藏于广州近代史博物馆。

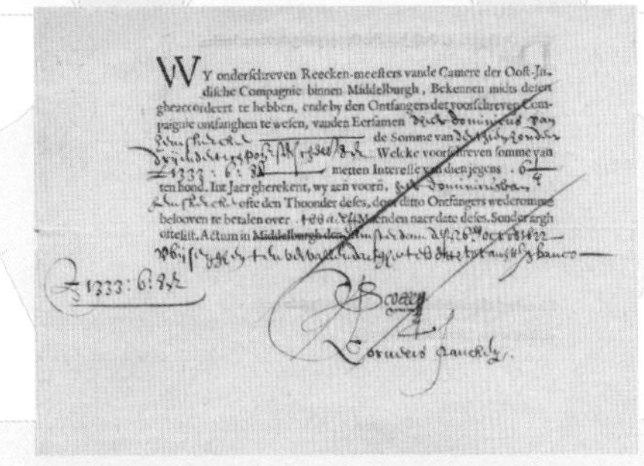

荷兰东印度公司于约1622—1623年发行的债券。

1857年，英法舰队溯珠江而上，占领海珠炮台，炮轰广州城。图为法国《世界画报》（*Le Monde illustre*）刊载的铜版画。

东印度公司董事会主席的座椅。

这盒茶叶是有约三百年历史、英国最古老的茶，茶盒中标有“某种来自中国的茶”字样，曾于伦敦自然博物馆中展出。

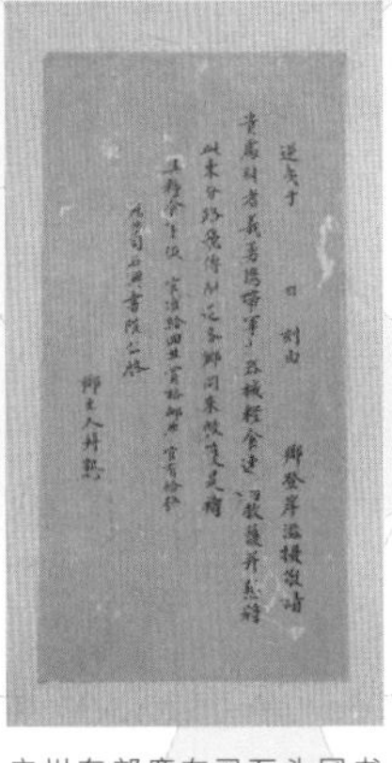

广州东郊鹿布司石头冈书院联合各乡乡民抗击英军侵略的报警通传飞柬，现藏于广州近代史博物馆。

话，物资会被英国人就近谋取，既少了制夷的工具，国家也会损失税收。

林则徐等人还提出通过提高茶价格来富国，此外晚清思想家冯桂芬、洋务派干将丁日昌，都认为富强之路取决于茶和丝的发展。咸丰五年（1855），福建港口茶叶贸易兴盛，国家设关收税，福建茶饷成为补充国库的重要来源，而茶商却因苛捐杂税苦不堪言……

茶叶可以富国吗？如果是公平的国际贸易，并有完善的贸易政策，回答也许是“可以”；但在当时半殖民半封建，国民尚未“开眼”的大背景下，茶叶不过是腐朽帝国在统治末期剩下的、为数不多的宝贵资产罢了。

除了和中国做贸易，英国也在其殖民地发展茶业种植。鸦片战争后，英国植物学家罗伯特•福琼到武夷山盗取两千多株上等茶苗，连茶匠及工具一并带到了南亚种植园。再之后，印度和斯里兰卡的茶叶开始在西方市场流行，并培养出了数个明星品种，那时，中国便不再是世界优质茶叶的唯一的供应国了。

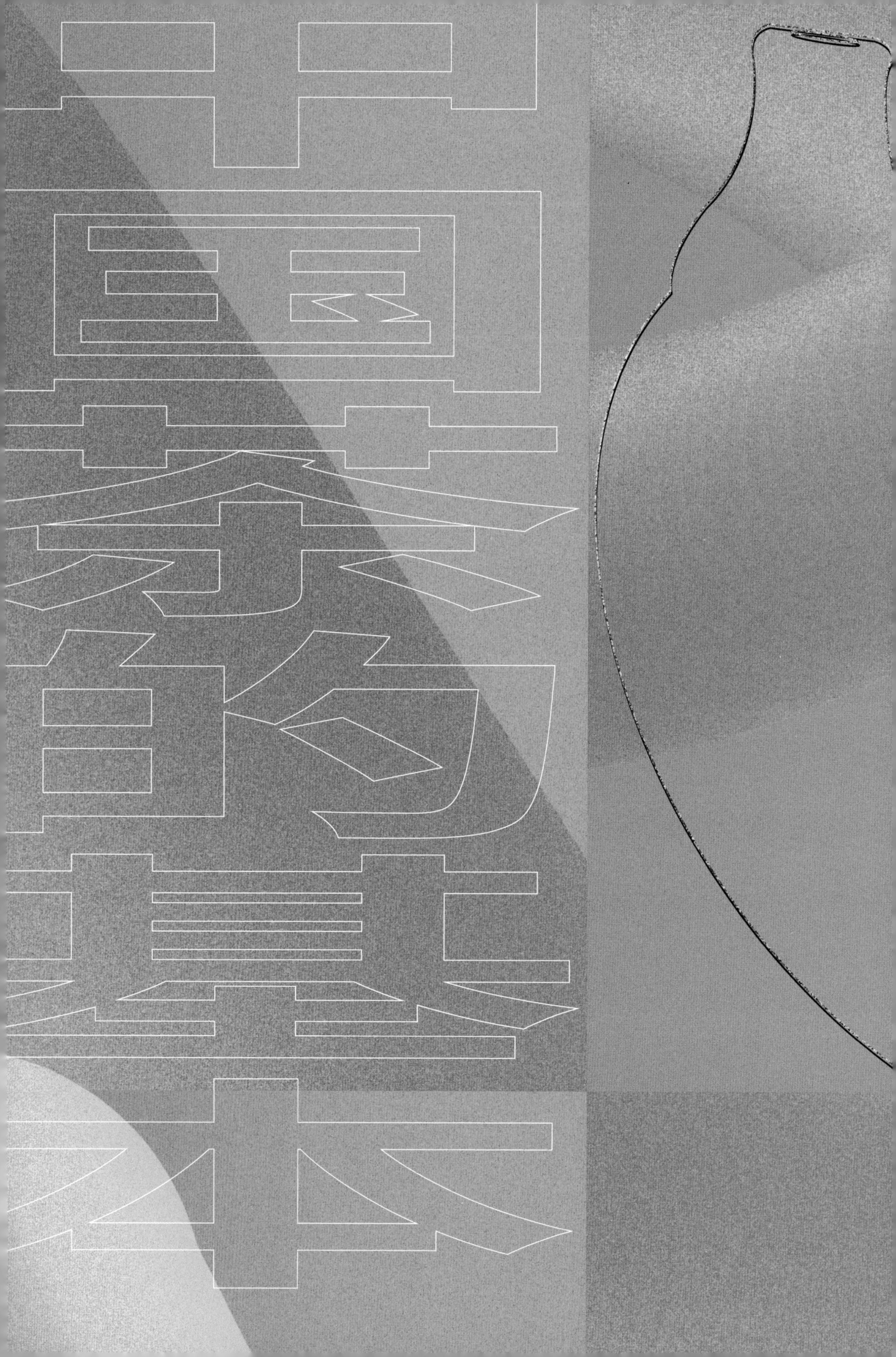

中国茶的基本

The Course of Chinese Tea

国茶的基本

The Course of Chinese Teat

20 文：[illegible] 编：[illegible] text: Wang Fan edit: Yuxi

不仅是生活美学，更蕴藏东方哲理：贯通儒释道的茶

Beyond the Aesthetics of Life: Buddism and Taoism in Tea

"它离不开闲情雅致，但又绝不限溺于闲情雅致；它具有一种审美的形式，又超越这种形式；它具有飘然尘外的情调，又充满着人间的情味与平和的气质；它既是自然造就的，又是人间做成的。因而，儒释道三家都在它身上大展身手。道家的自然境界，儒家的人生境界，佛家的禅悟境界，融会成中国茶道的基本格调与风貌。"

——赖功欧

喜怒哀乐之未发，谓之中；发而皆中节，谓之和。中也者，天下之大本也；和也者，天下之达道也。致中和，天地位焉，万物育焉。

自魏晋南北朝到明清时期，中国茶文化逐渐形成其独有的盛大气象。文人阶层广泛介入茶事，使之不再止于色、香、味的感官需求，而是上升为一种审美情趣、生活方式、精神境界乃至处世哲学。

中国茶文化在其沿革中不断融合了历代哲学思想与社会观念。作为中国古代一度占据主流地位的哲学思想流派，儒释道的精神内核也在不同层面上与茶道相互塑造通融，茶道亦成为儒释道哲学精神在现实层面的表达载体。

以茶利礼仁，以茶可行道

儒家思想源于孔子，经战国时期孟子、荀子等人的丰富与发展，最终形成了一套完整的哲学思想体系。自西汉武帝罢黜百家、独尊儒术起，儒家思想在2000多年来长期居于中国正统哲学思想地位，深刻塑造着中国古代知识分子的观念与人格，渗透于传统风俗与日常生活之中。

"中和"，或"中庸之道"，是儒家思想极为重要的概念。儒家经典著作《中庸》在第一章阐释道："喜怒哀乐之未发，谓之中；发而皆中节，谓之和。中也者，天下之大本也；和也者，天下之达道也。致中和，天地位焉，万物育焉。"儒家追求不偏激、有所节制的中和状态，以此实现万物的和谐统一，自然有序。

而茶的品性恰与儒家的中庸之道不谋而"和"。唐代茶人裴汶在《茶述》中指出，茶叶"其性精清，其味淡洁，其用涤烦，其功致和"。宋徽宗赵佶在《大观茶论》中也提到，茶具备"祛襟涤滞，致清导和"的功效。茶叶恬淡中和的品性备受儒人欣赏与推崇，人们甚至将其人格化。北宋文人晁补之曾以"中和似此茗，受水不易节"来赞扬苏东坡中和的品性与操守。与此同时，儒人更将沏茶品茗作为养廉修德、陶冶心志的过程，他们在茶事中融入儒家思想的精髓，为茶道的形成与发展注入精神养分。

唐代宦官刘贞亮曾提出"饮茶十德"，其中"以

其性精清，其味淡洁，
其用涤烦，其功致和。

茶利礼仁”“以茶表敬意”“以茶可雅志”“以茶可行道”最能体现儒家茶人的精神追求与人生态度。在儒家看来，饮茶使人在修身自省的基础上得以礼待他人，通过践行礼与仁，实现万物和谐有序。其中提到的“礼”是儒家思想的一个重要理念。《礼记·仲尼燕居》谓：“礼也者，理也。”《礼记·乐记》又说：“礼者，天地之序也。”魏晋南北朝之后，“夫茶之为民用，等于米盐，不可一日无”。所展现的茶风之兴盛，茶俗之普及，与儒家茶礼醇风化俗的功效密不可分。

以茶祭神祀祖，是古代中国祖先崇拜的一项传统风俗。宋代理学家朱熹曾说：“慎终者，丧尽其礼；追远者，祭尽其诚。”儒家对祭礼的重视程度可见一斑。陆羽《茶经·七之事》中记载南齐世祖武皇帝遗诏：“我灵上慎勿以牲为祭，唯设饼、茶饮、干饭、酒脯而已。天下贵贱皆同此制。”可见茶饮早在魏晋南北朝便已用于祭祀之礼。

宋明时期，伴随着理学的发展，茶礼更是被引入寻常百姓家。古代婚俗里，“茶”是聘礼及婚典中必不可少的元素。明藏书家郎瑛《七修类稿》谓：“种茶下子，不可移植，移植则不复生也。故女子受聘，谓之喫（吃）茶。又聘以茶为礼者，见其从一之义，二称皆谚，亦有义存焉耳。”旧时江南婚俗中亦有“三茶礼”：订婚时“下茶”，结婚时“定茶”，同房时“合茶”，皆取“至性不移”之义。以现代眼光来看，它反映了封建礼教对女性三从四德的不平等约束，其茶礼背后的陈旧思想已然不合时宜。随着时间的发展，人们已逐渐淡忘了其教化含义，而将它作为一种传统的婚礼形式保留了下来。

作为中国古代长期占据统治地位的思想，儒家精神的注入起到了化民成俗之效，客观上推动了茶礼在社会各阶层的普及，使之成为儒家礼治思想的一部分。“无茶不成礼”也因此成为中国古代婚丧、祭祀与待客之道。

夫茶之为民用，
等于米盐，
不可一日无。

茶禅一味

佛教自两汉之际传入中国，经魏晋南北朝发展，至唐代禅宗兴起，达到鼎盛。而中国的茶文化也是在这一历史时期逐渐兴盛，饮茶风尚在民间成形。

禅宗是中国化后的佛教，广泛吸收老庄思想及魏晋玄学的精华，形成了以直觉观照、沉思默想为特征的参禅方式。僧人在坐禅入定时"务于不寐，又不夕食"，需要饮茶来破睡提神，抑制杂念，从而到达物我两忘的境界。茶天然具备的味苦微寒的特性，及其"涤烦""致静"的功效，使之成为禅事活动中不可分割的一部分。

茶与禅在审美意境上的统一，源于两者精神层面的一致性。禅宗悟道，强调即身体验，追求静虑自悟。茶之甘苦性味能使僧人在坐禅修持时静心清志，引导僧人破除执着，一任自心，见性成佛。

禅宗常以参公案的方式修禅，即从禅宗祖师日常生活的言行记载中参悟禅机。禅师开悟参禅者的言行和故事被记录下来，就成了禅宗公案。其中以茶入禅的公案颇为丰富。最著名的是赵州禅师"吃茶去"公案。

> 师问二新道："上座曾到此间否？"云："不曾到。"师云："吃茶去！"又问那一人："曾到此间否？"云："曾到。"师云："吃茶去！"院主问："和尚，不曾到，教伊吃茶去，即且置；曾到，为什么教伊吃茶去？"师云："院主。"院主应诺。师云："吃茶去！"
>
> ——《指月录》卷十；《五灯会元》卷四；《古尊宿语录》卷十四

"吃茶去"的三字偈语，说的便是禅宗"直指人心，见性成佛"的自悟方式，即放下执着，消融差别，以平常心应对万事万物。诗僧皎然《饮茶歌诮崔石使君》谓："三饮便得道，何须苦心破烦恼。"亦是暗合禅宗所倡导的"平常心是道"。

三碗便得道，何须苦心破烦恼。

宋代高僧圆悟克勤曾手书"茶禅一味"，以禅宗的哲学思辨品味茶之奥妙。南宋末年，这幅墨宝随日本高僧荣西东渡，也将"茶禅一味"的精神带到日本。这"茶禅一味"的智慧境界，正是："脱却一切个别的、他律的、世俗的成见，直入'无一物'之境界，随时随地无碍、自由自在地应付一切外来的事物，在'无事、无心、无作'之中又显现出无穷的活力，无限的创造力。[1]"

为满足僧众的饮茶之需，禅宗寺院开始自己种植茶树、采制茶叶，即"禅茶"。古时禅寺多隐匿名山，其自然环境适宜茶树的生长。唐代《国史补》记载，福州"方山露芽"、剑南"蒙顶石花"、岳州"灉湖含膏"、洪州"西山白露"等名茶皆出自名寺。如今，湖北覆船山寺的"仙人掌茶"、浙江丽水景宁的"惠明茶"、安徽齐云山水井庵的"六安瓜片"等仍是名茶。

1 滕军《茶道与禅》上载《农业考古》。

唐大历年间，马祖道一禅师率先在江西倡行“农禅结合”的习禅生活方式，创辟“农禅并重”的风尚，把世俗的生产方式引入佛门。佛教僧众长期精心劳作，积累了丰富的经验，制成了诸多独具特色的名贵茶叶，客观上促进了茶业的繁荣。而禅宗在唐代的盛行也推动了饮茶之风在全国的普及。

至唐中期，马祖道一的弟子百丈怀海在江西奉新创《百丈清规》，明文细述禅宗禅茶茶道规范。“饭后三碗茶”的“和尚家风”日趋形成，饮茶成为禅门僧众的制度之一，并逐渐衍化出一套肃穆庄重的饮茶礼仪。宋代禅寺时常举行上千人的大型茶宴，其中以浙江余杭的“径山茶宴”最负盛名。众僧围坐茶堂，点茶、献茶、闻香、观色、尝味、叙谊，形成中国禅茶文化的经典范式。宋元时期，径山茶宴之仪随禅宗临济宗东传日本，成为日本茶道的渊源。

中澹间洁，韵高致静

道教是中国本土的宗教，承袭方仙道、黄老道和民间天神信仰的宗教观念与修持方法。道家学说将“道”作为宇宙本体与万物的本源，倡导清净无为、见素抱朴的修行与养生方式，以求得道成仙。

道家“道法自然”的精神境界与茶虚静、恬淡的品性相契合。《大观茶论》谓茶之为物，“中澹间洁，韵高致静”；韦应物在《喜园中茶生》里赞美茶之灵禀：“洁性不可污，为饮涤尘凡。此物信灵味，本自出山原。”因而追求致虚、守静的道家，在熟练发挥茶叶自身药用功能的基础上，也将品茗作为养生修炼的重要辅助，以去除污浊之气，轻身换骨。

洁性不可污，为饮涤尘凡。此物信灵味，本自出山原。

老子《道德经》第四十二章载：“万物负阴而抱阳，冲气以为和。”道家认为自然万物由对立统一的阴阳两气相和而生，“故贵在守和”。茶也因其“致清导和”的特性而成为道家追求天人合一的思想载体，融入了道家的哲理境界与审美情趣。

老庄的信徒们自古追求从自然之道中修得长生不死的“仙道”。玉川子卢仝“七碗茶歌”称自己“乘此清风欲归去”；西汉壶居士《食忌》又载：“苦茶，久食羽化。”都表明了饮茶与得道成仙的内在联系。早在魏晋南北朝时期，民间便流传着道家饮茶修炼成仙的故事。陶弘景《杂录》中曾有“苦茶轻身换骨，昔丹丘子、黄山君服之”的记载。相传丹丘子为汉代“仙人”，是茶文化中最早的道教人物。《茶经》引《神异录》记载，浙江余姚人虞洪进山采茶，遇一道士牵三头青牛。道士名丹丘子，知虞洪好茶，引其至瀑布山，从山中采大茗相送。虞洪在那里立了茶祠，将此茶命名为丹丘茗。由此可见道家对茶的自然属性有着深刻的认识，并将其与道家追求永恒的精神生活联系了起来。

除此之外，茶恬淡淳然的品性与道家超然淡泊的隐逸气质也相得益彰。唐代以后，世人隐逸行为的普遍与饮茶习惯的普及趋于同步。“隐逸”不仅是道家的理念，也与儒、释两家渊源深厚。隐士将茶称为“君子”“公子”“清友”“苦口师”“涤烦子”，更有人以茶名斋号，如明代藏书家姚咨的“茶梦斋”、清代词人朱彝尊的“茶烟阁”等，并诞生出因茶而隐居的“茶隐”。这一概念更是从“隐逸”的角度实现了茶与儒释道在精神层面的依傍。

21 文：刘一晨 编：陆沉 绘：牙也慈 text: Liu Yichen edit: Yuki illustrate:Yayeci

历史上的茶人茶事

Tea Lovers and Tea Stories in Chinese History

从陆羽著《茶经》起，饮茶风尚便在民间蔓延开来，从此一发不可收。茶饮从“杂学”渐成为一种文化与精神寄托，可说是一个绵亘了千百年的故事——这其中历朝历代的茶人茶事便更是说来话长了。

自唐代始，大批嗜茶文人涌现，他们以各自的方式，将茶及茶事活动作为文学艺术的素材进行创作，与各朝代的经典文学形式相结合，互相影响、互相成就。

与茶有关的文学艺术形式中，成就最高的应属茶诗。茶诗兴于唐，与“茶圣”陆羽同时代的僧人皎然是最有名的茶诗作者。而在唐代，茶诗写得最多、成就最高的大约是白居易。

宋代茶事更是兴盛，在北宋前期，范仲淹、梅尧臣、欧阳修的茶诗创作十分有名，北宋后期，苏轼与黄庭坚则是精通茶艺的文人代表。南宋的陆游，有300多首茶诗存世，在茶文学创作上成为唐宋文人翘楚。

在元代，茶文学、茶文化虽不及前朝繁荣，但茶事活动深入民间。值得一提的是，北方契丹贵族耶律楚材，十分沉迷江南茶俗，嗜好饮茶，竟也创作了不少茶诗流传于世。明清以降，与茶有关的人与事除了出现在诗歌作品中，也出现在许多小说话本里。以上还仅是茶诗这一个方面，更不要说茶画、茶歌、茶戏的创作了。

近现代文人中，胡适爱茶也是极有名的。留学期间，胡适常常召集好友，同开茶会，胡适在其留美日记中亦对煮茶夜话有所记录。《胡铁花年谱》中有胡适之父胡铁花之语：“余世家以贩茶为业。先曾祖考创开万和字号茶铺于江苏川沙厅城内，身自经理，藉以为生。”可见胡适本就出身于徽州茶叶世家。

值得一提的茶人逸事还有很多，文章选取了漫长历史中的五人，由他们与茶的故事，管窥文人对茶文化发展的推动，以及茶对中国文人的精神影响。

陆羽

733—804

字鸿渐；一名季，字季疵；自号竟陵子、桑苎翁、东岗子。复州竟陵人（今湖北天门市）。唐代茶学家、诗人，著有世界上第一本茶叶专著《茶经》，被尊为“茶圣”。

据《集古录》记载，欧阳修曾说：“至今俚俗卖茶，肆中多置一瓷偶人，云是陆鸿渐，至饮茶客稀，则以茶沃此偶人，祝其利市。”言中“瓷偶人陆鸿渐”即陆羽。宋朝时期的茶肆人家常供茶圣陆羽像，以佑生意兴隆，这已将陆羽神化，其盛名可见一斑。

茶圣陆羽的一生颇具传奇色彩，单是其出身就有一番讲究。据《唐国史补》所记，一日，竟陵龙盖寺的智积禅师在河边漫步，忽然听到西边桥下群雁哀鸣，近步，竟发现群雁之中有一男婴，禅师便把他带回了寺中，收养为自己的弟子。陆羽本人则在自己的自传性文章《陆文学自传》中写：“陆子名羽，字鸿渐，未知何许人也。或云字羽，名鸿渐，未知孰是。”即是说自己也不知自己身为何人、来自何方。在唐朝，没有姓名来处很不体面，然而陆羽这一写，却变成了一件颇为浪漫的逸闻雅事。

《陆文学自传》中还写道：“有仲宣、孟阳之貌陋，相如、子云之口吃。”陆羽说自己丑陋、口吃，即便如此，他在十一二岁离开寺庙进入社会之时，竟已成了一名优伶。相传其丑角表演生动传神，还在一次聚饮中得到了竟陵太守李齐物的赏识，后者于是蒙授诗集，使之得到诗学上的启蒙教育，并引他进入名士之流，这便算是陆羽人生的转折点。

自此之后，陆羽开始研习诗歌，结交名流。陆羽19岁那年，李齐物回京，崔国辅左迁为竟陵司马，与陆羽相识。三年里两人交情至厚，共同赏玩山水、四处郊游，“又相与较定茶水之品”。蒋寅曾说：“如却有其事，则陆鸿渐精于茶术水品，当与崔国辅有关。”这对陆羽后日精研茶品影响深远。除此之外，陆羽还与诗僧皎然结为忘年交，皇甫冉、怀素、颜真卿等人都与陆羽往来甚密，他与名士僧侣的友谊对《茶经》的成书和其文中的意境大有影响。

安史之乱后，陆羽不辞辛苦四处云游，一路考察茶事，辗转来到江南的舒州（今安庆境内）、湖州，定居于此，在皎然的帮助下，安心致力于《茶经》的写作。

《茶经》分三卷十节，约7000字，介绍了茶的起源、用具、制作、烹煮饮用等各个方面，是对唐及前朝茶科学集大成式的总结。然而对于今人来说，《茶经》更重要的是其在思想文化层面的创见。陆羽在书中强调，他饮茶的目的主要在于“品茶”。赵天相在《〈茶经〉的意义与陆羽的追求》一文中曾指出：《茶经》最重要的价值，在于“陆羽从我国数千年来对茶叶食用、药用、饮用的多种利用中，从茶叶羹饮、混饮、清饮的不同饮用方式中，通过茶经的有效倡导，最终历史地确立了茶叶‘饮用’和‘清饮’的主导地位。”由此可见，陆羽侧重的是把饮茶看作精神生活的享受。把茶和茶饮作为一门专业学问提升到哲学思想层面上进行研究，使其融合了“儒释道”三教文化，可以说是为茶文化奠定了基础，茶也自此变成了一种文化符号。不仅如此，整部《茶经》语言风格冲淡洗练、优美自然，文学价值极高。其实“茶”本是“荼”的别字，虽然唐玄宗以御定将“荼”略一笔改为“茶”，但究竟旧习难改，用者寥寥。直到陆羽著《茶经》，近乎通篇选用“茶”字，“茶”字才广泛应用开来。

陆羽的一生可说是与茶密不可分，他对茶的研究与痴迷使他无愧于“茶圣”之名，正像他《六羡歌》中所写：“不羡黄金罍，不羡白玉杯；不羡朝入省，不羡暮入台；千羡万羡西江水，曾向竟陵城下来。”

卢仝

795—835

自号玉川子，“初唐四杰”之一卢照邻嫡系子孙。生于河南济源，祖籍范阳，今河北省涿州市。这位唐代诗人是韩孟诗派重要人物，著有《玉川子诗集》。其诗《走笔谢孟谏议寄新茶》又被称为《七碗茶歌》，并因此诗被尊称为“茶仙”。

北京中山公园内有一家著名的茶楼，近代诸多社会名流常聚于此，这便是建于1915年的来今雨轩。茶楼有一楹联：“三篇陆羽经，七度卢仝碗。”这说的便是陆羽及其《茶经》，卢仝与其《七碗茶歌》。

卢仝一生经济拮据，但性情高洁，孤傲狷狂。他曾两次被授予官职，均未从命上任。但这并不意味着他对政事毫不关心，恰恰相反，卢仝常以诗反映民生疾苦，讥讽朝野败类，因此深得韩愈欣赏。晚年卢仝在济源安宅置田，亦常往来京师，与客友相会。

唐文宗大和年间，韩愈同榜进士王涯任宰相。大和九年（835）十一月二十一日的“甘露之变”中，王涯等人被杀。卢仝当时恰好赴京会友，在王涯书馆中留宿，不幸被牵连。被捕时卢仝辩解说：“我卢山人也，于众无冤，何罪之有？”吏卒回他说：“既云山人，却来宰相宅，客非罪乎？”仓皇之中，卢仝难以辩白，后被宦官于脑后钉钉而死。死前卢仝托孤给贾岛，遂有贾岛诗《哭卢仝》。不过，关于卢仝是否死于甘露之变，学界尚有争论。

卢仝清高介僻，趣味高雅，时常与性情相投的名人志士一同饮酒赋诗。且卢仝爱茶成癖，亦精于茶道，被誉为与茶圣陆羽比肩的“茶仙”。当时正逢唐朝饮茶之风盛行，一日，好友孟简寄贡品阳羡茶与卢仝，卢仝大喜过望，一口气写下了《走笔谢孟谏议寄新茶》。整首诗大概可分成三个部分，起先是写诗人收到友人赠茶和诗人烹茶的场景，最后以对采茶人之感怀作结。诗中间部分，后来成为传世最有名的一段，便是《七碗茶歌》了：“一碗喉吻润，两碗破孤闷。三碗搜枯肠，唯有文字五千卷。四碗发轻汗，平生不平事，尽向毛孔散。五碗肌骨清，六碗通仙灵。七碗吃不得也，唯觉两腋习习清风生。”

无论是茶文化之理论还是精神都自此拓展了新的境界，《七碗茶歌》中的“七碗”与“两腋生清风”更是成了茶诗中新的意象。卢仝之后，诸多大家都以此入诗、入词、入文，如苏轼写“觉生凉，两腋清风。暂留红袖，少却纱笼”；苏辙的“两腋风生空自笑”；杨万里有“老夫七碗病未能”“七碗清风爽入神”；马致远在杂剧《陈抟高卧》中，写有“润不得七碗枯肠，辜负一醉无忧老杜康，谁信你卢仝健望”的唱词；连乾隆也写有“底须七碗始狂乎”“玉川七碗太狂逸”“卢仝七碗漫习习”的诗句。除此之外，“卢仝烹茶”也成为常见的入画题材，如钱选、刘松年都画有《卢仝烹茶图》，唐寅也有一幅《卢仝煎茶图》。

卢仝的《七碗茶歌》还大大影响了日本的茶道。1993年3月30日，日本著名煎茶道传人小川后乐先生来到河南济源寻访卢仝故里，并于不久后在《茶博览》杂志上发表了《济源寻访卢仝故里》一文。他在文中说道：“我学习‘煎茶道’大概是在十七八岁的时候。最初的学习内容是‘七句茶碗’：把七只茶碗按顺序放好，每只茶碗上分别写着‘喉吻润’‘破孤闷’‘搜枯肠’‘发轻汗’‘肌骨清’‘通仙灵’‘清风生’，并将它们的顺序背下来，也就是在这时，我知道了卢仝的名字，因为这些字句就出自卢仝的《茶歌》。以后，在学习日本吃茶史、文化史的过程中，我逐渐开始对卢仝产生了兴趣，以至为其倾倒。”近代日本的煎茶道实则就是继承了卢仝茶思想而诞生的。“蓬莱山，在何处？玉川子乘此清风欲归去……”成了煎茶的理想，“两腋习习清风生”也正是煎茶的精髓。

皮日休

838—883

字袭美，一字逸少，道号鹿门子，又号间气布衣、醉吟先生、醉士等。复州竟陵人。晚唐著名诗人、文学家，与陆龟蒙齐名，世称“皮陆”。著有《皮子文薮》与《松陵集》。

诗人皮日休生活的年代正逢政治腐败、文风萎靡的晚唐。而皮日休则在诗文中表达出强烈的忧国忧民之怀，其思想深度和文学造诣都占上成，他的小品文曾被鲁迅评为“一塌糊涂的泥塘里的光彩和锋芒”。然而史料中对皮日休的记载却少之又少，《旧唐书》《新唐书》都未给皮日休立传，仅《新唐书》中略记一事一笔带过，此外，在正史通鉴中也没有任何关于他的记载。这是因为皮日休曾参加过黄巢起义，这对诸多文人雅士来说是一件不甚光彩之事，历代史官亦因此而不为之立传。

历史学家缪钺曾对皮日休参加黄巢起义一事之起因进行过分析：皮日休虽寒士出身，但究竟是一个曾中进士为官的地主阶级士大夫，这样的身份会去参加黄巢所领导的农民起义多少有些奇怪。然而细思之下则会发现，晚唐阶级矛盾激化，统治阶级内部的一些读书人或因有正义感，或因怀才不遇，也是极有可能参加的。而这也正是对皮日休的写照。

皮日休仕途坎坷，屡次应试不中，最终在《文薮》编次第二年以“末榜及第”，至此诗人梦寐以求的登第终于成真。这可以说是诗人思想和创作的一个转折点，诗人的创作风格在此前后发生了较为明显的变化。诗人在仕途失意时结识了与之志趣相合的陆龟蒙等人，受心境与周遭友人的影响，他的诗作由原有的政治抒写转变为隐逸情怀的曲微表达。

与陆龟蒙的结识让诗人的创作有了不同于以往的新鲜面貌。皮日休十分赞赏陆龟蒙的才华，“其才之变，真天地之气”。二人酬诗唱和，有“皮陆”之称。皮日休的《松陵集》编入了自咸通十年至十二年内11人的唱和之作，其中以皮陆唱和为主。

比较《皮子文薮》和《松陵集》，便可明显地发现二者在风格和内容上的不同。《松陵集》中诗人更沉醉于细微事物的描写、诗歌技巧的探讨，更为重视诗艺的探究。也正是在这一时期，诗人写了十首五言古诗《茶中杂咏》并序。诗成后遂寄天随子（即陆龟蒙）。陆龟蒙收到皮日休之茶诗，当即欣然和了十首，题为《奉和袭美茶具十咏》（此处袭美即为皮日休）。然而“茶具十咏”诗其实只吟咏了五种茶具，即《茶籝》《茶灶》《茶焙》《茶鼎》《茶瓯》；另外还吟咏了《茶坞》（茶园）、《茶笋》（茶叶）、《茶人》（茶事活动者）、《茶舍》（制茶及安置茶具的场所）、《煮茶》（种茶、制茶的目的）。因为十咏不是单咏茶具，所以皮日休的诗题为《茶中杂咏》。诗咏详述茶事，宛如一部小型茶典。在《茶中杂咏·序》中详述了茶之历史，并点明其成诗目的是进一步阐明陆羽之《茶经》，以了“谓有其具而不形于诗，亦季疵之馀恨也”。确实，皮日休的十首茶诗不但以诗的形式对陆羽的《茶经》进行了新的阐释，还对其查漏补缺，成为了茶史上不可或缺的一笔。

陆游

1125—1210

字务观，号放翁，越州山阴人，南宋文学家、史学家、诗人。其一生创作颇丰，著有《渭南文集》等。一生作茶诗三百余首，是茶诗数量最多的诗人。

平生万事付天公，白首山林不厌穷。
一枕鸟声残梦里，半窗花影独吟中。
柴荆日晚犹深闭，烟火年来只仅通。
水品茶经常在手，前身疑是竟陵翁。
——陆游《戏书燕几》

南宋诗人陆游也是茶痴。《戏书燕几》中所写“竟陵翁”即上文所提到的茶圣陆羽，陆游十分仰慕陆羽，对其《茶经》赞不绝口。在陆游所写的几百首茶诗中，多次表达出“继承陆羽”的志愿。陆游与陆羽同为陆姓，他以此为傲，并干脆也以陆羽之号“桑苎翁”自称。

陆游出身名门，父母皆为望族，他自幼受到良好的教育，高宗时应礼部试，却为秦桧所黜。中年入蜀地，戎马生活，晚年归隐家乡。陆游生于茶乡山阴（今浙江绍兴），自小便受茶饮文化的熏陶。会稽山盛产日铸茶，陆游对家乡的偏爱尤甚，以日铸茶为首，再有橄榄茶、丁坑茶都曾入其诗作。后来他远赴福建、江西、四川等地任职，也总不忘随身带着日铸茶，且要求必须是名泉之水才愿将之冲饮。他曾在诗中写到“囊中日铸传天下，不是名泉不合尝”。

后来，陆游于宋孝宗淳熙五年（1178）至七年（1180）供职提举福建常平茶盐公事和提举江南西路常平茶盐公事，这个职位为陆游创作丰富的茶诗提供了得天独厚的条件。陆游是品茶高手，精于茶道，茶道之于陆游也是重要的精神寄托。他一生创作丰富，可算是史上创作精力最旺盛的诗人之一，单茶诗便作有300余首，也是茶诗数量最多的诗人，据统计，这个数量接近宋代茶诗总量的四成。如果说陆羽以《茶经》为茶道奠基，卢仝以“七碗茶歌”与陆羽比肩，那么陆游在茶饮文化中最为瞩目的成就，就是他这大量的茶诗中所蕴含的丰富内容和深厚意蕴。这些茶诗不但具有较高的艺术价值、寄托了作者的情思与哲学思想，更为后代提供了古代（尤其是南宋）茶文化的丰富信息。

首先不得不提的是陆游茶诗中所体现出的“茶事”。这包括茶事的具体物象，比如对于各类茶叶的展示以及对茶具茶道的描写。陆游诗中还出现了大量的花果茶。花果茶有着悠久的历史，是历代茶俗的重要组成部分，然而在前人诗作中却鲜有提及。放翁入诗的花果茶种类繁多，据付玲玲整理，一类是可闻其香而不见其花或果的花果茶，如梅花茶；一类是既能闻其香亦能见其花或果的花果茶，如菊花茶、茱萸茶、姜茶、橄榄茶等。而且这个时期出现的窨制花果茶的工艺是历史性的突破，为后世花果茶的制茶工艺奠定了稳固的基础。除花果茶之外，陆游诗中还出现了诸多珍茗贡茶，如“顾渚紫笋茶”“建安茶”等，而一些史料中未曾记载的宋代名茶，如“蒙顶茶”“壑源春”“安乐茶”等也一并出现在放翁笔下。陆游对茶具茶道的描写也十分详尽，涉及多种时人常用茶具。《池亭夏昼》中有一句“小磑落茶纷雪片，寒泉得火作松声”，这是写茶磨磨茶的场景。再如茶瓯、茶灶等茶具，也都能在诗中找到相应的记述。

在陆游诗中，茶艺也是非常重要的组成部分，这主要体现在煎茶、分茶和斗茶三种茶艺之中。其中，作为技艺的分茶，是宋代茶文化中的突出现象，是一种极为精湛的泡茶技法。陆游有不少诗中都对“分茶”有所刻画。在其诗《疏山东堂昼眠》中，尾联为“吾儿解原梦，为我转云团”。后诗人自注：“是日约子分茶。”子，即陆子约，乃陆游第五子，其中“转云团”便是指“击拂”，而“击拂”便是分茶的一个环节。

放翁茶诗不仅客观地展示了宋朝茶文化的一毫一厘，还体现除了茶禅一体的哲思与茶诗的空灵静寂之美，更是以古朴清新的艺术风格给后世的诗迷茶痴提供了难得的艺术体验。

蒲松龄

1640—1715

字留仙，一字剑臣，别号柳泉居士，世称聊斋先生，自称异史氏，淄川人，清代文学家，著有文言短篇小说集《聊斋志异》。

蒲松龄早年便以其文采小有名气，然而应试屡屡落第，年过古稀才考中贡生。他一生虽仕途不顺，衣食拮据，靠塾馆教书度日，但博闻广识，创作颇丰，对农事、茶事和医药都有研究。除诗文外，他还著有“写鬼写妖高人一等，刺贪刺虐入骨三分”的文言短篇小说集《聊斋志异》《聊斋俚曲》，以及《婚嫁全书》《农桑经》《日用俗字》等实用性杂著。

相传，蒲松龄为了写《聊斋志异》，便在家乡路边摆了一个茶摊。过路的人尽管坐下歇脚喝茶，分文不取，只是一定要讲一个故事才行。蒲松龄听罢这一桩桩人间悲喜事，便将其润色记下，最终写成一本《聊斋志异》。这一逸事最早记于《三借庐笔谈》，鲁迅早已有分析，说蒲松龄以茶盏换故事的说法难以令人相信——蒲松龄穷困至极，有时甚至食不果腹，又如何有这般闲情逸致呢？即便如此，此说法却也不是无稽之谈。凯亚在《聊斋先生的茶道》一文中曾写：“蒲松龄一生嗜茶成癖，朝朝暮暮都离不开茶。他的许多作品，尤其是《聊斋志异》和《聊斋俚曲》，可以说，当初都是从喝茶聊天中‘聊’出来的。无怪人们送给他一个别致的雅号，称他‘聊斋先生’。聊斋，聊斋，即喝茶聊天之斋也。”

还有人说，蒲松龄“茶盏换故事”，其中的茶，便是他自己发明并记载到其著作《农桑经》中的菊桑茶。据说蒲松龄在自己的宅院旁开辟了一片药圃，种植中药、收集药方，最终研究出一剂药“菊桑茶”，润肠通便，补肾抗衰。

蒲松龄不仅对药茶颇有研究，更是一位熟谙茶道的茶学先生。据王立和施燕妮统计，《聊斋志异》494篇中有35篇涉及茶文化，其中“茶”字共出现39次，“茗”字共出现22次。书中出现了许多茶名、茶具和民间茶饮礼俗，如果说陆游的300余首茶诗是宋朝茶文化、茶道之体现，那么蒲松龄的《聊斋志异》可说是清朝民间茶风之大观了。

《聊斋志异》中直接提到茶名茶具的篇章并不很多，其中《水莽草》是最有代表性的篇章之一。书生祝某外出探友时，中途经过一间茶肆，卖茶女美丽婀娜，祝生为其所迷，饮下水莽草。临走时肆中老妪将戒指褪下，并将少许茶叶和戒指一起赠与祝生。祝生到朋友家后，察觉身体不适，经友人提醒，知道自己遇到了水莽鬼，唯有水莽鬼旧衣物才能解毒。友人代祝生前去求情，鬼婆不允，祝生由此而死。“生求茶叶一撮，并藏指环而去。……生大惧，出茶叶验之，真水莽草也。”王立和施燕妮指出，此处祝生接过的“茶叶一撮”便是“散茶”。宋朝最为盛行的是“饼茶”（团茶），而到了清朝随着制茶技术的成熟，团茶式微，散茶迅速发展，文中出现的叶茶也是与明清茶俗吻合的。

此外，蔡定益在《论〈聊斋志异〉中的茶文化》一文中详举了《聊斋志异》中的饮茶风俗，分别是“客来敬茶”“饮宴上茶”“酒后饮茶”“以茶代酒”“家常饮茶”“待客茶果”“施茶慈善”“以茶祀神”和“饮茶娱乐”，可见，《聊斋志异》中饮茶之场景比比皆是，这便仰仗于聊斋先生对品茶之事的良苦用心了。

茶文化能够成为中华文明的重要组成部分，与历朝历代的茶人茶事是密不可分的。无论是茶圣陆羽、茶仙卢仝，还是浩如烟海未曾留名的茶家，他们本身就是茶文化的体现。茶道中的禅思与淡泊雅致之性情，早已在千百年间融入到我们的民族性格之中了。“茶”，本即“人在草木间”。

文：许峥 编：陆沉 text: Xu Zheng edit: Yuki

唐宋茶书都研究些什么？

Ancient Chinese Tea Books in Tang and Song Dynasties

唐代陆羽《茶经》为茶书专著风气之先。至北宋蔡襄有感于《茶经》“不第建安之品”，因撰《茶录》，并“书之于石，以永其传”。又至北宋大观元年，宋徽宗赵佶亲笔著《大观茶论》，描摹点茶技艺。另有南宋审安老人著《茶具图赞》，配图细致，写法新颖，是不可多得的茶具图解全书。

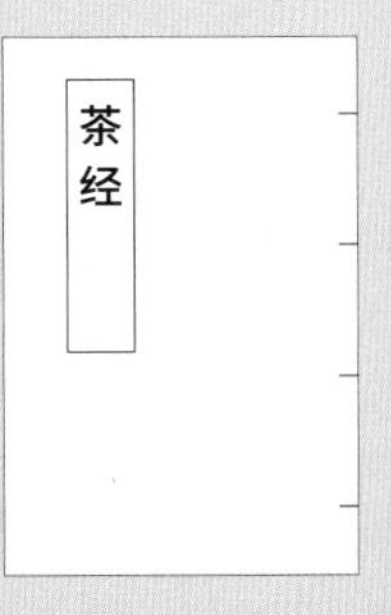

《茶经》

唐 陆羽著

《茶经》一书共分十部分：

一之源：茶，生于南方，字分三种，草字头为“茶”，木字旁则左偏为“木”、右旁为“茶”，草木并用即为“荼”。其叫法有五：一读“茶”，二读“槚”，三读“蔎”，四读“茗”，五读“荈”。据其地宜、叶色、芽状及叶质可知，山野茶好于园地茶；尖端发紫为上，尖端转绿较次；茶芽肥壮如笋为上，细弱如芽为次；叶缘背卷可视为良种，嫩叶展平则视为次种。

二之具：籯，竹制，用于盛茶；灶，即茶灶；釜，用于蒸青；甑，木或瓦制，置于釜上；箅，竹制，用于蒸青取茶；杵臼，即舂具；规，铁制，为茶模；承，石制，用作砧板；襜，布制，铺在承上；芘莉，竹制，用于摊放茶叶；棨，刀柄木制，用于穿孔；扑，竹制，用于穿茶；焙，凿坑而制，用于烘焙；贯，竹制，用于贯茶烘干；棚，木制，用于焙茶；穿，竹制，可作量词；育，木制，用于去湿存干。

三之造：采茶一般在春分、清明、谷雨前后，当日有雨不采，晴天有云不采。生于山石腐土中的茶，须趁露水未干时采摘；生于草木丛生处的茶，须挑选长势较好的采摘。另，制茶工序有七：采茶、蒸青、捣舂、拍压、烘焙、穿串、封养。成茶又分八层品第，不以“光黑平正”评鉴，不以“皱黄坳垤”评鉴，而以茶农口耳相传的口诀为窍。

四之器：共二十四组二十九种。分别为：风炉，配以灰承；筥；炭挝；火筴；鍑；交床；夹；纸囊；碾，配以拂末；罗合；则；水方；漉水囊；瓢；竹筴；鹾簋，配以揭；熟盂；碗；畚，配以纸帊；札；涤方；滓方；巾；具列；都篮，用于装茶具。

五之煮：煮茶应保持火焰平稳，将茶饼焙至凸起，去火五寸，使蜷缩的茶叶舒展开来，再重复炙烤。蒸煮之后，趁热舂捣，捣后再炙，茶芽和茶梗受热膨胀，此时趁热用纸囊将其贮存，防止香气流散，冷却之后，碾成茶粉。另外，沸水分三沸，一沸加盐调味；二沸出水一瓢，搅拌投茶；三沸瓢水倒回，保护汤花。沸后趁热连饮，前三碗最佳，最多五碗。

六之饮：茶分粗茶、散茶、末茶及饼茶，可砍、可熬、可烤、可舂，用热水冲泡而饮，或加葱、姜、枣、橘皮、茱萸、薄荷等，以水煮沸，去掉汤沫。饮茶有九难，一难在于造，不可阴天采茶、夜间焙茶；二难在于别，不可嚼味而别、嗅香而鉴；三难在于器，不用膻气之鼎、沾腥之瓯；四难在于火，不用油脂柴薪、烤肉庖炭；五难在于水，不取激流急水、壅潦积水；六难在于炙，不可冷热不均、外熟内生；七难在于末，不可粉末过细、状似菱角；八难在于煮，不可手法生涩、搅拌过快；九难在于饮，不宜夏兴冬废、四季不均。

七之事：关于茶之民俗，西晋《吴志·韦曜传》中记载：孙皓每办酒宴必令赴宴者饮酒七升，私下另赐茶给韦曜，这便是“以茶代酒”的由来；《桐君录》中记载：民间多用檀叶与鼠李煮茶，另外，交、广地区常加入野菜或水草一类植物调味。关于茶之药用，唐代李勣、苏敬等人所著《本草·木部》中记载：茶可治瘘疮、利小便、祛痰止咳，饮后不易入睡；《枕中方》中记载：将苦茶与蜈蚣一并炙烤至熟，捣碎，罗筛，用甘草热汤淋洗，取粉末涂在瘘疮患处，便可疗愈多年瘘疾。

八之出：出茶之地有八，即山南、淮南、浙西、剑南、浙东、黔中、江西及岭南，各地细分茶区，等级不一。

九之略：若地处深山野寺，可以蒸青、舂捣、拍压后直接以火干之，则七道工序可以忽略；若松林山石方便陈列茶器，则具列可以省略；若已有枯柴烧火、鼎鑊装汤，则风炉、灰承、炭挝、火筴、交床可以省略；若恰临清泉，有涧水可饮，则水方、涤方、漉水囊可以省略；若茶末碾得精细，则罗合可以省略；若需要攀岩入洞，可事先在山口将茶炙好、碾末，用纸封存，则碾、拂末可以省略，而瓢、碗、筴、札、熟盂、鹾簋可以用笞全部装起来，那么都篮可以省略；若身处城邑之中，则二十四件茶器缺一不可。

十之图：陆羽建议茶农将《茶经》抄录在白绢布上，随处悬挂，做到随备随查。

《茶经》是中国历史上第一部茶书，内含易学八卦、修养术道、中医丹道、史典诗作、风水人心，以严谨的事茶之心点出中国茶道之理，于制茶经目中融以茶人情操，以茶理观悟茶道的生息文化，兼具历史价值、文化价值乃至艺术价值，将茶文化推闻于世，将儒释道归融于茶，堪称茶事经典。

△△

大观茶论

《大观茶论》

北宋　赵佶著

《大观茶论》以序为首，分叙二十篇，其中地产篇，讲究阳崖阴圃；

天时篇，讲究惊蛰节气；

采择篇，讲究指甲断芽，择除乌蒂；

蒸压篇，讲究香散汁尽；

制造篇，讲究一日之内洗茶、涤器、蒸压、研汁、烘焙；

鉴辨篇，讲究色泽莹亮，碾茶铿锵；

白茶篇，讲究汤火细腻，而所产甚少；

罗碾篇，以银制茶碾、绢制茶罗为上；

盏篇，以兔毫纹盏为上；

筅篇，以陈旧箸竹为上；

瓶篇，以金银汤瓶为上；

杓篇，以盏茶盛量为上；

水篇，以味甘质轻为上；

点篇，以盏壁无痕为上；

味篇，以北苑壑源为上；

香篇，以茶之本香为上；

色篇，以纯白茶色为上；

藏焙篇，讲究火焙竹存；

品名篇，讲究茶艺造工；

外焙篇，与正焙相去。

《大观茶论》记录了北宋时期蒸青团茶的流行盛况，尤其另起“点茶”一篇，将短暂的点茶分为七步，详细描写击拂手法与茶汤色貌，反映盛行于宫廷官邸、文人雅士间的饮茶、斗茶风尚。全文传达出由茶而生的“中澹间洁，韵高致静”的生命状态，是历史上绝无仅有的由皇笔亲撰的茶书。

茶具图赞

《茶具图赞》

南宋　审安老人著

《茶具图赞》列举了十二种茶具，以拟人化的手法赋以姓、名、字、号，封以官职，并一一配之以图，附以赞词。如：

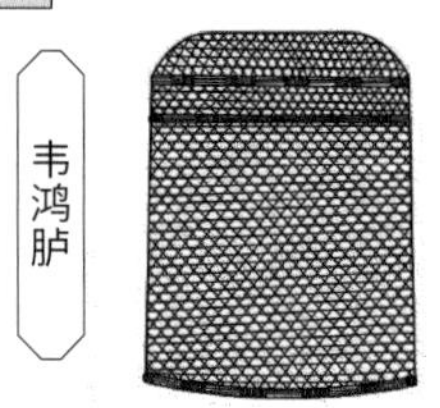

韦鸿胪

韦鸿胪，名文景，字景旸，号四窗闲叟

此具为茶焙，由竹制成，因古代竹简多为“韦编”，因此取姓为“韦”。“鸿胪”为古代掌管朝庆贺吊之官，取其谐音“烘炉”。另“文景”取意文火之炉，“景旸”取意日出之始，指茶焙常以文火相温，而四周多有空隙，用于通风去灰，因此取号“四窗闲叟”。

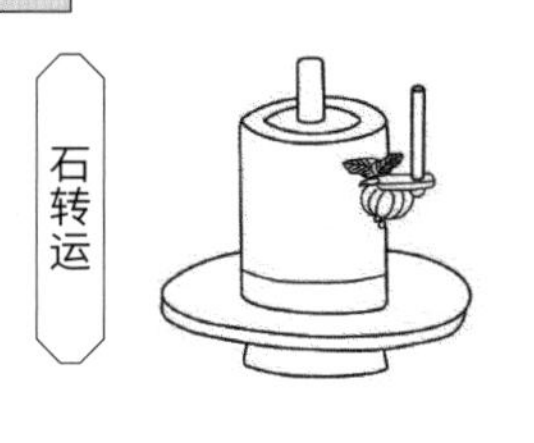

石转运

石转运，名凿齿，字遄行，号香屋隐君

此具为茶磨，由石制成，因此取姓为“石”。“转运”为古代负责转运米粮钱帛之官，用以指代茶磨回转研磨的功用。另“凿齿”意指茶磨之齿，“遄行”意指茶磨绕行，而以石屋巧喻石磨，因此取号“香屋隐君”。

金法曹

金法曹，名研古、轹古，字元锴、仲铿，号雍之旧民、和琴先生

此具为茶碾，由金属制成，因此取姓为“金”。“法曹”为古代掌管刑狱讼事之官，而碾轮有规律地往复运动，“圆机运用，一皆有法”，取义双关。另“研古”“轹古”意指碾茶研末，“元锴”意指铁制圆碾轮（“元”字与“圆”谐音，“锴”字意为好铁），“仲铿”意指碾茶铿然有声，而碾茶声又类似挑弦弄琴，因此取号“和琴先生”。

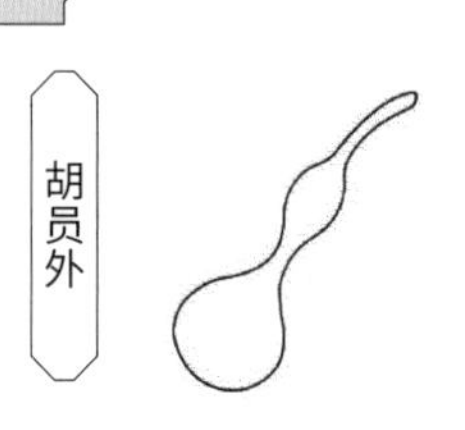

胡员外

胡员外，名惟一，字宗许，号贮月仙翁

此具为茶瓢，由葫芦剖成，因此取姓为“胡”。“员外”为古代官名员外郎的简称，取其“员”字与“圆”谐音，意指茶瓢外形为圆，而苏轼所作《汲江煎茶》诗有“大瓢贮月归春瓮”一句，因此取号“贮月仙翁”。

木待制

木待制，名利济，字忘机，号隔竹居人

此具为茶臼，由木制成，因此取姓为“木”。“待制”为古代典守文扬之官，取其待而后制之义，表示捣茶成末后等待碾茶。另“利济”意指碎茶利于碾茶，“忘机”意指茶臼中空，无心则忘机，而焙茶之后紧接着捣茶，即茶焙与茶臼常相隔使用，因此取号“隔竹居人”。

漆雕秘阁

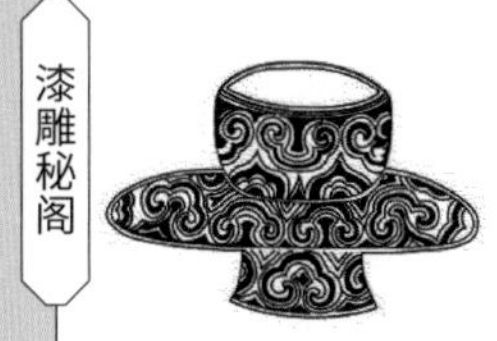

漆雕秘阁，名承之，字易持，号古台老人

此具为盏托，由漆雕工艺刻成，因此取复姓为“漆雕”。“秘阁”为古代皇家藏书馆，即尚书省，取其“阁”字与“搁”谐音，意指茶盏搁于盏托之上。另“承之”意指承载茶盏，“易持”意指盏托有助于端用茶盏，而盏托之用类似台基，因此取号“古台老人”。

司职方

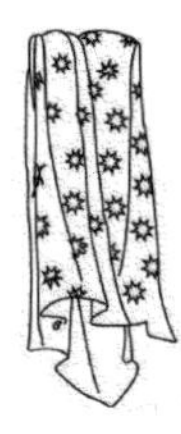

司职方，名成式，字如素，号洁斋居士

此具为茶巾，由丝、纱织成，取“丝”字谐音，得姓为“司”。“职方”为古代尚书省所属四司之一，取其“方”字意指方巾，取其“职”字与“织”谐音，意指丝织而成的茶巾。另“成式”取其“式”字与“拭”谐音，意指擦拭茶具，“如素”取其洁净如素之义，而茶巾主要用于拭器洁具，因此取号为“洁斋居士”。

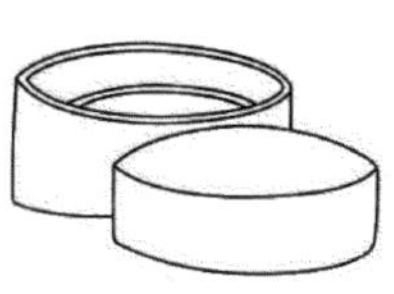

罗枢密，名若药，字传师，号思隐寮长

此具为茶罗，用于罗筛茶粉，因此取姓为“罗”。“枢密”为古代掌管军国机密要务之官，取其“密”字用以指代茶罗绢面细密，取其掌管机密、层层把守之义，代指茶罗密筛茶粉。另“传师”取其“师”字与“筛”谐音，而“思”字与“细”谐音，因此取号“思隐寮长”。

汤提点，名发新，字一鸣，号温谷遗老

此具为茶瓶，用于煮汤点茶，因此取姓为“汤”。“提点”为古代武官提举点检的简称，意指提瓶点茶。另“发新”意指新泉活水在瓶中翻发沸腾，“一鸣”意指茶水已沸时茶瓶随之鸣响，而茶瓶中煮以温汤热茶，因此取号“温谷遗老”。

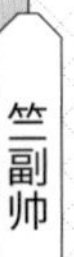

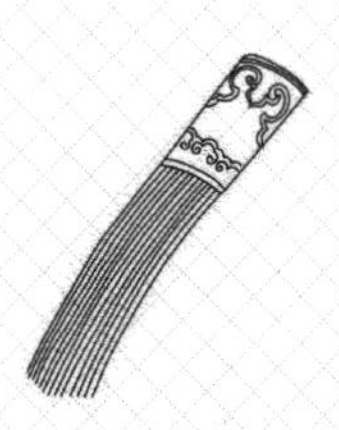

竺副帅，名善调，字希点，号雪涛公子

此具为茶筅，由竹制成，取“竺”字与“竹”谐音，得姓为“竺”。“副帅”意指茶筅配合茶瓶注汤点茶，加以击拂。另“善调”意指茶筅用于旋扫茶汤、调制稀稠，“希点”意指茶筅用于点茶击拂、茶面如希，而赵佶《大观茶论·点》中有“乳雾汹涌，溢盏而起”，因此取号“雪涛公子”。

陶宝文

陶宝文，名去越，字自厚，号兔园上客

此具为茶盏，由陶瓷制成，因此取姓为“陶”。“宝文”即宝文阁，与盏托之“秘阁”相对，又取其“文”字与“纹”谐音，代指盏杯毫纹。另“去越”意指舍弃越瓷而不用（唐代煎茶以越瓷为上，宋代点茶以建瓷为上），“自厚”可据蔡襄《茶录·茶盏》中“其坯微厚”一句，而宋代茶盏以兔纹为贵，因此取号“兔园上客”。

宗从事

宗从事，名子弗，字不遗，号扫云溪友

此具为茶帚，由棕丝制成，又“棕”“宗”谐音，因此取姓为“宗”。“从事”为古代辅佐州官之吏，取其辅佐清扫茶末之义。另“子弗”取其“弗”字与“拂”谐音，意指拂扫残茶，“不遗”取其扫后茶末无遗之义，而茶帚主要用于清扫茶碾、茶磨，因此取号“扫云溪友”。

书中十二种茶具，其姓取材质而拟，其名、字、号依功用、状貌而拟，其官职依谐音而拟，用白描画法记录宋代茶具的详细外观，并在赞词中融入处世之道、待人之理，富含哲理，展现了宋代厚重的茶文化历史以及宋代文人雅士的智慧与情操，具有极高的文化价值及考据价值。

《茶录》

北宋　蔡襄著

《茶录》分上、下两篇，上篇论茶，下篇论茶器，其中：

上篇

色篇，以青白为上，黄白为次；

香篇，忌加龙脑和膏或珍果香草；

味篇，以北苑凤凰山一带官焙所产饼茶为上；

藏茶篇，用箬叶封裹，放入茶焙，每两三日加火相焙，以体温为佳；

炙茶篇，取出旧茶，加沸水浸润，刮去浮膏，而后用小火炙干，碾碎即可；

碾茶篇，用白纸裹住，锤碎，碾压，尽量不过夜；

罗茶篇，以茶罗细密为上；

候汤篇，未熟则汤花涌浮，过熟则茶末下沉；

熁盏篇，点茶之前应先熁盏，使茶盏温热，有助于茶末上浮；

点茶篇，以茶色鲜白、盏壁无水痕为上。

下篇

茶焙，以箬叶相裹，加盖，炉火与茶饼相去一尺多，以常温加热；茶笼，用于藏茶，用箬笼封住，摆在高处，以避湿气；砧椎，砧与椎配套，用于砧茶；茶钤，用于炙茶；茶碾，用于碾茶；茶罗，以蜀东川鹅溪画绢为上，放入热水中揉洗后罩在罗上，用于罗茶；茶盏，以建安兔毫黑盏为上，茶盏绀黑，且盏身易热，适于点茶；茶匙，以黄金为上，茶匙宜重；汤瓶，瓶身宜细，以便候汤观茶、点茶注汤。

《茶录》翔实地记录了北宋时期北苑官焙所产贡茶的特点、工艺及器具，始推凤凰山建茶相闻于全国，反映宋代精妙绝伦的点茶技艺，极具茶史价值，是继陆羽《茶经》之后的又一部经典茶专著，凭蔡襄的书法勒石而流传，被誉“稀世奇珍，永垂不朽”。

23 文：王帆 编：[illegible] text: Wang Fan edit: Yuki

以茶入诗，借以表怀：古诗中的茶

Portraits of Tea in Classical Chinese Poetry

唐代中期以后，随着饮茶之风在全国范围的兴盛，一大批文人介入茶事活动，为茶事注入了更为丰富的审美情趣，使之逐渐发展为一门生活艺术。而“茶”本身也逐渐由单纯的饮品上升为一种文化符号。文人墨客纷纷“以茶入诗”，借以表怀，因而出现了一大批与茶相关的“茶诗”。

所谓茶诗，即是以茶为题材，或内容涉及茶的诗歌。早在西晋时期，文学家杜育便写成《荈赋》，被认为是第一首真正吟咏茶的诗赋。其原作已失散，现存唐宋收集而来的断简残篇，共成13句半：

灵山惟岳，奇产所钟。
瞻彼卷阿，实曰夕阳。
厥生荈草，弥谷被冈。
承丰壤之滋润，受甘露之霄降。
月惟初秋，农功少休。
结偶同旅，是采是求。
水则岷方之注，挹彼清流。
器择陶简，出自东隅。
酌之以匏，取式公刘。
惟兹初成，沫沈华浮。
焕如积雪，晔若春敷。
若乃淳染真辰，色殨青霜。
□□□□，白黄若虚。
调神和内，惓解慷除。

唐玄宗开元末年至唐宪宗元和末年，吟写茶诗成风，据统计共有诗人58名，成诗158首。唐后期咏茶之风更盛，曾有55名诗人，成诗233首。诗仙李白的《答族侄僧中孚赠玉泉仙人掌茶》便是一首咏茶名作，通篇描写湖北荆州玉泉山中仙人掌茶的生长环境、采摘、制作及功效，被认为是继《荈赋》之后最早的一首真正意义上的茶诗，对研究《茶经》问世之前的制茶方法有着重要的史料价值。

常闻玉泉山，山洞多乳窟。
仙鼠如白鸦，倒悬清溪月。
茗生此中石，玉泉流不歇。
根柯洒芳津，采服润肌骨。
丛老卷绿叶，枝枝相接连。
曝成仙人掌，似拍洪崖肩。
举世未见之，其名定谁传。
宗英乃禅伯，投赠有佳篇。
清镜烛无盐，顾惭西子妍。
朝坐有馀兴，长吟播诸天。

一椀（碗）喉吻润，两碗破孤闷。
三椀搜枯肠，唯有文字五千卷。
四椀发轻汗，平生不平事，尽向毛孔散。
五椀肌骨清，六椀通仙灵。
七椀喫（吃）不得也，唯觉两腋习习清风生。
蓬莱山，在何处？
玉川子，乘此清风欲归去。

约公元780年，陆羽的《茶经》问世。与之同时代的诗僧皎然是著名的茶僧，亦是陆羽的忘年交，对茶事活动颇有研究，留下诸多咏茶佳作。其中以《饮茶歌诮崔石使君》最为著名。诗中揭示了饮茶的三重境界：涤寐、清神、悟道，并最早提出了“茶道”的概念。

越人遗我剡溪茗，采得金牙爨金鼎。
素瓷雪色缥沫香，何似诸仙琼蕊浆。
一饮涤昏寐，情来朗爽满天地。
再饮清我神，忽如飞雨洒轻尘。
三饮便得道，何须苦心破烦恼。
此物清高世莫知，世人饮酒多自欺。
愁看毕卓瓮间夜，笑向陶潜篱下时。
崔侯啜之意不已，狂歌一曲惊人耳。
孰知茶道全尔真，唯有丹丘得如此。

与卢仝同一时期的唐代三大诗人之一的白居易一生嗜茶，更精于植茶、烹茶、鉴茶。其传世茶诗便有66首，其中以茶为主题者8首，涉茶者58首。白居易自称“别茶人”“爱茶人”。他在《谢李六郎中寄新蜀茶》中写道：

故情周匝向交亲，新茗分张及病身。
红纸一封书后信，绿芽十片火前春。
汤添勺水煎鱼眼，末下刀圭搅麴尘。
不寄他人先寄我，应缘我是别茶人。

同时期的诗人元稹也曾留下一首《一字至七言诗•茶》，形式精妙，被称为“宝塔诗”。

至宋代，民间茶事兴盛，也为诗人的创作提供了丰富的素材，出现了数以千计的茶诗，其中不乏范仲淹、欧阳修、苏轼、黄庭坚的大师手笔。范仲淹的茶诗中影响最大的要数《和岷章从事斗茶歌》。斗茶又叫“茗战”，源于唐代，兴于宋代。诗句从茶器、茶色、茶味乃至斗茶者的神韵入手，斗茶动态的图景跃然纸上。

同时期的诗人元稹也曾留下一首《一字至七言诗·茶》，形式精妙，被称为“宝塔诗”。

茶
香叶，嫩芽。
慕诗客，爱僧家。
碾雕白玉，罗织红纱。
铫煎黄蕊色，碗转曲尘花。
夜后邀陪明月，晨前命对朝霞。
洗尽古今人不倦，将知醉后岂堪夸。

至宋代，民间茶事兴盛，也为诗人的创作提供了丰富的素材，出现了数以千计的茶诗，其中不乏范仲淹、欧阳修、苏轼、黄庭坚的大师手笔。范仲淹的茶诗中影响最大的要数《和岷章从事斗茶歌》。斗茶又叫“茗战”，源于唐代，兴于宋代。诗句从茶器、茶色、茶味乃至斗茶者的神韵入手，斗茶动态的图景跃然纸上。

鼎磨云外首山铜，
瓶携江上中濡水。
黄金碾畔绿尘飞，
碧玉瓯中翠涛起。
斗茶味兮轻醍醐，
斗茶香兮薄兰芷。
其间品第胡能欺，
十目视而十手指。
胜若登仙不可攀，
输同降将无穷耻。

欧阳修生于江西，自幼饮茶，一生好茶，自叹“所好未衰惟饮茶”。他在外做官时，曾收到黄庭坚从家乡寄来的“双井茶”，喜出望外，遂成诗句：

西江水清江石老，石上生茶如凤爪。
穷腊不寒春气早，双井芽生先百草。
（《双井茶》）

黄庭坚不仅赠茶给欧阳修，还曾将双井茶赠与苏轼：

我家江南摘云腴，落硙霏霏雪不如。
为君唤起黄州梦，独载扁舟向五湖。
（《双井茶送子瞻》）

苏轼收到后十分感动，回赠和诗一首：

江夏无双种奇茗，汝阴六一夸新书。
磨成不敢付僮仆，自看雪汤生玑珠。
（《黄鲁直以诗馈双井茶，次韵为谢》）

苏轼自幼好茶，精通茶艺，留下许多兼具艺术性与学术性的茶诗。如描写烹茶技艺的《试院煎茶》：

君不见昔时李生好客手自煎，贵从活火发新泉。
又不见今时潞公煎茶学西蜀，定州花瓷琢红玉。

移栽白鹤岭，
土软春雨后。
弥旬得连阴，
似许晚遂茂。

又如描写其移栽茶树，精心培育的《种茶》：

除此之外，苏轼还“首创”以茶来比喻美人：

戏作小诗君勿笑，从来佳茗似佳人。
（《次韵曹辅寄壑源试焙新芽》）

世人更是将此句与苏轼《饮湖上初晴后雨》中的名句对成对联：

欲把西湖比西子，从来佳茗似佳人。

至元代，游牧民族建立政权，民族习惯的差异导致茶事式微，茶诗也不比前朝繁荣。虽如此，仍有一些精通汉文化、嗜好饮茶的文人留下了与茶相关的诗作。其中契丹贵族耶律楚材的诗作颇为有名，也反映了饮茶习俗世世代代已深入民间：

积年不啜建溪茶，心窍黄尘塞五车。
碧玉瓯中思雪浪，黄金碾畔忆雷芽。
（《西域从王君玉乞茶因其韵七首·其一》）

明清时期，小说成为主要的艺术形式，诗歌的成就已不及唐宋。“吴中四才子”之一的文徵明则对茶诗茶画情有独钟，《惠山茶会图》《品茶图》之外，也留下了诸多茶诗。在他生活的明中期，点茶法式微，用紫砂壶冲泡散茶的方法渐成主流。文徵明“嫩汤自候鱼生眼，新茗还夸翠展旗”的诗句正反映了这一变化。

清代作茶诗最多、无人能及的要数乾隆皇帝。乾隆酷爱品茗作赋，曾规定在每年正月初二至初十间择吉日在重华宫举行茶宴，品茶吟诗。乾隆作诗之高产，仅《御制诗四集》整理便有34000余首，其中不乏以茶为题材的作品。其中龙井茶独得乾隆喜爱：

龙井新茶龙井泉，一家风味称烹煎。
寸芽生自烂石上，时节焙成谷雨前。
（《坐龙井上烹茶偶成》）

乾隆皇帝以茶入诗，不仅是品茶颂茶，还以针砭时事。乾隆在位时，许多地方官员为邀功请赏，急于贡茶，过早采摘，未成熟的茶味道寡淡。乾隆特作诗指出：

贡茶祇为太求先，品以新称味未全。
为学因思在精熟，大都欲速戒应然。
（《于金山烹龙井雨前茶得句》）

除此之外，乾隆也常以茶诗表露对民情疾苦的关切。品茶之时，常念老幼茶农的辛勤采摘，不失一代帝王体察民隐、贤明持重的风范。

新芽麦颗吐柔枝，水驿无劳贡骑驰。
记得湖西龙井谷，筠筐老幼采忙时。
（《雨前茶》）

文：徐雅 编：陆沉 text: Xu Ya edit: Yuki

茶墨俱香，以其德同：历代茶生活图录

A Chronological Visual Tour of Tea Life in Chinese History

自古以来，中国茶文化中就蕴含着丰富内涵。饮茶既是中国的传统习俗，又是文人雅士爱好的生活艺术。在中国古代绘画中，有一些作品是以茶事活动为创作主题的，另一些虽表现其他主题，但局部出现有关茶事的内容，这两类都属于“茶事绘画”范围，又被称为“茶画”。因此，茶不仅是一种文化，也是一种艺术形式，更能为画家提供丰富的创作素材。

《韩熙载夜宴图》◎唐代 ◎顾闳中
◎北京故宫博物院 藏

苏东坡就曾对茶与画的关系有过精辟的论述：“上茶妙墨俱香，是其德同也；皆坚，是其操同也，譬如贤人君子黔晰美恶之不同，其德操一也。”

唐代：茶宴、茶会的兴起

茶画从本质上来说就是文人雅士对茶事活动的艺术表现，它的产生离不开古代的茶宴、茶会等一系列与茶有关的活动。

以茶为宴，始于两晋，兴于唐。唐代鲍君徽的《东亭茶宴》中就写道：“闲朝向晓出帘栊，茗宴东亭四望通。远眺城池山色里，俯聆弦管水声中。幽篁引沼新抽翠，芳槿低檐欲吐红。坐久此中无限兴，更怜团扇起清风。”诗中所描绘的亭中饮茶景象着实令人心驰神往。而在茶画中，与宴会有关，又是描绘宏大场景的，便是顾闳中的《韩熙载夜宴图》了。

《韩熙载夜宴图》并非全图以茶宴为主，在此画的第一段，主要表现韩熙载与宾客们观赏琵琶独奏时的场景。韩熙载前方的榻上摆放着许多果品，其左边放着两个瓷执壶，壶周围放着一个瓷碗和一个倒扣在瓷碟上的瓷盏。这些器具过去被认为是酒器，但后来根据一些古墓葬的壁画来观察，这些应该是茶具。

唐代阎立本的《萧翼赚兰亭图》是我们现在能够看到的唐代最早的茶画。《萧翼赚兰亭图》画面描述的是唐太宗为了得到晋代书法家王羲之写的《兰亭序》，派谋士萧翼从辩才和尚手中骗取真迹的故事。

在画的左下角有一名老者蹲坐在炉前，画手持“茶夹子”，正欲搅动茶釜中刚刚投入的茶末，侍童

《萧翼赚兰亭图》◎唐代 ◎阎立本 ◎台北“故宫博物院”藏

正弯着腰手持茶托盏，准备“分茶”（将茶水倒入盏中）。另右下角有方茶桌，上面放着茶碾、茶罐等器物。同样地，煮茶老者与侍童均非画的主体人物，但作者对煮茶、端茶等动作，以及茶具的描绘都非常仔细、生动，这幅画也受到茶文化界的高度重视。

《宫乐图》是一幅以描绘唐代宫廷贵妇们聚会品茗、奏乐为主的茶画。其又名《会茗图》，是唐代的传世名作之一，作者不详。画中十二个仕女，她们或坐或站于长案四周，其中有弹琵琶者、吹觱篥者、吹笙者……画面左边另有立者两人，居上者持拍和乐，居下者侍奉茗饮。长案上放置一只很大的茶釜（即茶锅），案台上四周分别摆放着两个六曲葵口带中架的器皿，五个海棠形漆盒，四个茶碗，每个人面前都有一个小碟。另有两只茶碗正在两仕女的手中，一位平端待饮，一位做一饮而尽状。

图的右侧，一位仕女正在用长柄茶杓舀茶汤于自己茶碗内。仕女们有的边啜茗边听乐，有的在轻声交谈，有的摇曳手中的团扇。她们雍容自如，悠然自得，恬静优雅的宫廷贵族生活瞬间凝固在画面上。

《宫乐图》是一幅真正的茶画，有茶文化研究者考证：茶汤是煮好后放到桌上的，之前备茶、炙茶、碾茶、煎水、投茶、煮茶等程式应该由侍女们在另外的场所完成；饮茶时用长柄茶杓将茶汤从茶釜盛出，舀入茶盏饮用。茶盏为碗状，有圈足，便于把持。可以说这是典型的“煎茶法”场景的部分重现，也是晚唐宫廷中茶事昌盛的佐证之一。

宋代：大兴斗茶之风，实用点茶之法

自唐以后，中国的茶文化又有了新的发展，宋、元时期是茶文化发展的昌盛时期。故又有茶文化“兴于唐，盛于宋”之说。而在宋代最流行的茶事活动就是斗茶。

斗茶，又名茗战，是宋元时期普遍流行的以战斗的姿态评比茶叶质量优劣的一种方式，类似于当今的优茶评比，但其竞争更为激烈。宋代唐庚在《斗茶记》中介绍了如何斗茶：斗茶者二三人聚集在一起，献出各自珍藏的优质的茶品，烹水沏茶，依次品评，定其高低。

宋代茶文化兴盛也要归功于宋徽宗赵佶，因其好茶，宫中盛行斗茶之风。北宋宋徽宗所著的《大观茶论》更开创了中国古代首个皇帝撰写茶书的先河。此书序中写道：“天下之士，励志清白，竟为闲暇修索之玩，

《宫乐图》◎唐代 ◎台北“故宫博物院”藏

《文会图》◎宋代 ◎赵佶 ◎台北“故宫博物院”藏

莫不碎玉锵金，啜英咀华，较筐策之精，争鉴别裁之。”不难看出，无论是帝王将相、达官贵人还是文人骚客、市井细民都热衷于斗茶。

在宋代茶画中，也以宋徽宗赵佶亲手所绘的《文会图》为宋代茶事绘画的代表作之一，展现了徽宗院画精致明净的风格，图中描绘的主要是点茶的场面。所谓点茶法，是指将茶饼经炙烤，碾磨成末后，投入茶盏调膏，然后以沸汤点注的一种茶品冲泡方法。北宋蔡襄《茶录》记载，将茶碾成细末，置茶盏中，以沸水点冲。先注少量水调膏，继之量茶注汤，边注边击拂。使之产生汤花（现时称泡沫），达到茶盏边壁不留水痕者为佳。点茶是宋代饮茶的主要方式，此法传到日本后演变成了抹茶道。

在《文会图》的前景中共五人，坐在左边的一人在喝茶，其余四人负责煎茶。正中的桌子上放着一摞黑色茶托，左后方放了一个茶罐，其中一个侍者正左手端着茶托，右手用一勺子从茶罐中舀茶粉。桌子左边则是一个火炉，炉子上有两个汤瓶正在烧水。

画中后景是文人雅士围坐大案桌聚会。此景应该在一庭院内，案上摆设有果盘、酒樽、杯盏等，八九位文士或端坐，或谈论，或持盏，或私语，儒衣纶巾，意态闲雅。竹边树下有两位文士正在寒暄，拱手行礼，神情和蔼。

此外，画上还有宋徽宗与其宠臣蔡京的题跋。

宋徽宗称此图为《文会图》，但应与唐代以来“十八学士”的主题有关。可能是当时摹写古代画作后，加入北宋元素的“改编”之作。僮仆使用及准备中的茶具，在存世北宋茶器中有相应的例子，画家所绘确有根据。

另外比较有名的茶画就是出自南宋刘松年之手的《撵茶图》《斗茶图》《茗园赌市图》。

《撵茶图》以工笔白描的手法，描绘了宋代文人雅士茶会场景，从中可以印证宋代点茶的具体过程。分为磨茶、点茶和僧人伏案执笔写作两部分。画幅的左侧有两人，一人跨坐在长凳上，右手正在转动茶磨磨茶；石磨旁横放着一把茶帚，是用来扫茶末的。另一人伫立于一黑色方桌边，左手持茶盏，右手提汤瓶正欲点茶；他左手边有一正在煮水的风炉，右手边是贮水瓮；方桌上是筛茶的茶罗、贮茶的茶盒、茶盏、盏托、茶匙、茶筅等用器。

画幅右侧有三人，一僧人伏案执笔，正在作书；另外两人端坐其旁，似在欣赏。整个画面给人闲雅生动的感觉，充分展现了宋代文人雅士茶会的风雅之情

《撵茶图》◎宋代 ◎刘松年 ◎台北“故宫博物院”藏

和高洁志趣，是宋代点茶场景的真实写照。

《斗茶图》描绘的是四个茶人挑着茶担远道而来，在树下乘凉、斗茶的场景。他们身上背着雨伞，从树上的枝叶初绽推测，应该是早春时节。他们四人把茶担放在一边，认真斗茶，人物神态栩栩如生。从穿着打扮来看他们应该是平民百姓，可见当时斗茶已经深入民间。

《茗园赌市图》描绘的也是斗茶，但场景为茶市内较斗。主要人物是四个茶贩，他们或提壶斟茶，或举杯啜茗，或品尝回味；左旁一老者拎壶路过；右边一挑担卖“上等江茶”的茶贩，也在探头观看斗茶；最右有一妇人拎壶携孩，边走边看。着实是一番热闹的场景。《茗园赌市图》真实记录了南宋茶市，尤对流动茶贩之衣着、随身装备，做了极细致的描绘。是珍贵的艺术画卷，亦是研究宋代茶事的宝贵资料。

受宋代刘松年的《斗茶图》和《茗园赌市图》影响，元代赵孟頫也作有《斗茶图》。画中共有四人，每人身边备有茶炉、茶壶、茶碗和茶盏等饮茶用具，轻便的挑担有圆有方，随时随地可烹茶比试。左前一人手持茶杯，一手提茶桶，神态自若，其身后一人手持一杯，一手提壶，做将壶中茶水倾入杯中之态，另两人站立在一旁注视。斗茶者把自制的茶叶拿出来比试，展现了宋代民间茶叶买卖和斗茶的情景。

此外，元代还有钱选的《卢仝煮茶图》、赵原的《陆羽烹茶图》等与茶事有关的茶画。

明清：茶事纷繁发达

到了明清，我国的茶事到了最发达的时期，越来越多的文人沉迷于茶香，也乐于将茶事与绘画相结合。其中最具代表性、产量最高的就是“吴中四才子”中的唐寅和文徵明。

唐寅的《事茗图》最享盛誉，该画描绘的是文人雅士夏日相邀，在林间品茶的场景。画中的主体茅屋在青山环抱中，林木苍翠，远处群山叠翠，瀑布飞流。茅屋里一文士正聚精会神倚案读书，书案一头摆着茶壶、茶盏诸多茶具，靠墙处书画满架。边舍内一童子正在扇火烹茶，舍外右方，小溪上横卧板桥，一老翁拄杖来访，身后一书童抱琴相随。画卷上人物神态生动，环境幽雅，表现了主人与客人之间的亲密关系。

画的左侧有唐寅题诗一首：“日长何所事，茗碗自赏持。料得南窗下，清风满鬓丝。”这首诗中暗含

《斗茶图》◎宋代 ◎刘松年 ◎台北“故宫博物院”藏

《茗园赌市图》◎宋代 ◎刘松年 ◎台北“故宫博物院”藏

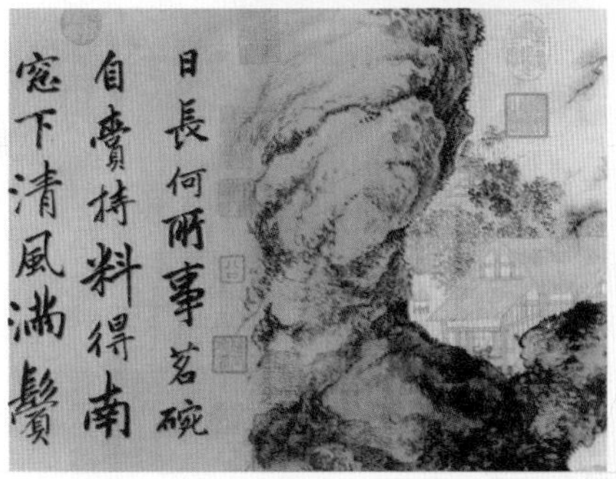

《事茗图》◎明代◎唐寅◎北京故宫博物院 藏

淡淡的愁思，是描绘当时文人学士山居闲适生活的真实写照。

唐寅另外一幅作品《品茶图》表现的也是文人恬淡的田园品茶生活。画中一位雅士稳坐于旷野之中，松树之下，他的身边放着茶杯，边品茶边听琴女弹琴。琴女坐姿雅美，弹琴情入曲境。茶童在石后煮茶。

画的左上角依然有一首唐寅题诗：“买得青山只种茶，峰前峰后摘春芽。烹煎已得前人法，蟹眼松风娱自嘉。”这首诗表达了唐寅对茶饮的热爱：有朝一日，买下青山亲手种茶，摘下春芽自煎自饮。同时也表达了他豁达自信和洁身自好的心态。

从唐寅的这两幅茶画中可以看到，他的茶画作品是与明代的茶文化特点紧紧相连的。上面说过，明代的茶艺思想，主张契合自然，茶与山水、天地、宇宙交融。茶人友爱，和谐共饮。这些意蕴，在两幅茶画中都得到了很好的反映。

文徵明也作有《品茶图》，其描绘的是山中茶会情景，共有宾主三人，其中两位端坐室内正享受对啜之乐，茶僮则在备水间正忙着煎茶。屋外不远处一位客人正过桥向草堂行来。图中草堂环境幽雅，苍松高耸，堂舍轩敞，几榻明净。

《卢仝煮茶图》◎元代 ◎钱选 ◎台北“故宫博物院”藏

《斗茶图》◎元代 ◎赵孟頫

《煮茶图》◎近现代 ◎齐白石

画上题诗曰：“碧山深处绝纤埃，面面轩窗对水开。谷雨乍过茶事好，鼎汤初沸有朋来。”诗后跋文曰：“嘉靖辛卯，山中茶事方盛，陆子传（注：陆子传即陆师道，文徵明之门生也）过访，遂汲泉煮而品之，真一段佳话也。徵明制。”由此可见，堂内二人正是作者和其门生陆子传。几上置书卷、笔砚、茶壶、茗盏等。茶寮内有泥炉砂壶，炉火正炽，童子身后几案上摆有茶罐及茗盏。

文徵明另一幅有关茶会的画作是《惠山茶会图》。画面人物共有八人，五主三仆。井亭内二人围井栏盘腿而坐，右一人腿上展书。松树下茶桌上摆放多件茶具，桌边方形竹炉上置壶烹泉，一童子在取火，另一童子备器。一文士伫立拱手，似向井栏边两文士致意问候。亭后一条小径通向密林深处，曲径之上两个文士一路攀谈，漫步而来，一书童在前面引路。同样，画中所描绘的环境幽雅，青山绿树、苍松翠柏，营造出情景交融的诗意境界。

清乾隆时期的宫廷画师金廷标也作过茶画，其中《品泉图》是大获好评的一幅佳作。图中共有三人，月下林泉，一文士坐于靠溪的垂曲树干

《惠山茶会图》◎明代 ◎文徵明 ◎北京故宫博物院 藏

《品泉图》◎清代 ◎金廷标 ◎台北“故宫博物院” 藏

《品茶图》◎明代◎文徵明
◎台北“故宫博物院” 藏

《品茶图》◎明代◎唐寅◎北京故宫博物院 藏

上啜茗，状至悠闲；一童蹲踞溪石汲水，一童竹炉燃炭，三人的汲水、备茶、啜茗动作，恰恰自然地构成了一幅汲水品茶的连环图画。画面上明月高挂，清风月影，品茗赏景，十分自在。

明清时期大量文人雅士融入茶事活动中，他们非常讲究品茗的环境氛围，因此在茶画中反映出的往往是与山水相结合，体现出一种特有的自然情趣。通过茶画，我们也能领略到中国古代文人在品茗之余，追求天人合一的至高境界。而这种“茶人合一”的精神也逐渐影响到近现代的艺术家。号称“白石山人”的齐白石不仅画虾传神，对茶也情有独钟。他的画作《煮茶图》就带有浓浓的生活趣味。

齐白石的画中有一赭石风炉，上面是一把墨青的泥瓦茶壶。炉前，有一把破的大蒲扇。扇下，露出一个火钳柄。旁置三块焦墨画的木炭。“茶熟香温且自看”，生动地表现了白石山人在日常生活中对煮茶、事茗的浓厚情趣，也反映了他对生活和自然充满了真挚的爱。

中国茶的基本
中国茶的基本
The Course of Chinese Tea

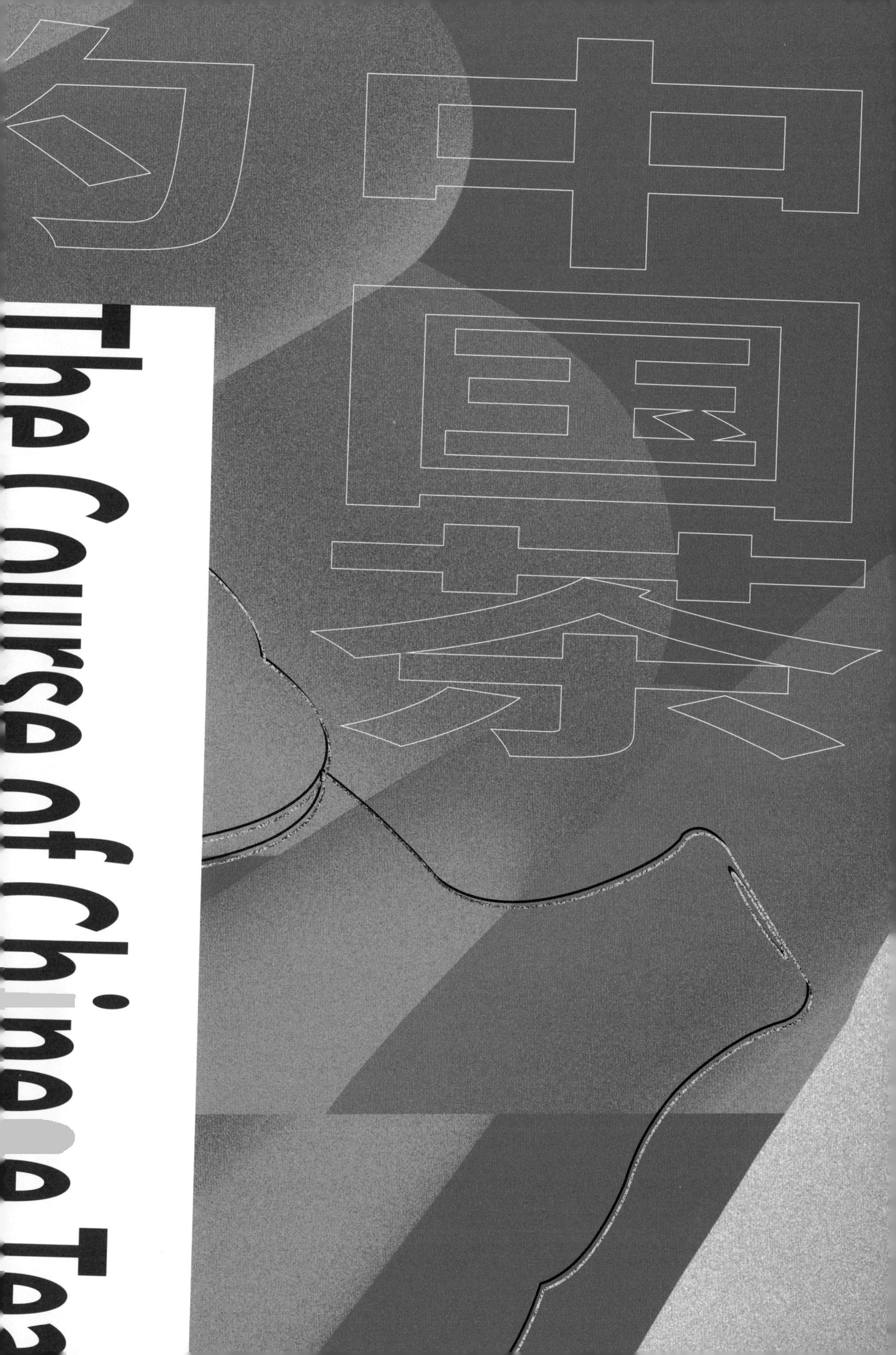
中國茶
The Course of China Tea

陈再粦：潮州工夫，传承有绪

Interview with Chen Zailin: The Heritage of Chinese Kung-Fu Tea

在广东潮州及闽南地区盛行的工夫茶是中国茶道的代表，起于明，盛于清，现在更已成为潮汕人重要的日常生活方式。在中国在《现代汉语词典》里，“工夫”意指时间和精力，亦指本事和造诣。工夫茶所用的正确字眼，是“工夫”两字，在潮州话中是做事方法讲究的意思，足见一席工夫茶中充满细致周到之处。

如今的潮州工夫茶是中国茶道的集中体现，现代茶道亦源于潮州工夫茶。陈香白在《中国茶道太极图》中认为，中国茶道、中国工夫茶、潮州工夫茶实质是三位一体。

profile

陈再粦，国家级评茶师，潮州工夫茶非遗传承人，“不二人文空间”联合发起人，深圳市国际茶艺协会副会长。出身茶文化世家，幼承家学，师从潮州工夫茶非遗传承人陈香白。一门两代非遗传承人，薪火相继，传承有绪。

潮州工夫茶中仅用三个品茗杯，摆放呈“品”字形。

潮州工夫茶有“四宝”：玉书碨（煮水的砂铫，宋代称急须）、红泥火炉、孟臣罐（茶壶）、若深瓯（蛋壳杯）。各家所用茶具大都相同，但因家境差异，精粗有别，这便是工夫茶之“雅俗共赏”的基础。

知中：请用简单的话概括一下你心中的茶艺是一门怎样的“艺术”。

陈再粦：简单讲，就是熟练运用正确的器具冲泡一道好茶的技术。

知中：茶艺可以说是普通饮茶与茶道之间的一个桥梁或媒介吗？茶艺与茶道有什么区别？

陈再粦：可以这么说。茶艺是一门技术，注重方法、实操，注重茶品选择、环境布置、器具运用，关注在什么时候、什么地方、和什么人、喝什么茶；茶道是一个文化概念，更注重通过喝茶这个动作导引到更高层面的精神愉悦，是一种文化享受。

知中：潮州工夫茶是中国传统文化中最具代表性的工夫茶艺，它与其他的茶艺相比有哪些突出的特点？

陈再粦：潮州工夫茶是中国茶道的“活化石”，系统完整地传承了中国传统茶道中的优秀成分。其程序系统而且流程详细，一共有21道完整程式；传承有序，慢工出细活，费水、费时；冲泡用茶首选本地产凤凰单枞茶，小壶小杯，一壶三杯，深入民心，融入生活，走进家庭。

知中：潮州工夫茶的“工夫”体现在何处？工夫茶对茶叶、水、茶具有怎样的要求？

陈再粦：潮州工夫茶的“工夫”，一指空闲时间，二指用心冲泡，体现在选茶选水选器过程精益求精，“壶必孟臣，茗必武夷，杯必若深”。采用小壶小杯，一壶配三杯，杯选用形若半个鸡蛋壳的“蛋壳杯”，也叫“白令杯”，色白显茶汤；用水讲究用“活水”，首选流动的山泉水，次井水，然后江心水；煮水燃料追求用优质无烟无臭的乌榄炭；冲泡过程讲究水温、节奏；品饮过程注重礼仪谦让，宾主相敬，长先幼后。

知中：潮州工夫茶中为什么不使用公道杯？

陈再粦：公道杯从来就没有在中国的茶道中出现过，是近代人臆想出来的器具，使用现在所谓的公道杯会降低温度从而降低茶汤品质。

知中：你觉得茶艺在表演与泡茶的技术层面上，各自最重要的步骤是什么？现代茶艺与传统茶艺最大的创新和改变在哪里？

陈再粦：表演更注重形式美，泡茶更注重对茶内质的释放。现代茶艺与传统茶艺其实没有特别明显的界限，尤其在潮州工夫茶上，体现更多的是对传统的继承和发扬光大，传承有序，创新主要体现在材料、工艺方面。

知中：“工夫茶”听起来不仅要求茶人有泡茶工夫，也得品茶人具备品茶能力。作为普通人，我们应该如何欣赏品味工夫茶？品鉴中有哪几个要点？

潮州工夫茶的21道程序

1.茶具讲示
茶师向客人展示各茶具的功能与用途，请客人就坐。

2.茶师净手
茶师以清水洗净双手，确保无灰尘也无异味，降低外界因素的干扰。

3.泥炉生火
红泥炭炉，炉心置橄榄炭，辅以鹅毛扇控制生火速度。

4.砂铫掏水
泡茶用水，一般贮存在瓷质水钵中，泡茶时用竹筒或椰瓢舀出，倾入砂铫。

5.榄炭煮水
橄榄炭易燃，火力均匀，少烟尘，煮出来的水较为柔软，清润甘甜。

6.开水热罐
"罐"即茶壶，以前用紫砂小壶，后多用潮州朱泥壶。将烧开的沸水淋入壶中，以起到温壶起香的效果。

7.再温茶盅
与上一道工序相似，"茶盅"即指茶杯。

8.茗倾素纸
剪裁成四方形的白纸，称为"纳茶纸"。将其打开，并将适量的香茗倾倒于纸上。

9.壶纳乌龙
将纳茶纸合拢，沿开口倒入壶中。因潮州工夫茶常指凤凰单丛，属乌龙茶，故称"乌龙"。

陈再辨：潮州工夫茶形式独特鲜明，节奏快慢相成、张弛有度、礼让谦恭、和气圆融。欣赏品味的起点相对于其他茶类较高，其茶汤浓郁馥烈，香型多样，多喝多比较；同时了解工夫茶相关的历史演变、民俗背景、文化含义，能较好地感受到潮州工夫茶的魅力。

知中：现代茶艺师发展成一种职业，您觉得成为一名合格的茶艺师，自身需要具备哪些素质？

陈再辨：茶艺师易学难精，对专业知识、整体素养要求是比较高的，属于入门容易提升较难的一门职业，同时职业发展空间也比较有限，这样的一种矛盾需要每个从业者或准入者学会理性全面地平衡个人能力，把兴趣爱好与职业发展综合起来考量。

知中：你觉得茶与人之间的关系是什么？

陈再辨：茶是中国文化元素的一个表征，它能修身养生，是健康饮品。闲暇时煮水烹茶，在解渴的同时也能获得精神层面的愉悦感和文化享受。

10.甘泉洗茶
首次注入沸水之后，要立即将茶汤倒出，去除茶叶中的杂质，称“洗茶”。

11.提铫高冲
洗茶后，再次将砂铫提到一定高度，沿壶的边缘冲入，可充分将茶叶冲开，避免苦涩。

12.壶盖刮沫
当水注满后，会有茶沫漂浮，此时用壶盖平刮壶口即可。

13.淋盖追热
合上壶盖，再用沸水浇淋茶壶，以使茶香充盈。

14.烫杯、滚杯
烫杯洗杯时，最主要的一步是滚杯。将一杯侧置于另一杯上，中指肚钩住杯脚，拇指抵住杯口并不断向上推拨，使杯上之杯做环状滚动。这样除了洗杯、温杯，也能调动起客人喝茶的欲望。

15.低洒茶汤
经过纳茶洗杯，悬壶高冲等一系列步骤，现在可以均匀地将茶汤倒入每个杯子。位置要低，以免香气流失。

16.关公巡城
倒茶时要像关公巡城般来回驰骋，以确保茶汤均匀、公平地落入每个杯中，也保证了茶色均匀，香气对等。

17.韩信点兵
在倒茶的最后阶段，要手提茶壶，壶口向下，做到点滴入杯，多多益善，避免余汤残留，导致浸泡过久生苦涩味。

18.敬请品茗
茶师在冲完茶后，会示意并邀请客人开始享用面前的茶。客人优先，泡茶者最后品饮。

19.先闻茶香
拿起茶杯的第一步不是喝茶，而是先嗅一嗅茶的香气，好的茶香清新怡神，令人清爽。

20.和气细啜
喝茶时切勿着急，应该细啜慢品，需知茶杯不大，自有乾坤。

21.三嗅杯底、瑞气和融
茶汤喝完后杯底仍有余香，可三嗅杯底，感受热香、温香、冷香，也呼应了整一套泡茶工序中人与茶、宾与主的大圆融精神。

文：徐雅 编：陆沉 text: Xu Ya edit: Yuki

茶修王琼：借一杯茶照见自己

Interview with Wang Qiong: A Self-Reflection through Tea

茶修，一个陌生的词汇。但这一词却凝结了和静茶修学堂创始人王琼20余年的习茶积累。“世界共饮一杯茶”，在她看来，茶与人的关系，都是从一杯茶中获取。

◎徐雅 摄

知中：你是如何想到“茶修”这一概念的？又是如何发展这一理念的？

王琼：我习茶到现在已有21年。十几年前，我曾有一些对外交流的机会，当时我们称之为“中国茶文化访问交流”，我便想，“茶文化”这个概念太宽泛了，没有办法聚焦。我每次做完展演和交流，内心总感到很空洞。我发现，我们只传达了一种表现形式：泡了一杯茶而已。而事实上，我们是茶的故乡，茶的祖国。在茶文化宽泛的外延下，我们自己内核的聚焦到底是什么？这是我一直在思考的问题。

后来我来到北京，很多人会和我说：“我们跟你学茶吧。”学茶应该用什么形式呢？于是我便开了一间茶馆，把茶馆做成学堂的形式，希望它是非常聚气的，能回到茶的根本。在做学堂的过程中，我觉得

profile

王琼，中国茶道专业委员会指定茶道教师、中国茶艺师评定标准制定者之一、和静茶修学堂创始人。著有中国首部茶散文《白云流霞》，录制出版《中国茶道经典》（VCD），出版《泡好一壶中国茶》原创教材功能书籍。

“茶艺”这个概念好像还不足够，“茶道”这个概念又过“重”，也无法表达我对茶的理解，所以我心中逐渐萌生出“茶修”这一概念，意在表明一个茶人应该有自己特属的修养，呈现茶人精神。

有了理念和精神，我又进一步思考：我们茶人到底要干什么？我想到“借茶修为，以茶养德”的宗旨，于是我的脉络就很清晰了。有了理念、宗旨，还有具体的实施方法。结合了理念中“日日行茶，时时修持”，借由一杯茶的表达，假以时日，在规矩里，在我们重复的表达当中，逐渐接近理想目标，就逐步达到“内外兼修，同养太和”。这就是“茶修”的由来。

知中：所以“茶修”这一概念的提出主要是由你自己的思考得来的，对吗？

王琼： 很多人都会问我“‘和静园’是怎么来的”“‘茶修’是怎么来的”，我现在觉得，只要自己能够足够专注地去思考，上天的信息就可能传递给你。

“茶修”实质介于“茶艺”和“茶道”之间，我们泡一杯茶，其中既有“艺”，即技术，还要有精神层面的参悟，即“道”。在这两者之间，它通过“艺”到达“道”，再从“道”回归于生活。最后落地于生活，去践行，这叫“修”。

我生命中最重要的成长阶段，都在这习茶的20余年中，所以对我个人而言，最重要的“修”就来自我的成长历程。从第一期课程开始到现在，我们的学堂基础课程已经迎来了近70期学员，这一路走来，我自己也在不停成长。所以“茶修”的价值和意义，是关乎生活与生命的。

知中：在践行“茶修”的过程中，你有没有遇到困难与困惑？

王琼： 困惑是有的，但也许一件事情的对立少了，困惑也就没那么多了。这些年里，我并没有特别想要标新立异，我只是在默默地做着我自己要做的事情。但的确有一些其他声音出现，尤其是在2013年，我正式把第一节课落地之后，上课的人觉得很有收获，感慨“原来茶还可以这样喝”，但也有一部分人质疑：喝杯茶为什么要这么麻烦？我之所以能坚持下来，在于我对“茶修”的深入思考，以及对目标的明确。我知道，“茶修”不是简单的两个字，而是一种文化聚焦和表达。它后面有庞大的理论基础。我创建了和静茶修的礼仪规范，其中有“行茶十式”“茶师十律”“茶席六要”。这些东西经过一段时间后，也逐渐被大家接受和认可。

还有一些学员就是带着疑问来的，想来和静园看看自己到底能学到什么。在这一过程中，他能通过一杯茶与自己安静地沟通，获得一个与自己对话的通道。这杯茶足够让他全身心地去接受和感悟，这样他与自然、与其他人的关系也就建立了。当他们从和静园学习茶修、感受到富足以后，就会带着别人来体验。所以口碑相传也是我们学堂可以持续和发展的重要原因。

知中：喝茶、品茶可以说是一种非常慢的生活方式，你觉得如何让这样的生活方式融入这个飞速发展的时代中？

王琼： 我前几天写了一篇文章，其中有句话就叫“这个时代是匆忙和快速给我们做的背景”。这是一个二元对立的世界，有快就必然要有慢去制衡，否则这个时代就会严重失衡。

我做的这杯茶就会让每一个身处“快”中的人以一种温柔的方式“慢”下来。喝茶不是让我们全都去“慢”，你每天给自己一杯茶的时间，去停顿、去思考、去放空，也许这个“慢”就成为了你最快的速度。喝杯茶也许就是人们获得某种哲学智慧的途径。在喝茶的过程中，人们得以和自我转换，和时空转换，和当下的一切纠结转换，这样就没有什么不可化解的了。

知中：你前面提到了"行茶十式"，能否请你详细讲讲它的由来？

行茶一式：主客行礼

茶师入座
行 15°示意礼
以示传递一份恭敬
同时安顿了品茶的氛围

行茶二式：备茶

将备在茶叶罐里的茶旋转倾倒于茶荷上
旋转茶叶罐的手势环抱内敛
四指并合，从外向内

行茶三式：温器

主泡器内外温热彻底
以便干茶发香
每个动作心手合一，自然流畅

行茶四式：投茶、摇香、闻香、传嗅

将主泡器置于胸前
摇香三次唤醒干茶
闻香时主泡器向内打开 15°的缝隙
切忌对茶呼气

行茶五式：温杯

温热品茗杯
手语是茶人行茶时的表达
四指并拢拇指贴合"手容恭"
双手协调动作，不越物不交叉

行茶六式：润茶

注水及出汤的速度相对要快
润茶的水弃于水盂
没有多余的动作

行茶七式：泡茶

冲泡不同茶叶时的注水手法各有不同
观
双手捧起盖碗"观照自我、觉知当下"
止
盖碗平移到胸前"知止中正、止语止念"
行
以太极的轨迹出汤"内外兼修，重在践行"

行茶八式：分茶

公杯底不朝向客人
均分茶汤
谦恭平等

行茶九式：请茶

双手请茶，敬奉佳茗

行茶十式：品茶

左手执杯以为礼
右手托杯以为敬
感恩之心以为品

王琼：可以说，我一直走在"如何去泡这杯茶"的路上。1999年，我参加了第一届中国茶艺大赛，并获得三等奖。那段时间里，我一直在反复练习冲泡技术，还创立了"白云流霞"主题茶艺，把文化和形而上的精神都融入了茶中。回来以后，我就被全国各地的大赛邀去做评委了。那时有许多选手在泡茶的展演中，越来越脱离茶的根本，歌舞和表演占的比重更多。

我逐渐发现，首先，即便有好的茶，你也一定要具备好的冲泡能力，才能正确地表达茶。很多人只是拿水冲茶，不知所以然。其次，茶文化也在逐步发展，"二十四式""十八式""三十六式"等都出来了，然后天南地北全是这一套。像"关公巡城""韩信点兵"，完全是潮汕乌龙茶里的茶艺表演，选手不知道它们是什么概念就拿来用。比如有时候，茶席上已经匀杯了，他还会用"关公巡城"来匀汤。再往后发展，摆上茶席，上面一定要有香和花，但实际上香一燃，就夺了茶味，也分了人的心神，花一插也分了观众一部分的注意力和心念。这些现象都让我感受到，茶最应该去寻找一种清净之心，所以我的茶台上绝对不燃香。品香要专心致志，喝茶更是如此。对文人雅士而言，虽然这些装饰物是必备的，但作为当代人，我们要有当代人的理解。

在茶席上，茶是我们要守候的，我在做“茶师十律”中就提出要“致心于茶”。当我想冲泡一杯好茶，器具选择正确就好，别的东西就不要复杂，和谐才是最大的美。最高境界的审美就是“我坐在这里，我泡茶，我就是茶”，不要费太多心思去为了美而美，这就有了“行茶十式”。

知中：在泡茶中，茶、水、器具都十分讲究，你觉得泡好一杯茶最重要的是什么？

王琼：心。做茶人就要回到人的根本，首先你要学会选择正确的茶，不是价格高的，而是正确的。人在茶的面前要培养平等心，不要区分好坏，心境好一样能泡得很好。

知中：茶在你的生命中扮演什么样的角色？

王琼：我31岁时做了这个茶馆，从不懂到慢慢了解，再到用全部的生命去做这件事，茶在我最重要的生命成长历程中起到了绝对的承载作用。现在我的工作是我在成长阶段获得的，我在用一杯茶汤把这些所得表达出去。

在成长过程中，人们所需要的光明和爱，我都是从一杯茶的行茶礼仪、修养惠德中获取，然后再把我获得幸福的能力传递给别人。一个人是这样，一个家庭是这样，一个民族也是这样。所以我的课程的灵魂就是借一杯茶照见自己，修正自己，做更好的自己。当我梳理完这些脉络后，我要把我修理成一个茶人的样子，一个我自己喜欢的样子。

和静园内茶具陈设 ©徐雅 摄

知中：那你现在喜欢自己的样子吗？

王琼：我在今年过生日时写了一篇文章《我喜欢我现在的样子》。我希望我未来的样子会更好，就顺着这一杯茶的通道接近我的理想。

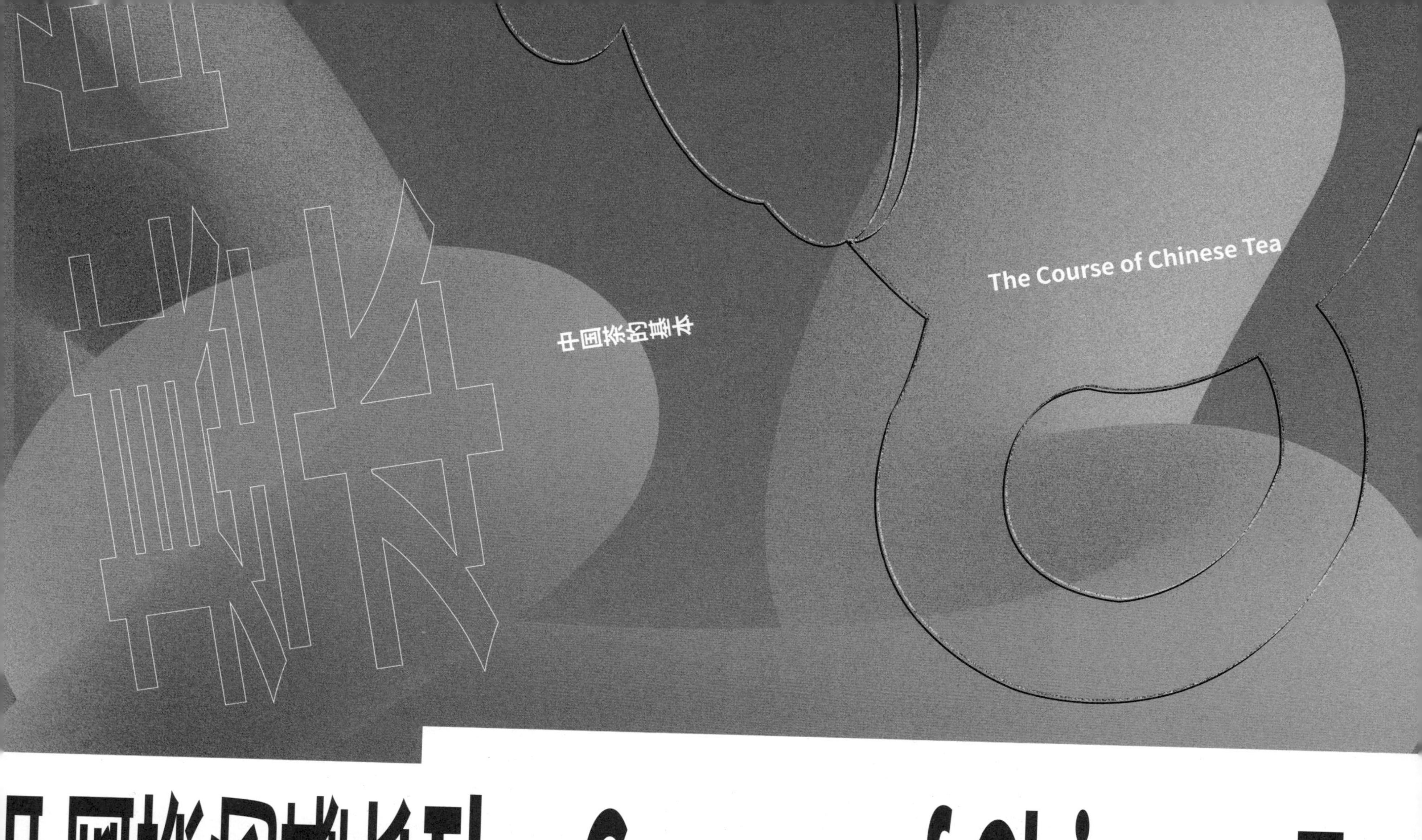

中国茶的基本
The Course of Chinese Tea
中国茶的基本The Course of Chinese Tea

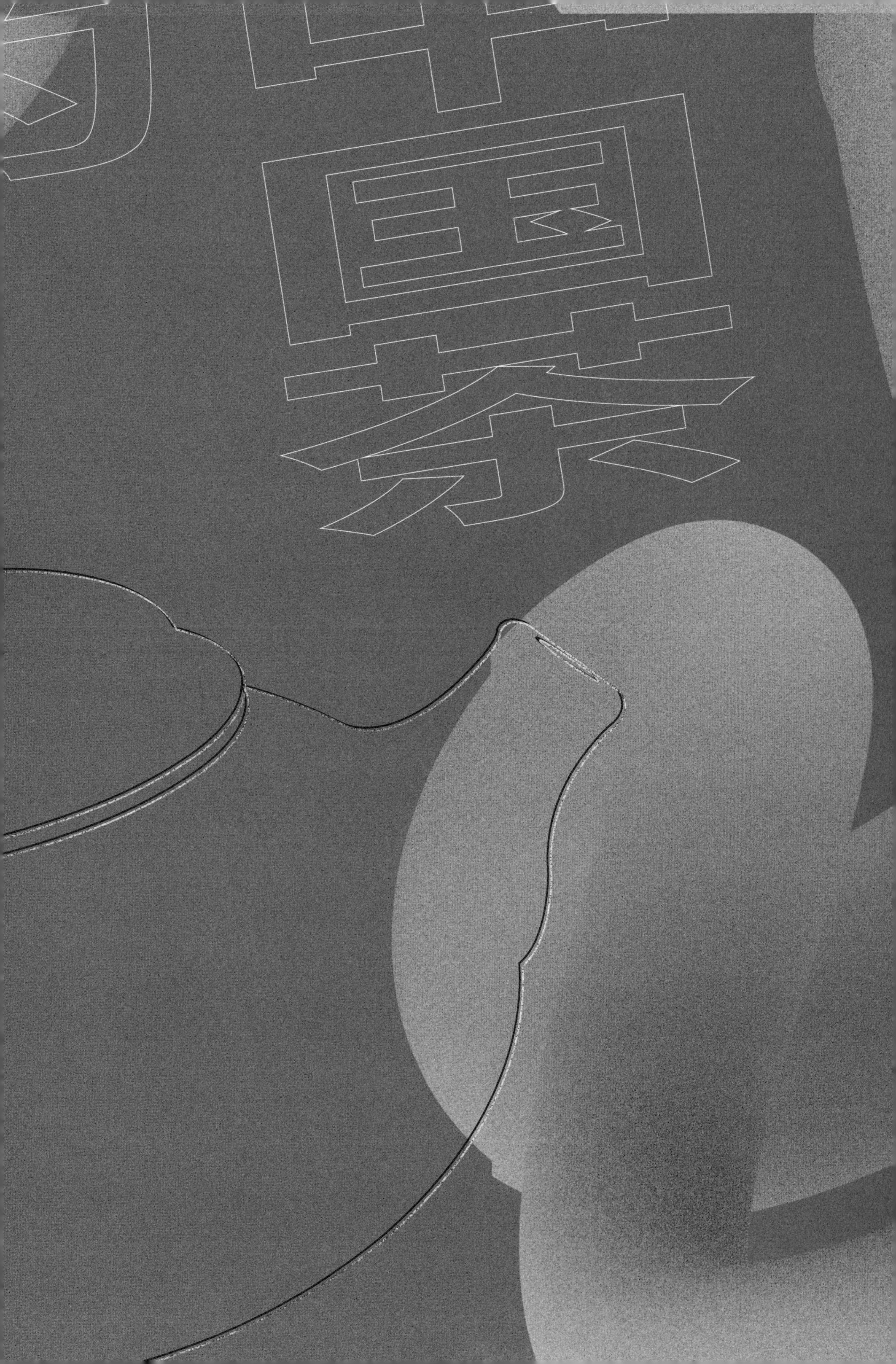
茶

27 文：王帆 编：陆沉 绘：周若伊曼 text: Wang Fan edit: Yuki illustrate: Zhou Ruoyiman

日长何所事，茗碗自赏持：老茶具中的别趣与诗意

Appreciation of Old Teawares

随着茶叶种植技术的发展与饮茶习俗的变更，饮茶器具也在不断发展变化。从先秦的陶器、青铜，到唐宋的“南青北白”、茶炉茶碾，再到明清的青花紫砂珐琅彩，埋藏在时代中的老茶具成为了见证一段历史的依据，为后世解读古代饮茶史打开了一扇窗户，使后人得以一窥古人饮茶生活的别趣与诗意。

新石器时代

新石器时代，人对茶的认识仅停留在药用价值阶段。早在距今8000年左右的新石器时代早期，陶器便已出现。当时的陶制品可看作早期茶具的源头。分布于长江下游环太湖流域的良渚文化是新石器时代陶器制作的代表。

战国原始瓷鼎式炉

战国

战国时期，南方一带士人阶层已开始饮茶。时人以炉煮茶。图为仿青铜器的原始瓷鼎式炉，盘口，垂腹，三外撇式足，口部两侧有两耳，系陪葬用的明器。

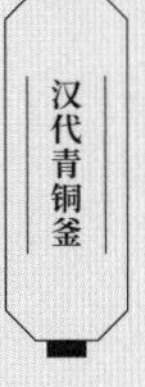

秦汉

秦汉时期，人们采用羹煮法饮茶，出现了以青铜釜为代表的煮茶器具。将茶碾碎后，加入葱、姜、盐等，在釜中煮饮。汉代兽耳青铜釜敛口，平底，腹微鼓，器壁较薄，两侧肩部有对称的兽面环形把手。

东汉时期的原始瓷烧制技术更为成熟。彼时饮茶在南方四川一带士人间流行，以煮茶为主，时称“茗粥”。图为陪葬用明器，由火膛和烟囱及灶体组合而成，灶体上再承一双耳釜及敛口釜，是东汉时期灶台的真实写照。

汉代原始瓷灶

魏晋南北朝

两晋南北朝是越窑青瓷发展的初期阶段，南方一带的士族上层渐渐流行饮茶。南方越窑繁荣发展，越窑青瓷茶具在这一时期涌现，并出现了为防止茶碗烫手而设计的新型茶具：盏托。

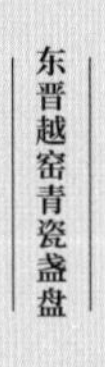

唐

唐代茶叶种植面积大增，茶事兴盛，饮茶方式更为艺术化。茶叶以团饼茶为主，多煮饮、煎饮：将茶饼炙烤后放入茶碾中碾成末，入茶罗筛选，以茶盒储茶；将水放入茶釜，置于风炉上煮至“水泡如鱼眼”，投放茶末。饮茶方式的细致化使相应的茶具应运而生。陆羽在《茶经·四之器》中提到的茶器便有29种之多。

唐代陆羽著《茶经·四之器》中的茶具

风炉，用以生火煮水。

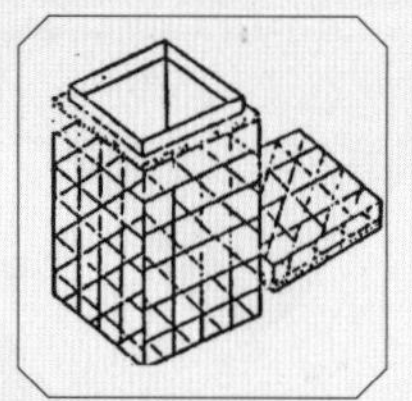
莒，采茶之茶笼。

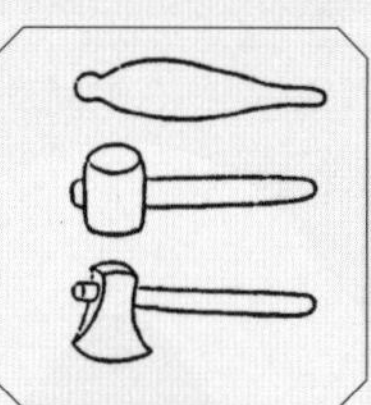
炭挝，用以碎炭。

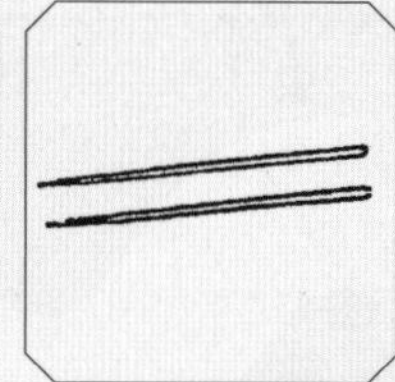
火夹，用以夹炭入炉。

鍑（釜），用以煮水。

交床，置放茶釜。

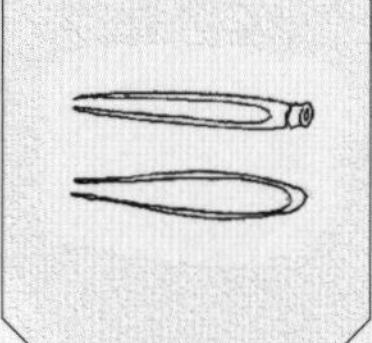
夹，用以夹烤茶叶。

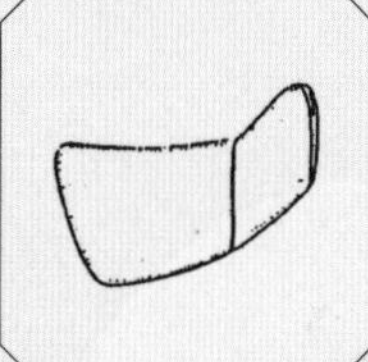
纸囊，包茶贮香。

碾与拂末，用于碾茶、扫拂。

罗合，以罗筛茶，以合贮茶。

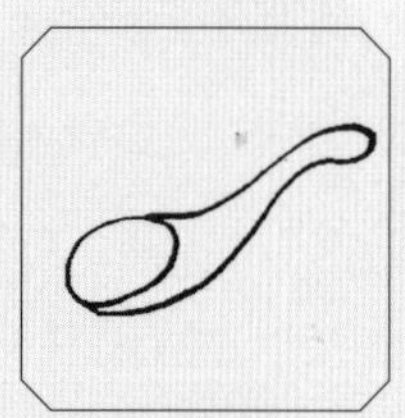
茶则，度量茶末。

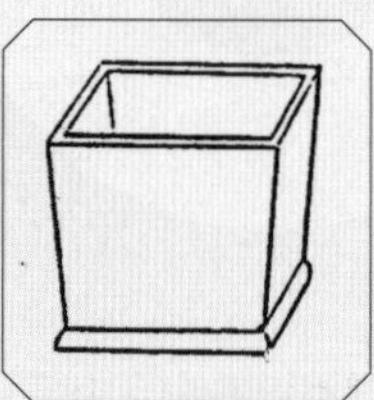
水方，用以贮生水。

漉水囊，用以过滤水质。

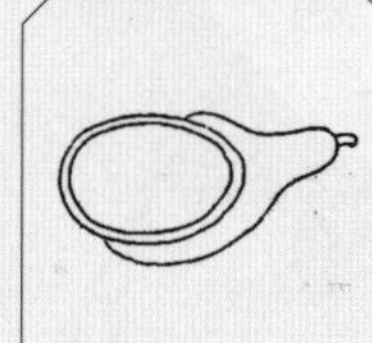
瓢，用以杓水。

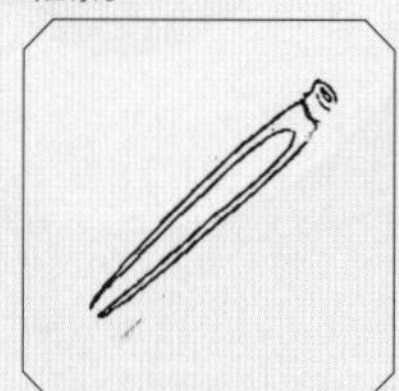
竹夹，搅汤之用。

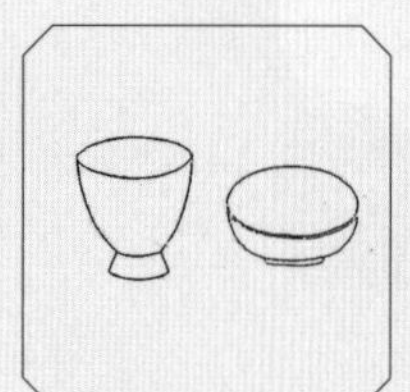
鹾簋、揭，用以贮盐花和杓盐花。

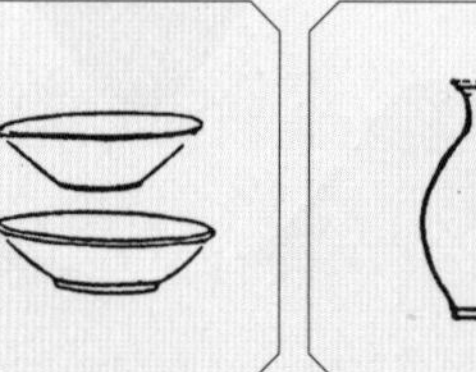
碗，饮茶用。

熟盂，贮放沸水。

畚，贮碗用。

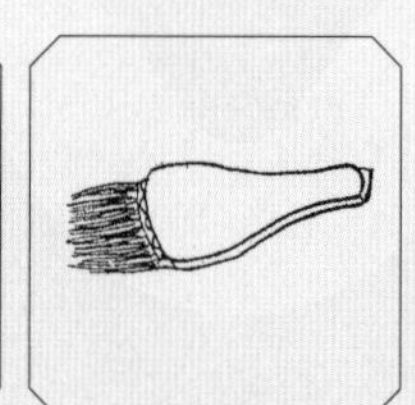
扎，洗刷器物。

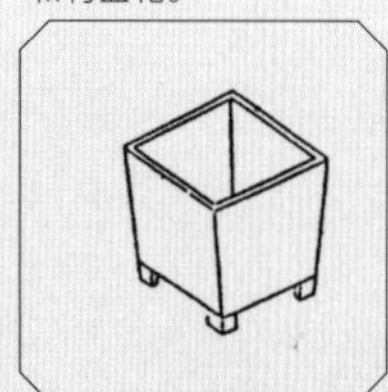
涤方，贮洗涤用水。

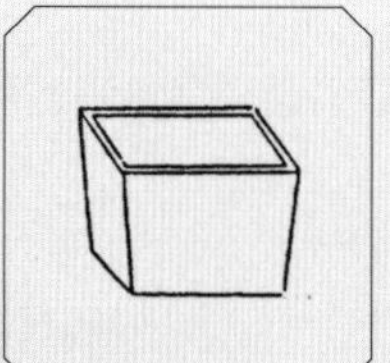
滓方，收纳茶渣、沉积物。

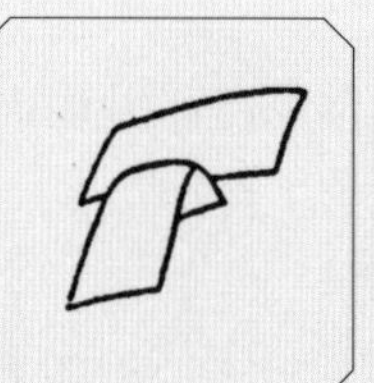
巾，擦拭器具。

具列，用以陈列茶具。

都篮，收纳器具。

唐代陶瓷业发展迅速，以越窑青瓷和邢窑白瓷为代表，形成了“南青北白”的局面。越窑地处浙南，茶叶经济发达，使越州青瓷成为诸多瓷窑中的佼佼者。其中以茶瓯最为典型。茶瓯又分为两类，一类以玉璧碗底为代表，“口唇不卷，底卷而浅”；一类碗口为花形，圈足稍外撇。邢窑位于河北内丘，陆羽认为邢“稍逊于越”。邢窑白瓷坚实致密，瓷化程度较高，更为大众化，以白瓷茶碗较为典型。

唐代对外交流高度频繁，广泛吸纳西方金银器加工工艺与琉璃制作技术，制造了大量金银及琉璃茶器。其中以1987年出土于法门寺地宫的鎏金银茶具与琉璃茶盏及盏托最具代表性。

宋

宋代茶叶品饮更为考究，以点茶和斗茶最具特色，茶具艺术也进入一个全新阶段。不同于唐代的煎茶法，点茶法是将茶叶末置于茶盏，再用汤瓶点茶注汤。因而茶筅、汤瓶、茶盏成为宋代点茶必备的器具。审安老人绘《茶具图赞》，将宋代12种典型茶器分门别类，并“封”以官爵，时称“十二先生”。

宋代审安绘《茶具图赞》中的“十二先生”

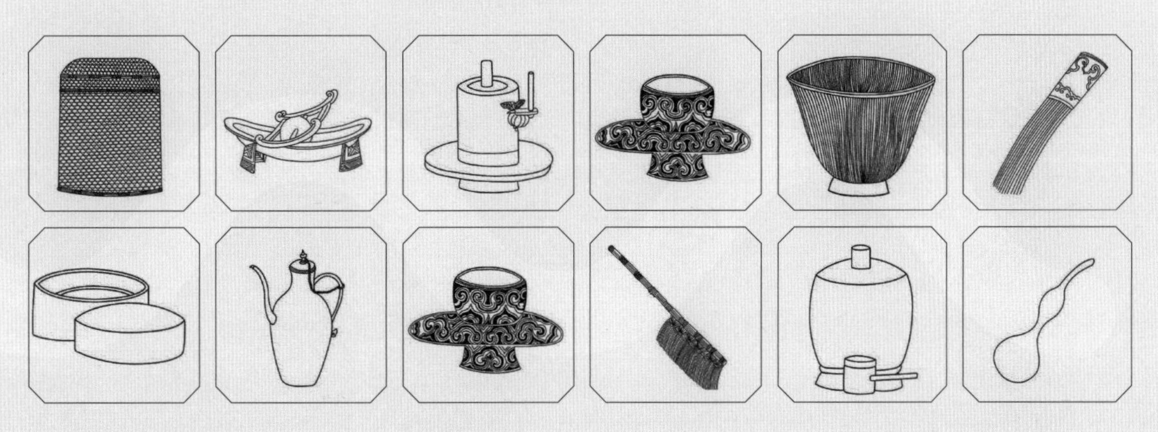

宋代陶瓷技术炉火纯青，窑口数量为史上之最。汝、定、官、哥、钧五大名窑形成于此时。汝窑瓷胎色灰白，胎质细腻，釉层较薄；定窑以白瓷著名，另有酱釉、黑釉、绿釉更为名贵；官窑主要为南宋宫廷烧制礼器及生活用器；钧窑瓷器经窑变表面生成自然纹样。传世哥窑瓷胎骨较厚，以仿古代青铜器物为主。

元

元代处于唐宋团饼茶向明清散茶冲泡的过渡阶段，瓷器发展也处于承上启下的地位。元青花大量外销。卵白釉是元代瓷的创新品种，由青白釉发展而来，釉层更厚，呈失透状，又名鹅蛋青。相传此类器具为元代枢密院定制烧器，故称“枢府釉”。

元代枢府釉印花折腰碗

明清

明清时期，散茶替代了团饼茶，冲泡方式较前朝大大简化。茶碾、茶罗、汤瓶等茶器皆废弃，壶盏搭配的茶具组合一直沿用至今。明清茶以“青翠为胜”，“盏以雪白者为上”。点茶法被淘汰，宋代推崇的黑釉盏式微，景德镇白瓷取而代之。

明治三十一年，黑川新三郎所编著《清赏余录》中的插图。

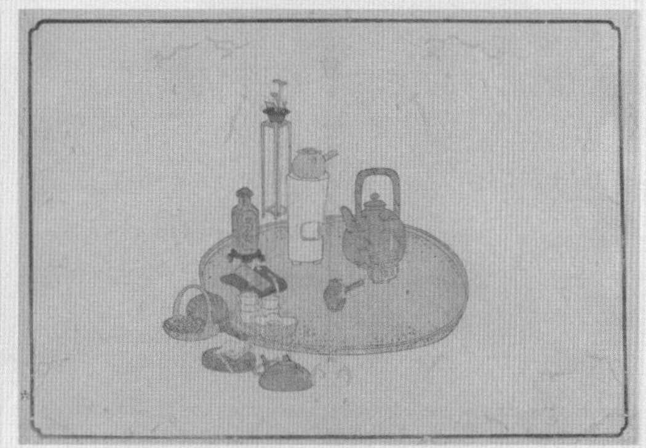

酒井中恒编、松谷山人吉村画《煎茶图式》中的插图。

景德镇在明清两代成为瓷都，制瓷工艺达到历史高峰，制造的茶器品种多样，造型各异，釉色丰富，有青花、釉里红、单色釉、珐琅彩等。其中以青花瓷最具代表性。成熟的青花瓷诞生于元代，并大量销往海外。清代康熙、雍正、乾隆时期，青花在烧制工艺和产量上都达到历史高峰。青花瓷属釉下彩瓷，其制作是用氧化钴料在坯胎上描绘纹样，施釉后高温一次烧成，青白相映，华而不艳。青花茶具种类多样，以茶壶、茶碗、茶洗、茶海、茶盘、茶船等最为常见。

明代的散茶冲泡直接推动了紫砂壶业的发展。相传紫砂矿土最早由江苏宜兴金沙寺僧发现，而宜兴进士吴颐山的家僮供春被认为是紫砂壶制作的鼻祖。《中国陶瓷史》记载紫砂器早在宋代就已出现，北宋梅尧臣就曾在《宛陵集》里留下“小石冷泉留早味，紫泥新品泛春华”的诗句。紫砂壶由于其独特的材质与窑烧方式形成了致密的双气孔结构，吸附性强，能够保存茶香，使茶味醇厚隽永。茶素日渐渗入陶质，只泡清水亦能散发茶香。清代紫砂壶制作工艺大大提高，造型多样，以石瓢、合欢、匏瓜、井栏等壶式为典型。其中“西泠八家”之一的陈鸿寿所设计的“曼生十八式”最为著名。明清时期，文人铭壶兴盛。陈鸿寿将金石、书画、诗词与造壶工艺融为一体，他与宜兴紫砂名家杨彭年合作的曼生壶更是为世所珍。

历代茶具图鉴

Illustrated Handbook of Ancient Tea Sets

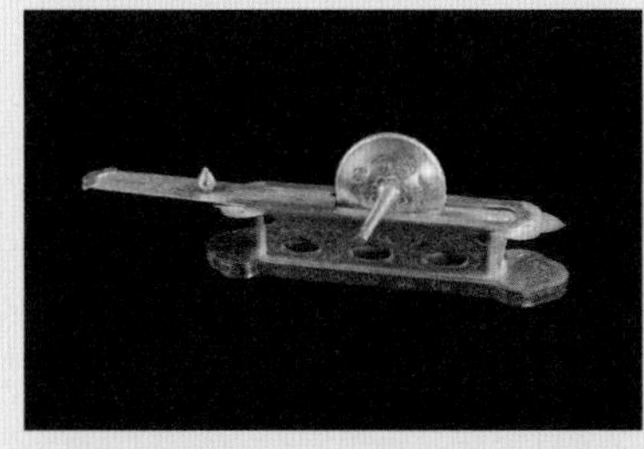

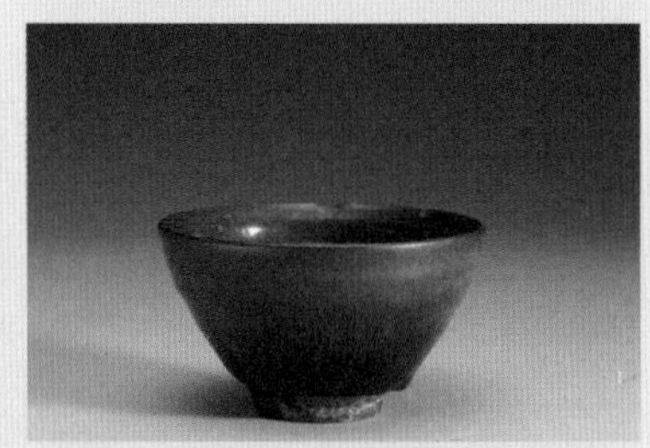

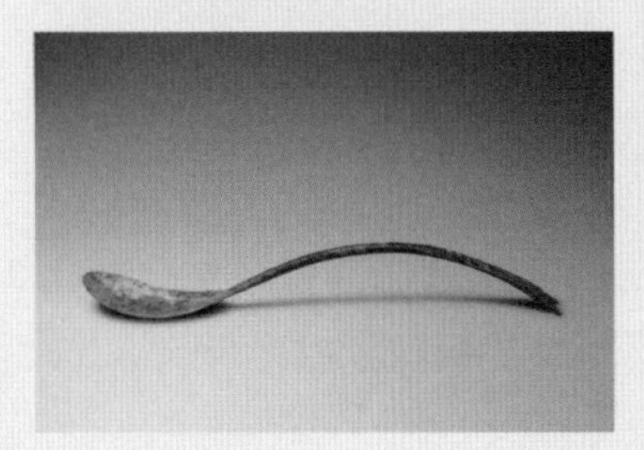

1	4	7
2	5	8
3	6	9

1 白釉煮茶器 ◎唐代
◎广东省博物馆 藏
出土于河南洛阳，系明器，由茶碾、茶炉、茶釜及盏托组合而成。

2 越窑海棠式杯 ◎唐代
◎北京故宫博物院 藏
杯口为花瓣形，杯足较高，外撇。造型借鉴波斯萨珊王朝金银器，西域风格浓郁。

3 三彩杯盘 ◎唐代
◎北京故宫博物院 藏
杯盘由承盘、小罐和六个小杯组成，系陪葬明器，是唐代现实生活细节的再现。

4 邢窑白釉玉璧足茶碗 ◎唐代
◎台北“故宫博物院” 藏
白釉瓷器最早见于北齐，唐代邢窑白瓷成为北方瓷窑代表。玉璧足碗始于唐代，以底足像玉璧而得名。

5 鎏金银茶槽茶碾 ◎唐代
◎法门寺博物馆 藏
唐代宫廷御用茶器。1987年出土于陕西省扶风县法门寺地宫。

6 琉璃盏托 ◎唐代
◎法门寺博物馆 藏
唐宗室供奉。1987年出土于陕西省扶风县法门寺地宫。

7 邢窑白釉瓷执壶 ◎晚唐至五代
◎台北“故宫博物院” 藏
执壶又称注子、偏提、汤瓶。此壶敞口长颈，溜肩弧腹，短流，三条纽形把手。唐代执壶以酒器居多，五代及宋代以茶器居多。

8 建窑黑釉兔毫盏 ◎宋代 ◎台北“故宫博物院” 藏
宋人斗茶喜白茶，宜黑盏，以福建建阳窑黑釉盏最为著名。兔毫盏因釉面结晶出现兔毛状纹路而得名。

9 定窑划花回纹盏托 ◎北宋至金
◎台北“故宫博物院” 藏
托盘敞口高圈足，碗敛口，与盘接合，中空无底，饰以回纹。使用时托子上可放置茶碗，避免滑落。

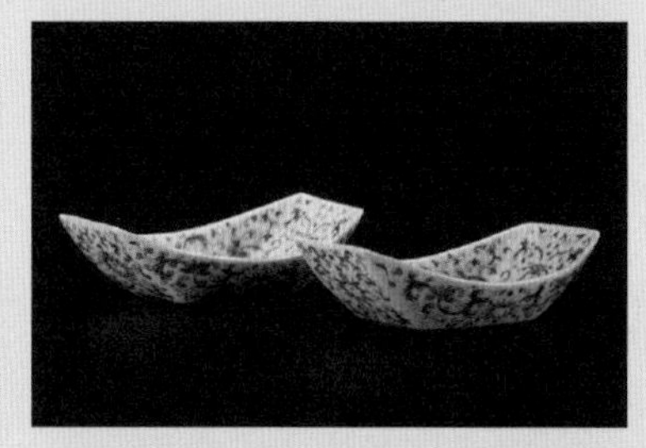

10	13	16
11	14	17
12	15	18

10 官窑青釉盏托 ◎宋代
◎北京故宫博物院 藏
盏敛口、弧腹，釉面醇厚，开冰裂纹。传世极少，颇为珍贵。

11 官窑枢府釉卵白瓷碗 ◎元代
卵白釉是元代瓷的创新品种，由青白釉发展而来，釉层更厚，呈失透状，又名鹅蛋青。

12 青花云龙提梁茶壶 ◎明代
◎台北“故宫博物院” 藏
壶短颈圆肩，鼓腹圈足，以腹部五组团龙纹为主体纹饰。肩部两侧向上起虹桥式提梁。造型醇厚饱满，代表了明中后期官窑青花的制作水平。

13 五彩云龙纹茶叶罐 ◎明代
◎台北“故宫博物院” 藏
罐敛口硕腹，平底凹足，罐腹绘穿莲龙纹。全器结实厚重，加重密封，保持茶叶干燥。

14 松石绿地粉彩花卉纹茶船 ◎清代
《饮流斋说瓷》载：“乘杯之器谓之盏托，亦谓之茶船，明制如舟，清初亦然。”此茶船内为松石绿釉，粉彩纹饰，口沿描金。

15 粉彩连年福寿纹蓝地茶壶 ◎清代
◎台北“故宫博物院” 藏
小圆口，短直颈，圆腹凹足，曲流弓形把。全器以粉彩绘饰转枝莲花，画功细腻。

16 铜胎画珐琅黄地彩花开光人物盖碗 ◎清代
◎台北“故宫博物院” 藏
铜胎侈口，深壁矮圈足，黄釉地，绘缠枝花卉纹，腹部三面开光，内绘人物山水。

17 玛瑙茶杯 ◎清代
◎台北“故宫博物院” 藏
玛瑙质，侈口敛腹，深壁薄透而略带乳浊，日光下观之有鱼鳞状片纹

18 曼生铭提梁紫砂壶 ◎清代
◎上海博物馆 藏
此壶为杨彭年制作，曼生与频迦书刻，器身做瓜形，瓜藤做提梁。传世的彭年曼生壶颇多，但在一壶上分别由两位文人撰、铭书刻的则弥足珍贵。

28 采+文：王帆 编：陆沉 interview & text: Wang Fan edit: Yuki

传统与创新的平衡点，正是乐趣所在

Seeking Balance between Tradition and Creation

大道至简 青瓷艺术家郑峰

Interview with Zheng Feng: Praising the Simplicity of Celadon

宋代六大窑系之一的龙泉窑位于浙江省龙泉市，始于三国两晋，兴于南宋，结束于清代，是中国制瓷历史上最长的一个瓷窑系，以烧制青瓷而闻名。龙泉青瓷传统烧制技艺于2009年成功入选人类非物质文化遗产代表作名录，成为全球唯一一个联合国教科文组织认定的陶瓷类“非遗”项目。这些温润如玉的龙泉青瓷，又被欧洲人誉为“雪拉同”。

profile

郑峰，龙泉市非物质文化遗产“龙泉青瓷烧制技艺”代表性传承人，中国传统工艺大师，中国工艺美术家协会理事，中国青瓷文化研究院（香港）执行院长。龙泉市郑峰青瓷工坊为2014年APEC会议、联合国教科文组织、G20峰会与2017年“一带一路”峰会用瓷指定设计制作单位。

郑峰的青瓷创作取法南宋瓷韵，化繁为简。

知中：在青瓷的创作与烧制领域，你已坚持了20多年。当初是如何萌生这一想法的呢？

郑峰：我的父亲是位医生，在我小的时候，他工作的卫生院就在龙泉窑的创烧地——大窑附近。我那时经常跑到大窑古窑址，捡古瓷残片把玩。对青瓷的情结从那时就开始了。高中毕业后，我跑到了离县城40多公里的木岱村，到国营龙泉瓷厂一分厂和我的表舅学习青瓷制作。后来又跟随中国陶瓷艺术大师、浙江省非遗传承人卢伟孙老师制作青瓷烧制技艺，一做便是20多年。时间除了打磨我的技艺，还赋予我更丰富的内容，而这些经验与思考都会体现在器物之中。

青瓷猴壶 ©郑峰 制

知中：相比明清的青花粉彩，宋元青瓷更加朴素内敛。你是如何用青瓷来传达极简美学的？

郑峰：化繁为简是我一贯秉持的青瓷创作理念。我的青瓷创作在造型上取法南宋瓷韵，追求清雅高逸的宋词意境，力求在保留古朴端庄的造型、明快流畅的线条和青翠晶莹的釉色之上融入龙泉青瓷1700多年窑火不断、生生不息的历史文化，和“大道至简”的审美意蕴。大道至简，说起来很容易，但要用作品的形式反映出来就很难。越是简单的青瓷就越是难做。打个比方，看到刻字、雕花的青瓷，人们往往只会注意上面的图案和字体，从而忽略了器形，但如果是纯素的青瓷，器形、釉色好坏偏差就十分明显了。为此我也在不断尝试粉青釉、梅子青釉色的独特配制技艺、多次施釉和薄胎施釉技术以及厚釉烧成技术和哥窑的开片控制技术，以求还原宋代素雅极简的审美情趣。

知中：青瓷烧制追求薄胎厚釉，制作条件严苛。听说你在制作APEC会议上的“美人醉”时，经常在烧成之后发现没有一个可用的，只能忍痛敲碎。青瓷制作的过程为何有如此大的不确定性？

郑峰：国宴青瓷的制作过程十分不易，其中最大的难点就是青釉配方和施釉。施釉是青瓷烧制中最复杂、神秘的一个环节，一般来说，釉色越厚，素胚越薄，烧制出来的青瓷“玉质感”就越佳，但每多上一道釉，难度就越大。为了获得最佳效果，我还采取多次素烧、多次施釉的复杂工艺，使釉层变得更加丰厚，色泽更加沉稳。但是每多施一次釉，成品率下降20%。青釉在1300°C高温中烧制是缓缓流动的，所以薄胎厚釉是我们挑战烧制的极限。同时，还需要熟练地掌握烧成

青瓷荷叶形盖罐 ◎郑峰 制

美人醉 ◎郑峰 制

“美人醉”又称“豇豆红”“海棠红”或“桃花片”，是景德镇的著名瓷器品种。郑峰创制这件作品时运用了自己研发配置的复合釉色

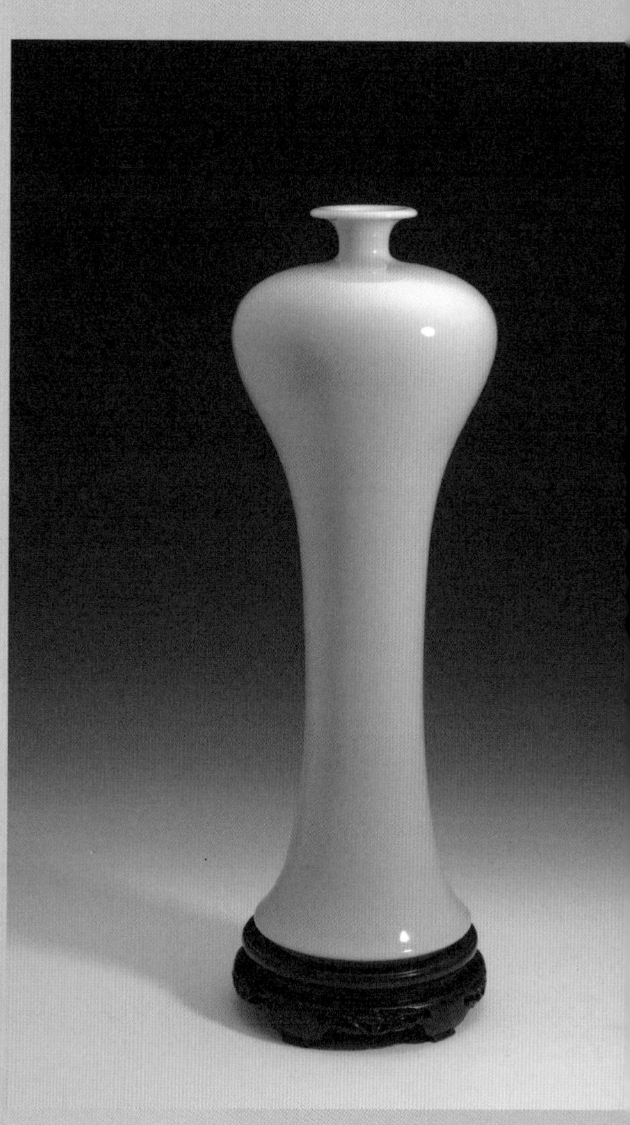

手工盖碗 ◎郑峰 制
盖碗又称“三才碗”，以盖喻天，以碗身喻人，以托喻地。

温度和还原气氛，创造出青玉般的粉青釉和翡翠般的梅子青釉。

知中：你曾经说，创作青瓷就是要在矛盾之中寻找平衡。你又是如何平衡传统与创新的呢？

郑峰：龙泉青瓷在烧制工艺上完成了胎坯、釉色、多次素烧、多次施釉以及熟练掌握烧成温度和还原气氛等复杂工艺后，产品结构也进行了重大的调整。在制作“美人醉”时，我们运用到了自己研发配制的一种复合釉色，也称“天青秘色釉”。它是由龙泉本地含有多种元素的天然矿物釉料，高温烧制后，在还原气氛中产生窑变浴火而出的。龙泉青瓷陶瓷烧制要经过几十个小时，烧制过程中对温度的把控非常严苛，何时升温何时停火，都很有讲究。“天青秘色釉”是复合色，只有经过这样的过程，才能呈现深浅明暗等各种变化，幽雅而深邃。

知音盏 ◎郑峰 制

在以文人为导向的宋代社会，茶的品饮更具文化性与趣味性。其中以点茶和斗茶最具特色。宋人点茶推崇“白汤”，故“宜黑盏”，以福建建窑黑釉盏最为著名。“建安瓷盌鹧鸪斑”“兔毫瓯心雪作泓”，建盏纹饰瑰丽多变，是高温窑变自然形成的结果。几千年后的今天，饮茶习俗几经变迁，却有一位80后的建盏匠人还在坚持传承这一古老而神奇的技艺。

profile

林杰，国家非物质文化遗产项目建窑建盏制作技艺代表性传承人。师从建盏大师许家有先生，创办守艺建盏陶瓷工作室。作品大撇口兔毫盏在2014年上海国际礼品工艺品创意设计展览会中获工艺美术金奖；作品油滴梅瓶被南平市博物馆永久收藏。

知中：作为机械设计出身的"理工男"，是什么契机让你接触并投身于建盏手工制作的呢？

林杰： 建盏的古窑址就在我的家乡。小的时候，古窑址的山头上到处都是宋代建盏的残片，我从小就跟这些残片打交道。家乡的古窑址从唐末开始烧制黑瓷，两宋发展到顶峰。明代朱元璋废团茶改散茶，建盏失去市场，直至完全断代。1979年，福建省轻工所等单位成立科研小组复烧建盏。随着国企改制，重建的瓷厂解体。直到了上世纪90年代中期，一些瓷厂的老职工才开始陆续制作仿品。

我父亲和我的师父许家有老师是世交，小时候我常在师父的工作室玩，耳濡目染，从小就对建盏兴趣浓厚。毕业之后，我也从事过和大学专业对口的模具设计的职业。那几年建盏市场慢慢升温，最终决定回到家乡从事建盏制作。系统的学习只用了两天，建盏制作更多是靠个人的反复练习和对器形的理解。

知中：能否和读者简单分享一下建盏烧制的过程？曾经的专业是否对建盏的制作有所帮助？

林杰： 古代陶瓷制作选址以靠近原材料为原则，便于取土。建盏选址在水吉古窑址周边，将土和釉料的矿石挖回来，淘洗，打浆，过滤，再进行拉坯和烧制。陶瓷是火与土的结合。建盏制作最与众不同的地方在于对胎土的要求和对火的控制。水吉镇的土质得天独厚，其中铁、石英等成分的含量最适宜做建盏。建盏的釉色对温度和氧化还原气氛非常敏感，偏差1—2°C，釉色和花纹就会改变。而其他瓷器烧制的温度范围可能在10—20°C之间。

柴韵，兔毫盏，现已被福建省民俗博物馆收藏。

“绛红”柿红盏 ◎林杰 制

建盏为我国传统名器，宋代名瓷。为点茶需要，宋代建盏口径较大。

理工科出身让我对器形、线条和尺寸的把控更有分寸。建盏的釉色种类繁多，每一种成釉的范围、氧化还原的强弱都是靠不断地实验总结出来的。我每烧一窑都会画一个烧制曲线图表，把数据整理记录下来，找到规律，也使效率大大提高。

知中：与宋代相比，现代人的饮茶方式大有转变。你是如何对传统建盏进行改造与创新的呢？

林杰：我做建盏始终本着实用的原则，要符合现代人的饮茶习惯。宋代建盏为了点茶需要，口径较大，盏壁较厚，以便保温，让泡沫更持久。但对于现代人来说过于笨重，不够美观方便。所以我在保留宋代经典器形的基础上将其同比缩小。每烧一批盏，我都会先自己使用，根据实际体验，不断调整尺寸和壁厚，到现在已经改到20多个版本了。

知中：建盏烧制的成品率很低，人为因素难以控制。辛苦选料、拉坯、施釉后的建盏很有可能在开窑时“全军覆没”。你如何看待这种具有不确定性的制作工艺？

林杰：刚开始很不适应，辛苦付出了那么多，出来之后全都废掉了。但现在已经被建盏“逼得”有点“麻木”了。从小看师父做盏，我已经有一定心理准备，虽然第一次开窑还是有些沮丧。直到烧了七八个月之后，某一天早晨开窑，拿出第一只盏，突然感觉“亮瞎了”，终于看到了让自己满意的成品。那些烧制失败的盏，我舍

“幽兰”油滴盏 ©林杰 制
建盏是根据斑纹命名的。烧制的高温易使瓷器产生挂釉现象，从而自然形成建盏的斑纹。“油滴”便是建盏斑纹的一种。

不得像别人那样砸掉，会全部封存放到仓库里，也会拿出来和现在的作品不断对比。这也有助于我不断改进制作水平。其实这种不确定性也赋予了建盏更高的艺术价值。每一只建盏都是独一无二的，是人工和自然共同作用的结果，有一种“即兴”的趣味在里面。

知中：相对机器生产，手工烧制产量较低，耗时更长。你认为建盏的纯手工制作在现代社会存在的意义是什么？

林杰：我的师父从事的是批量化生产，机器压坯，用模具制作出来的建盏摆在桌子上都是一模一样的。但老的建盏、宋代的建盏，全部都是手工拉坯，壁厚非常均匀。就算是同一种器形、同一个大小，每一个建盏的曲线还是各有千秋。手工制作的建盏，有的秀气，有的狂野，跟人一样，有它的独立性和独特性，这是机器生产不能比拟的。

知中：建盏作为茶具曾在宋代红极一时。你认为建盏这一古老的茶具在现代社会扮演着怎样的角色？

林杰：建盏所有的花纹都是经过不可思议的窑变而产生的，具有不可控性。建盏施釉时都是单一釉色，但烧制时会出现兔毫、油滴等不同的花纹。这也使建盏有很高的美学价值。站在宋代的审美高度，建盏素雅内敛，有着自身的文化内涵与时代表征。一只好盏可以百看不厌。除了作为茶器之外，建盏在今天有着更高的艺术价值与收藏价值。

中国茶的基本
The Course of Chinese Tea

中国茶的基本
The Course of Chinese Tea

元古本店店主在店内独立规划了一个小庭院，仿日本枯山水庭院造景。

29

文：徐雅 编：陆沉 text: Xu Ya edit: Yuki

茶食不简单

Tasting the Way of Tea Snacks

茶食一词，从广义说来，包括茶在内的糕饼点心之类的统称。在《大金国志·婚姻》就载有："婿纳币，皆先期拜门，亲属偕行，以酒馔往次进蜜糕，人各一盘，曰茶食。"所以，在中国人的心目中，茶食往往是一个泛指名称。而在茶学界，茶食则往往指用茶掺和其他可食之物料，调制成茶菜肴、茶粥饭等茶食品，即是指含茶的食物。

茶食作为佐茶的点心，大多外形精美小巧，口味多样，通常以量少质优为主要特点。茶食中蕴藏的是中国人对啜茶品味的体现，一口小小的茶食，饱含了中国人传统饮茶的生活情趣。

茶食品种繁多，包括各式糖食、蜜饯、炒货和糕点等。总的特点就是甜酸口味，味感浓郁，不仅美味可口，有的还能起到生津开胃的作用。其中，创于清朝道光庚子年的老字号——震远同所创的茶食“四珍”，是最为老百姓所熟知和喜爱的。

震远同 茶食四珍

玫瑰酥糖

玫瑰酥糖属于浙江省级非物质文化遗产项目的一部分，是浙江湖州四大地方传统名点之首。是中华老字号震远同“茶食四珍”中的一珍，玫瑰酥糖是由“屑子、酥心、骨子”制作而成，极富江南传统风味。

从外形看是外圈白，中间灰，心子红。白的是以薄如纸的麦芽糖浆裹以米面粉，中间灰的是拌了黑芝麻粉，心子是玫瑰加粉。比麻将牌略大的一块酥糖，要做得如此细致实在不易，集香甜润滑酥于一身。过去是粗草纸包外加一红色纸条，现是用盒子加拎袋，前者传统富人情味，后者时尚携带方便。

牛皮糖

牛皮糖金黄透明，有弹性、黏性，且不发硬，以白砂糖、白芝麻、淀粉、花生等为原料，制作出了花生牛皮糖、松子牛皮糖、原味牛皮糖、草莓牛皮糖、山楂牛皮糖、橙子牛皮糖等多种口味，成为震远同“茶食四珍”中的一珍。

牛皮糖韧且晶亮的糖体裹着白芝麻，一个个盘成大铜钱似的，吃的时候可以解开扯断，放一段在嘴里可以嚼上半天，那种滑润和香甜的口感和茶汤相得益彰。现改进成了多形多状的糖体与包装，更方便了大众。

椒盐桃片

用黑芝麻粉、盐、糖相混合成薄片状，不仅特别薄脆，每片外面都有一圈白色米粉，起甜咸调和作用，而且每片中央都有三四丁胡桃肉，金黄透亮，入口满嘴生香，甜咸相济。震远同的椒盐桃片的主要特点是色幽片薄，有桃、麻香味，口感松脆，甜中带咸。

核桃糕

它是震远同运用现代技术开发出来的新产品，由白砂糖、麦芽糖、核桃仁、玉米淀粉、黑芝麻、枸杞子、黄酒等制成，并有三种口味，分别是阿胶核桃糕、桂圆核桃糕和南枣核桃糕。其特点是质地细腻、柔软，口味滋糯、纯甜，有突出的桃仁清香。中医学认为，红枣、胡桃、桂圆肉、阿胶、黑芝麻均是健身养颜之良药。因此，核桃糕不仅具有硬、有嚼劲等特点，还有很高的营养价值。

直到现在，震远同的茶食“四珍”依然是过年过节送给亲朋好友的首选。当然，随着糕点制作技术的变化，以及受到西方甜品的影响，年轻人也逐渐钟爱起“新中式”茶食。

Tasting the Way of Tea Snacks

元古本店

位于北京箭厂胡同内的元古本店，是北京第一家“新中式”茶食店。他们本着“用最朴实的食材，还原食材本身之味”的理念，结合四季变化，加入中国传统文化中的二十四节气元素，创造了一道道富有韵味又好吃的茶食。

四季茶食

传统文化中的二十四节气元素，创造了一个个富有韵味又好吃的茶食。

春季 茉莉清茶酪

食材：茉莉花茶、淡奶油、蛋白。
口感：有淡淡的茉莉花茶的清香，慕斯轻盈，入口即化。
特点：食材简单，一突出轻盈口感，二还原食材本味。
外观：盛放在竹筒里，因为绿茶、竹子都是春天生长的植物，因此这款甜品能够代表春季甜品。

夏季 乌麻豆腐团子

食材：老豆腐、黑芝麻、杏仁片、巧克力、淡奶油。
口感：口感层次丰富，偏甜。烤过的杏仁片香气浓郁，口感酥脆。
特点：选择老豆腐，味道鲜明。
外观：圆形团子状，夏季吃豆腐能够消暑，风味多样。

秋季 枸杞米酒糕

食材：米酒、枸杞、饼干底、淡奶油。
口感：酸甜，口感层次丰富，底层是烤过的饼干底，最上层是新鲜的米酒。
特点：秋季天气逐渐变凉，米酒起到温润作用，枸杞作为药材也是是秋天滋补的好食材。同时米酒也是许多人儿时的回忆。
外观：方形糕状。

冬季 雪耳百合团子

食材：银耳、百合、芝士、淡奶油。
口感：烤过的芝士味道浓郁，银耳的软糯与新鲜百合的轻脆相结合。
特点：银耳是冬季比较滋补的食材，银耳和百合的搭配是在新中式甜品的基础上，用最纯真的食谱还原食物的本味。在清代的《随园食单》中就有了这两种食材的搭配。
外观：圆形团子状，通体雪白，映衬冬季的景色。

元古本店室内环境质朴、素净，店内景致与食物皆随四季变化。

店铺介绍/info

元古本店，创意新中式甜点。顺应四季节气的更迭，用四季食材呈现食物的自然本味。
以传统时令节气为灵感，选用新鲜手作食材，研制了二十四节气新中式甜点。从食材的变化中，让人联想四季的自然风景。悦耳动听的品名和淡淡的清香，透过一份精致小巧的茶点，传递自然之美是我们的目的。温暖与记忆让我们的手作时令茶点变得特别。元古一直在思考，运用寻常生活的传统朴素食材，融合美学的思想，制作出有创意并为年轻人所爱所接受的茶点。
将环境、意境、心境融入食境里，品尝到的不只是食物本身，而是属于季节的飨宴。这里不仅仅是一家甜品店，也是食物与美的结合，更是美食生活空间。

元古本店闹中取静，店内以原木桌椅、水泥砖墙、手作器皿营造出了清静闲逸的气氛。

知中：如何将节气的元素融入茶食当中？

元古本店：一开始我们就是打着四季的概念和节气的概念。主要原因是现在的饮食越来越不注重食物本身的味道了，我们想用简单的食材体现出它最本真的味道。其实古人是很注重食物的本味，很纯粹的，我们想还原这种生活方式，所以我们会突出食材的本味。

在做食物的设计时，我们也会根据季节、节气来做。例如根据二十四节气中每个节气的故事和自然界的变化来设计我们的茶食。

知中：你原来是学服装设计的，是什么原因让你开始与食物打交道？

元古本店：其实吃东西是一件很幸福的事。服装设计虽然是设计类的，但是设计师不一定能完全按照自己的意愿去设计衣服。而做甜品的时候，可以感受每一个食材的本味，它们相互融合搭配，会碰撞出意想不到的味道，这是很有意思的一件事。

中国喝茶的人其实不少，但是很少有年轻人喝茶的地方，因此我们想做一个“新中式”理念的茶食店，这也是让年轻人接受并了解中国传统文化的一个途径。我们想把二十四节气的含意通过甜品表达出来，结合自然界的感知，用甜品的造型传递给人们一种直观感受，让大家领略每一个节气的不同。

知中：“元古”二字中蕴含着何种深意？

元古本店：“元”是最初的意思，“古”是过去的意思，代表我们对过去的一种敬仰。

知中：在店内空间的设计与装修上，哪些细节是用来配合元古的风格与主题？

元古本店：突显“融合传统和现代感”的特色。基于融合理念，室内装潢设计、器具用品，都经过精心设计，与传统工艺师合作，尽量避免那些地域特色过于明显的装饰元素，从而达到一种融合的整体感觉。

知中：“元古本店”传达着什么样的生活态度与理念？

元古本店：即使是最简单的东西，只要用心地去对待，把自己的情感和精神一点点地注入其中，就会有意想不到的结果。

在坚持用心制作中式甜点的同时，我们也附设展示空间，除了日常售卖来自世界各地的手作器皿、布艺和木作，还定期举办相关展览，把目光投射到日常生活的各个细节。从茶点出发，将我们对于生活的理解传递给大家。

老茶馆见吧！市井茶俗小探

Exploring Old Teahouses Hiding in Streets

茶是我们中国人的饮料，口干解渴，推茶是尚。茶字，形近于荼，声近于槚，来源甚古，流传海外，凡是有中国人的地方就有茶。人无贵贱，谁都有分。上焉者细啜名种，下焉者牛饮茶汤，甚至路边埂畔还有人奉茶。北人早起，路上相逢，辄问讯："喝茶么？"茶是开门七件事之一，乃人生必需品。

——梁实秋《喝茶》

北京 BEIJING

店铺介绍 / **老舍茶馆** ©王帆 摄

北京老舍茶馆始建于1988年，其前身可追溯到1979年的前门大碗茶。如今的老舍茶馆位于前门西大街，毗邻北京古商业街大栅栏，地理位置独特，文化底蕴深厚。

中国各地历史地理条件与经济文化发展的差异性，造就了饮茶习俗明显的地域特征与民族特征。各地茶俗在古老饮茶方式的基础上长期积淀，不断演变，既折射历史，又反映现实生活与大众文化心理。无论是市井街头的茶摊茶亭，还是闹中取静的茶楼茶馆，都成了各地饮茶习俗的依托与集中体现。

details

淮河以北地区并不是茶叶的主产地，但饮茶历史已有千年之久，并形成了独具特色的饮茶习俗。北方人性格豪爽，多不拘小节，喜用大壶沏茶，大碗喝茶。其中以北京的大碗茶尤为出名。

大碗茶是当地百姓、来往行人喝来解渴的茶。闹市街区，车船码头，田间地头，一张木头桌，几条木板凳，再支起一个白布篷，这样的茶摊茶亭在旧时的北京随处可见。如今北京老舍茶馆的创始人尹盛喜先生，当年便曾在前门大街支起茶摊，以卖两分钱一碗的大碗茶起家。

北京人喝大碗茶喜泡花茶。花茶又称香片，由新茶和鲜花拌和窨制而成。新茶充分吸收花香，浓郁醇厚，耐冲耐泡。北京人喝花茶，原是因为旧时饮用井水，水质硬而苦。而用茉莉花和绿茶一起冲泡，可以中和水的苦涩。久而久之，这便成了老北京特有的一种饮茶习俗。梁实秋先生曾在散文《喝茶》中提到，自己“平素喝茶，不是香片就是龙井，多次到大栅栏东鸿记或西鸿记去买茶叶”。梁先生出生于杭州，喝惯了西湖龙井，却还是抵挡不住“香片”的诱惑：“父执有名玉贵者，旗人，精于饮馔，居恒以一半香片一半龙井混合沏之，有香片之浓馥，兼龙井之苦清。吾家效而行之，无不称善。”小叶花茶最受老百姓青睐。北京有句顺口溜：脚下一双趿拉板儿，茉莉花茶来一碗儿。灯下残局还有缓儿，动动脑筋不偷懒儿。老北京市井风韵呼之欲出。

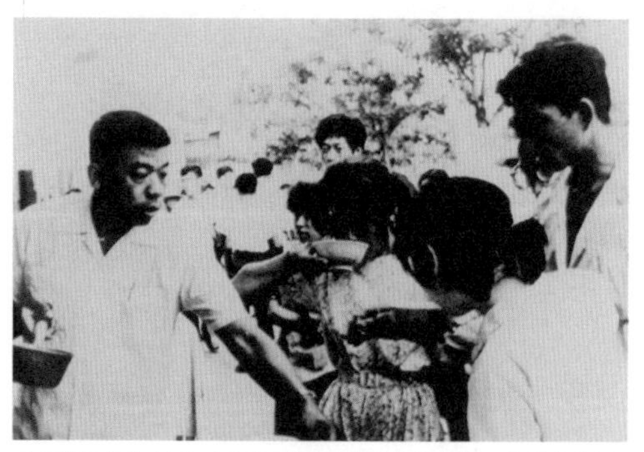

老舍茶馆京味十足，是展示老北京茶文化与传统民俗艺术的场所。

店铺介绍 / **陶陶居** ◎夏亦珺 摄

陶陶居创建于清光绪年间，原址位于广东西关第十甫。据说原茶室主人 妻子名“葡萄”，因此得名“葡萄居”。1927年，茶楼大王谭杰接手 此店，更名“陶陶居“，寓意”来此品茗，乐也陶陶”。陶陶居初创 时，雇用十多名小和尚专门去白云山九龙泉挑水烹茶。

粤式早茶的茶点有干、湿之分。干点有如烧麦、虾饺、流沙包、萝卜糕等，湿点包括艇仔粥、龟苓膏、双皮奶等，其中最为著名、最有特色的大概非虾饺莫属。好的虾饺，外皮晶莹剔透，口感柔韧，内里的虾仁鲜嫩甜爽，让人食指大动。在广东喝早茶，壶中没水时，应开盖示意续水；他人为自己斟茶时，应轻叩桌面以示感谢。

在广东，人们照面常讲“得闲饮茶”。广东人早、中、晚皆喜饮茶，其中早茶最为讲究，“叹早茶”的风气也最盛。岭南地区气候温暖，广东人习惯早早起床上茶楼，“一盅两件”，一壶早茶慢慢品一上午。

广东早茶习俗的盛行可追溯到清代。乾隆年间“一口通商”政策使得广州成为当时全国对外贸易的第一大港。茶叶、瓷器、丝绸从全国各地源源不断运送至广州，再销往海外，广州经济空前繁荣，茶市兴旺。至咸丰同治年间，早茶习俗盛行。

据说当时佛山出现了一种叫“一厘馆”的食肆，门口挂着写有“茶话”二字的木牌，木头桌凳，粗茶小点，供路人歇脚。后广州出现了名为“上茶居”的茶座，规模不断扩大，至光绪年间，“茶居”纷纷改为“茶楼”，茶点愈发精致多样，广东人上茶楼“叹早茶”的习惯日趋成形。

广东人叹早茶，饮的多为菊花茶、普洱、铁观音、寿眉等。中国人大都“就茶喝茶”，广东人却将茶点佐食发展到了极致。既有叉烧包、虾饺等岭南特色包点，又兼收西点的制作特长，自成一派广式风味。广东早茶中的“茶”逐渐成为配角，茶点品类不断丰富，也成为广东饮食文化的重要组成部分。

旧时曾有江西茶客为广州老字号茶楼妙奇香题过一副对联：

为名忙，为利忙，忙里偷闲，饮杯茶去；
劳心苦，劳力苦，苦中作乐，拿壶酒来。

大名鼎鼎的陶陶居也有一副对联与其相得益彰：

陶潜善饮，易牙善烹，恰相逢作座中君子；
陶侃惜飞，夏禹惜寸，最可惜是杯里光阴。

广东人“叹早茶”的情趣与心境尽在这两副对联中。如今，茶楼已不单单是饮茶品点之地，而成为广东人聚会商谈、联络感情、交换信息的重要社交场所；“叹早茶”也早已融入广东人的骨子里，成为他们特有的生活方式与性格表达。

店铺介绍 / **艺圃 延光阁** ©唐菁霞 摄

艺圃位于苏州阊门内天库前文衙弄，始建于明嘉靖二十年(公元 1541年)，为袁祖庚醉颖堂，属苏州名园之一。延光阁凌驾于园 中水面之上，是现今苏州园林中最大的水榭。

店铺介绍 / **南园茶社** ◎张恒、马梦怡 摄

南园茶社始建于1898年，被誉为“江南第一茶楼”。茶楼初名“福安茶馆”。辛亥革命时期，同盟会陈去病先生与茶楼隔河而居，常到茶楼与柳亚子等进步文人畅饮笑谈，针砭时事，并筹划建立进步文学团体“南社”。经其提议，“福安茶馆”更名为“南园茶社”。

“洞庭山有茶，微似岕而细，味甚甘香，俗称吓煞人。”这“吓煞人香”说的便是今天的碧螺春。碧螺春产自苏州吴县太湖的洞庭山。饮茶自古便是苏州人“偷得浮生半日闲”的消遣方式。

江南地区流传一句俗语：“早上皮包水，下午水包皮。”旧时老茶客早早便到茶馆点一壶茶慢慢喝，喝到满肚子茶水，便是所谓的“皮包水”。吃饱喝足，下午再到澡堂热气腾腾泡个澡，就是所谓的“水包皮”了。旧时苏州茶馆临街枕河，遍布大街小巷。从文人雅士到车夫小贩，都有各自聚集的茶馆，自成一体，绝不会走错门。苏州老茶客将泡茶馆称作“孵茶馆”，再生动不过。三五老友茶馆相聚，人各手执一壶，品茶论道，谈笑风生；再听得评弹一曲，苏州人的闲情逸致尽在杯盏之间。

汪曾祺曾说，“我的学问都来自泡茶馆”。茶馆更像是一个社会环境的缩影，社会各阶层的人汇聚于此，分享奇闻逸事，苏州人称之为“茶会”。旧时茶会当属三万昌最负盛名。苏州有句老话，“吃茶三万昌，撒尿牛角浜”。旧时三万昌颇具规模，上百张茶桌座无虚席，更是当时苏州米行、酱园、油坊的齐会之地。

苏州人喝茶还有一个特别的去处。苏州众多茶室掩映在各色园林之中，到园林里喝茶是苏州茶客的境界所在。曲栏长窗，水榭亭台，使“喝茶”回归了古人的诗意，妙趣横生。

“江南第一茶楼”南园茶社中设有“曲苑班”，茶客可在这里听评弹、小调。

南
入相

店铺介绍 / **彭镇老茶馆**

©李光谦 摄

彭镇观音阁老茶馆位于距离成都市区二十多公里的双流彭镇马市坝街，是成都仅存不多的川西民居风格老茶馆。

彭镇老茶馆坐落于成都双流县，当地老人有喝茶的习惯。早上8点，喝早茶的茶客已陆续回家，上午9点左右，第二拨茶客又会到来。

成都被誉为“泡在茶碗里的城市”。巴蜀是中国茶的发源地之一，自古饮茶风气盛行。茶馆数量更是全国之最。清末《成都通览》记载成都街巷516条，其中茶馆便有454家。2016年，据成都市茶楼行业协会不完全统计，成都茶楼茶馆已逾3万家，可谓“三步一茶馆”。

成都人喜花茶，茶具则沿用北方惯用的盖碗。成都茶馆在茶客桌上不备茶壶，而是由“茶博士”拎着长嘴紫铜大茶壶给茶客斟茶。所谓“茶博士”，即是茶馆里掺茶跑堂的堂倌，因身在茶馆，广结三教九流之客，见多识广而得名。“茶博士”斟茶技艺高超，“张飞骗马”“苏秦背剑”“隔山望海”……花样繁多，滴水不漏。

四川有句老话，“头上青天少，眼前茶馆多”。晒不到太阳的成都人都聚到了茶馆里“摆龙门阵”。巴蜀地处西南盆地，天然闭塞，而茶馆接待四方往来之客，更成为了传播信息的场所。

竹靠椅是成都茶馆的又一特色。四川产竹，竹制靠椅可躺可坐，泡上一整天都不会倦。茶馆里卖报纸、掏耳朵、擦皮鞋的小贩穿梭往来，自成一景。

位于双流的彭镇老茶馆是成都少有的留存上百年的传统茶馆，至今还保留着20世纪五六十年代的装潢风格。当地上了年纪的人把这里当成自己的家，终日泡在茶馆里，喝茶打牌，逍遥自在。成都人“嗜茶如命”的图景尽在其中。

彭镇老茶馆的装潢还保留有20世纪五六十年代的影子。

采+文：王帆 编：陆沉 图：孔洪强、夏亦珺 interview & text: Wang fan edit: Yuki photo: Kong Hongqiang, Xia Yijun

用"学古"定义创新：专访不二空间孔洪强

Interview with Kong Hongqiang: Redefining the Approach of Creation

Interview with Kong Hongqiang: Redefining the Approach of Creation

5700块宋代窑砖，6000件中国古茶器，200件中国民用老家具，100件欧洲古董军品，十几条徽州古房梁……不二人文空间如同一个时光机，融合年代感与工业气息，用"学古"定义创新，探索现代饮茶空间的另外一种可能。

profile

孔洪强，在工业设计行业从业17年，带领设计团队服务过众多国内外五百强消费类电子企业，累计设计上市产品五百余项，并多次获德国红点奖、iF奖；深圳不二人文空间联合发起人，民用古茶器藏家；"学古"品牌创立者。

不二人文空间的大门。

孔洪强认为，小到桌面，大到整个国家喝茶的氛围，都叫茶席。

知中：工业设计出身的你，是如何与茶结缘的呢？

孔洪强：我与茶是“以器结缘”。我从小就喜欢集邮、集古币。古币上的文字是对不同朝代的记录，信息量很大。我小学时收集这个单纯是出于喜好，发展到后来便开始集邮。因为我学美术，考到了景德镇陶瓷学院之后，又开始玩瓷片，继而开始收集完整的瓷杯。其中一些品相比较好的，洗刷之后就变成了我自己喝茶的杯子。有的人因为口味的喜好而喝茶，有的人为了提神醒脑而喝茶，我是因为“茶器”才和茶结缘的。

知中：和我们分享一下不二人文空间的创建过程吧。为什么会以“不二”来命名自己的茶空间？

孔洪强：不二人文空间是由我和我的朋友们一起创建的，其中有三个资深茶人，四个设计公司的总监，我们几人平时经常聚在我的办公室喝茶。久而久之，我们觉得应该有一个属于自己的空间来喝茶。不二空间就是因为我们共同的生活方式而出现的空间。喝茶已经成为了我们生活的一部分，需要建造这样一个空间来满足朋友们喝茶聚会的需求。所以建造的初衷其实是“为己所用”。

佛教里有“不二法门”的说法，中文的表达里有“说一不二”。“不二”在这个空间里的解释其实非常简单。不二空间的logo左边是大写的阿拉伯数字“1”，右上角写着“不二”两个字，简单直白，还曾凭借这种“去设计化”的风格获得2015年中国GDC平面设计大奖。阿拉伯数字“1”代表西方，“不二”代表东方，东西交融而产生唯一性；“不二”是一个物，一个空间，一个人的聚集地，这些事、人、物是唯一的。因为在中国，没有人把一个茶空间当成生活方式的孵化器来做，我们做的事情有一定的唯一性。要做一个有态度的空间，取名不二，即是唯一。

“不二空间”的“不二”，指的是“做事说一不二”。

知中：你曾在深圳茶博会的“中日韩茶席大赛”上凭四组茶席布置一举包揽了比赛的金银铜及最佳创意奖。你的茶席设计又秉承了怎样的审美理念？

孔洪强：“席”，在中国的理念里并不是一个篾匠编成的织物，而是指人坐的位置。汉唐时期，人们“席地而坐”；而现代，我们经历了从“席地而坐”到垂足坐的转变，这也是生活方式从低姿态到高姿态的改变。坐姿的转变致使很多器物家具的出现。古时的茶席是没有桌子的，客人坐的是客席，主人坐的是主席，“主席”的称谓也由此而来。在我的理解里，茶席可以小到一个杯子，一把茶壶，一张桌面；大到房间，再到城市，甚至到整个国家喝茶的氛围。茶席可大可小，可以是虚像，也可以是实像；可以是茶杯茶盘，也可以是一个国家饮茶生活方式的体现。因此茶席布置首先要了解“席”在哲学中的观念。

我在茶席布置上秉承的审美理念源于生活，即表现生活的高水准，兼顾美学与实用的原则。从工业设计师的角度来看，设计茶席的本质是要解决人和器的关系，茶和器的关系，以及各种器具之间的关系。比如主次关系，疏密关系，色彩关系，形体关系，高矮关系，前后关系，使其符合人机工程学，保证泡茶过程的顺畅，动作的流畅。这些关系解决清楚了，茶席自然而然就形成了。

现代人的生活往往缺乏仪式感，我们希望通过茶席来恢复生活中的仪式感。当人们遵循仪式感来泡茶的时候，就会放慢脚步；理顺了茶席的同时，理顺了思路，也理顺了自己的心情和心态。所以茶席更是个人内心的一种表现。中国人的生活需求已由物质转向了精神，在标准化与礼仪化的层面还有一些欠缺。茶席可以看成一种生活方式的教具。

知中：不二空间收藏了6000多件古茶器，这些老茶具都是怎样收集而来的？

孔洪强：现在不止6000件，已有10000件之多了。不二空间有三个核心发起人，除我之外，一个是潮州工夫茶非遗传人陈再粦老师，一个是藏家李杰老师。这10000多件茶器是我们三人共同收集而来。因为我们志同道合，有共同的爱好，就把这些老物件集中在一起，让它们来发声。我们每年会拿出利润的10%去收集中国的民用古茶器。皇家茶具只代表了工艺的高度，而民间的茶具是有实用性的，记录了历代饮茶文化与生活的变迁。这么多的中国民用古茶器堆放在这里，可能全部加起来都不抵故宫里一个元青花花瓶的价格，但它的文化价值远远高于经济价值。

知中：那么请分享一件你最喜爱的藏品吧！

孔洪强：我最喜爱的藏品是我4岁时和姑妈在宜兴买的第一把紫砂壶。我今年40岁，当别人问我有没有什么老茶具时，我就会拿出这把用了36年的老茶壶。这个茶壶对我意义非凡，因为我自己有别人所没有的“器场”。一把茶壶，在一个小孩儿手里，可能过不了多久就摔碎了。这把壶伴随我度过了小学、中学、大学时光，直到现在开了茶室，它还完好无损。这可能就是一个喜欢器物的人的“器场”。

知中：你在不二人文空间的基础上创建了自己的文创品牌“学古”。你是如何解读“学古”这两个字的？

孔洪强：当年我从一名苏州藏家处收来了一件清代的老“臂搁”[1]，臂搁上刻着“学古”二字。我当时让八九岁的女儿翻译这两个字，她说学古就是学习古人。简单的解释其实道出了其中真正的含义。所谓“学古”，“学”字在前，代表我们要以一个学生的心态向古代好的人、事、物和生活方式学习。正因如此，学古的东西以素雅为主。手工杯表达不出古人的潇洒与神韵，那我们就从素坯的器形学起。我们也不学皇室茶器的精细繁复，而是复刻民用茶器的大众审美。

“学古”与“创新”字字对应。“学古”是回头看、找老师的过程，创新是向前走、试错的过程，二者都必不可少。学古与创新，既是对立的，也是互补的。而学古是一件不容易犯错的事情，设计师只是在一堆成功案例里面去找适合现代人的东西，找对老师就成功了一半。我希望以后在每间无印良品店的旁边都有一家“学古”的店，专做中国东西，里面有

在孔洪强看来，“学古”是一种方法论。

1 臂搁也称腕枕，是古代文人用来搁放手臂的文案用具，以竹雕最为常见。能够防止墨迹沾在衣袖上，也可以在书写时减轻腕部的压力。

不二空间内有一个中国民用古茶器博物馆，里面有孔洪强及友人从各地搜集的古茶器。

床单、杯子、锅碗瓢盆，每件产品以设计师的名字命名，把有中国气质的老物件改一下尺寸和工艺，让它更适合现代人使用。

知中：饮茶曾是古人必不可少的生活习惯。在生活节奏加速的今天，“饮茶”二字是否有新的深意？

孔洪强：茶在历史上曾先后作为药、汤品和人文活动（如宋代的斗茶）出现在人们的生活中，这与当时的社会习惯和风俗有关，是社会背景的反映。茶在古代是文人士大夫的饮品，多数时候是上层阶级的享物。茶当是生活方式的一种表现和载体。喝茶这件事情，是稍微有一点麻烦的。这种“麻烦”造就了我们面对事情，有时候要举轻若重，有时候要举重若轻。人在泡茶和喝茶的时候，表现的是真我。当下的心境决定泡的茶的好坏：泡茶是否顺畅；水温是否掌握得当；是否能将茶的优点泡出来，将缺点屏蔽掉。心神不宁，压力很大，或是着急忙慌，是泡不好茶的。

我们中国人常说“柴米油盐酱醋茶”，其实在潮汕和福建泉州、漳州等地，说的是“茶米油盐酱醋柴”。茶是当地人生活方式的切入点。起床喝茶，来了客人喝茶，市井街头百行百业，都放一个小板凳在旁边，上边摆着三个茶杯，一个茶壶。茶在很多时候变成了一种生活教育，包含着待人接物的传统礼仪。生活节奏越是加速，越需要通过喝茶来调节气息。喝茶如同读书，可以调节你独立思考的能力和反省内心的过程。喝茶这件事，更像是一种修行。这在崇尚快速消费、追求快速切入的今天，其实并不矛盾。

不二空间中的民用茶具展示。

知中：西方文化大量涌入的今天，都市年轻人似乎已丢失了饮茶的习惯，而是选择走进星巴克。对此你是如何看待的？

孔洪强：在今年茶博会的茶论坛上我也曾经探讨过这个问题。年轻人喜欢去星巴克，不一定是喜欢喝咖啡，而是喜欢咖啡店所在的位置和里边的氛围。星巴克刚到中国的时候，很多年轻人拿着当时流行的IBM笔记本电脑泡在星巴克。它是由生活方式切入的一种场域化的消费习惯。它是一种心理认同的趋向表现，并不是理性的消费表现。如果出现一个认同感更强的对象，年轻人一定会更加理智地去选择。这也是中国社会由物质文明向精神文明转变过程中一定会出现的社会状况。当优质的茶店越来越多地出现的时候，东方的消费者就会越来越理智，就会去选择东方化的消费习惯。我们应当给年轻人机会，让他们看到漂亮的茶和茶馆。茶馆不是破木头，旧门板；寺庙感的茶馆是业余设计师的败笔，不是国人设计师高水准的空间表现。这种美学与空间载体的缺失不利于引导年轻人对茶的消费习惯。如何通过视觉审美吸引年轻人，通过一泡好茶真正留住年轻人，可能才是中国茶人的百年大计。

知中：近几年，很多城市出现了新兴的茶室与茶空间。不同于传统的茶楼茶馆，这些空间往往充满设计感，也很受年轻人青睐。在你看来，茶空间是一个怎样的存在？它又是否会代替咖啡厅，成为都市年轻人未来的新选择？

孔洪强：中国新兴的茶空间是由一群推崇饮茶生活方式的人簇拥生成的空间，很多都是以人为代表的。茶空间的主人就是它的IP，这个IP又是以茶为载体的。越来越多的城市出现这样的茶空间。这种空间成千上万以后，就改善整个大众品饮的消费习惯；人们商谈、聚会，就会选择到茶馆里喝茶。茶喝多了以后，大家就开始懂茶；懂茶的多了，种茶的也会越来越多，越来越专业化，在未来就可能会出现咖啡与茶的共荣。如同我们可以下身穿着牛仔裤，上身穿一件麻质的简中式的衣服，手上拿着iPhone，里面装了一个看五行八卦与星象的软件。这就是当代的生活，东西交融古今融会而不矛盾。我们不会一味地强调东方或一味地强调西方，一味地强调学古或一味地强调创新。它应当是一种与时俱进的共融的生活状态。

刚刚我们谈到了西方文化的涌入。要相信在未来，以中国为代表的整个东方，包括日本和韩国，会越来越东方化，会出现东方化消费的1.0版本。在我们的衣食住行里面会越来越多地出现东方化的消费习惯。中国的下一代人会因为自己是一名中国人而自豪，他们会喜欢上东方文化的。因为中国有太多优秀的东西正在被我们这一代和你们这一代表现得漂亮、舒适、高级。但这不能强求，它是社会需求催生出来的，是理智的。

90厘米民国老桌 拆件老料，榫卯结合。老桌全部制作材料为清代至民国年间的家具拆件木料，多为老榆木和老槐木。设计不耗费一颗螺丝钉，由经验丰富的老师傅手工打造而成，让老家具在现代生活中重现焕发尊严。

中国茶的基本

The Course of Chinese Tea

中国茶的基本

The Course of Chinese Tea

32 文：徐雅 编：陆沉 图：草木君 text: Xu Ya, Cao Mujun edit: Yuki photo: Cao Mujun

武夷岩茶诞生记

The Traditional Production Process of Wuyi Tea

编者按：在书的最后，我们希望能用一篇文章来给大家讲讲茶的诞生——从树叶到茶汤，从采摘到冲泡，其中每一个环节都受到天、地、人的因素影响，这也正成就了茶最美妙的滋味。采摘茶叶时有什么要求？每个工艺环节下，茶叶发生了哪些变化？原理是什么？带着这些问题，我们找到了“隐居”山间的草木君。因为父母从事茶业，草木君自幼与茶相伴，大三时决定休学重返武夷山，过上与大多数都市年轻人不同的山居生活。乾隆皇帝曾为武夷岩茶赋诗：“就中武夷品最佳，气味清和兼骨鲠。”骨鲠便是我们所说的岩韵、岩骨花香。岩韵如何得？就在岩茶的生长环境与制作工艺里。

茶叶新稍的开面情况种类

未开面
顶芽尚未展开。

小开面
顶端驻芽形成，顶叶展开。

中开面
顶叶面积约为第二片叶子面积的二分之一。

大开面
顶叶面积约为第二片叶子面积的三分之二，或大小相近。

武夷岩茶传统的采制方法是武夷山历代茶农在长期的实践中摸索与总结出来的。它吸取红茶、绿茶制法的精华，加上独特的技术，因而武夷岩茶兼有绿茶的清香、红茶的甘醇。臻山川秀气所钟，品具岩骨花香之胜。采摘过程极其严谨且分工明确，焙制技术相当细致，其制作工艺流程如下：

采摘 ⇨ 萎凋 ⇨ 做青 ⇨ 炒青揉捻 ⇨ 初焙 ⇨ 扬簸 ⇨ 晾索 ⇨ 拣剔 ⇨ 复焙 ⇨ 装箱

中国茶叶的原料，有的是以“芽”为主，有的是以“叶”为主，这与采摘标准有很大的关系。采摘标准又根据不同茶类，可分为四种类型：
a 嫩采 指的是对一芽一叶或一芽二叶初展的采摘。高级名茶如西湖龙井、洞庭碧螺春等都是用这样的采摘方式。
b 中采 指的是对中等嫩度新稍（如一芽二叶）的采摘。大宗的红茶、绿茶会采用这样的采摘方式。
c 开面采 指的是对叶片完全展开的新稍的采摘。乌龙茶的采摘便是这类。
d 粗采 新稍基本成熟时，采一芽四五叶或对夹三四叶。边销茶类多用这样的采摘。

采 摘

岩茶采摘于每年谷雨至立夏之间，采摘初日称为“开山”，传统有喊山祭祀活动。采工多半是妇女，她们肩挂茶篮，于天微亮时由专门的带山茶师带入指定茶山区域。

采摘以朝雾初开、阳光照射时至午后一两点为佳。在之前或者之后皆会因为积水过多或采后处理不周而影响品质。岩茶采摘宜晴不宜雨，晴则易出高香，雨水青则水闷香弱，十分考验制茶师傅的工艺。

鲜叶的采摘标准，以新梢芽叶伸育均臻完熟，形成驻芽后采一芽二到四叶，对夹叶亦采，俗称开面采，一般掌握中开面采为宜。采摘的要求，掌心向上，以食指钩住鲜叶，用拇指指头之力，将茶叶轻轻摘断。采摘的鲜叶力求保持新鲜，尽量避免折断、破伤、散叶、热变等不利于品质的现象发生。

一个茶篮大概可容青叶15斤，青满则倒入专门的贮青竹筐。运青又有专门的挑青师傅，上百斤青叶需要在1—2小时内运送到茶厂。不能在山上停留过久，否则青叶品质会因过热而成坏青。武夷茶园星散，山路崎岖难行，多是岩壁山谷，脚力好的师傅肩担上百斤茶青亦可健步如飞。

1 当新梢完全成熟或因水分、养分不足时，顶芽转入休眠状态，生成细小的芽。

萎凋 | 晒青—晾青（复式萎凋即两晒两晾）

萎凋是形成岩茶香味的基础，目的在于蒸发水分，软化叶片，促进鲜叶内部发生理化变化。萎凋中变化显著的是水分的丧失。萎凋处理得当与否关系到成茶品质的优劣。

茶青进厂后，即倒入青弧内，用手抖开（避免内部发热红变）。将茶青匀摊于水筛中（俗称“开青”），每筛鲜叶约0.5千克，摊好后排置于竹制萎凋棚上（俗称“晒青架”）。根据日光强度、风速、湿度等因素，以及鲜叶老嫩和各品种对萎凋程度的不同要求灵活掌握，此法称为“晒青”。

初采茶青，因水分多，富有弹性，经日光晒后叶片渐呈萎凋状，光泽渐退，将两筛并为一筛，摇动数下，再晒片刻，即移入室内晾青架上，称“晾青”。待鲜叶冷却，稍复原时，再移出复晒片刻，轻轻摇动后稍收拢，摊于筛中，移入晾青架上再次晾青。

晒青程度以叶片半呈柔软，两侧下垂，失去固有的光泽，由深绿变成暗绿色，水分蒸发掉15%左右为适度。晒青原则“宁轻勿过”，这样才能在晾青中有利于恢复青叶一部分弹性，才有利于做青的进行。鲜叶除了用日光外，遇阴雨天还可采用加温萎凋方法。

做青｜反复多次进行摇青与做手

武夷岩茶特殊品质的形成关键在于做青。做青是岩茶初制过程中特有的精巧工序，其特殊的制作方法形成岩茶色、香、味、韵及"绿叶红镶边"的优良特质。做青的过程十分讲究，其费时长，要求高，操作细致，变化复杂。从"散失水分"、"退青"到"走水"、恢复弹性，时而摇动，时而静放，动静结合，摊青前薄后厚，摇青前轻后重，灵活掌握。总之，应通过摇动发热促进青叶变化，又要通过静放散热抑制青叶变化。尤其是，做青还必须根据不同品种和当时的气候、温度、湿度，采取适当措施，俗称"看天做青，看青做青"。

具体做法：茶青移入青间前，均需将茶青摇动数下，然后移入较为密闭、温湿度较稳定（温度25℃左右、湿度70%到80%）的青间。放置青架上，静置不动使鲜叶水分慢慢蒸发，继续萎凋。经1到1.5小时后，进行第一次室内摇青，摇青次数约十余下。

用武夷岩茶特有的摇青技术，使萎凋的青叶在水筛内成螺旋形，上下顺序滚转，翻动的叶缘互相碰撞摩擦，使细胞组织受伤，促使多酚类化合物氧化，促进岩茶色、香、味的形成。摇青之后将茶青稍收拢，仍放置在青架上。第二次摇青时可见叶色变淡，即将四筛茶并为三筛，再进行摇青，同时用双手掌合拢轻拍茶青一二十下，使青叶互碰，弥补摇动时互撞力量的不足，促进破坏叶缘细胞（俗称"做手"）。做手后须轻轻翻动茶青并将其铺成内陷斜坡状（水筛边沿留有两寸空处，不放青叶），在青架上静置2小时后，再进行3次"摇青"，其方法同前。

摇青、做手的次数及轻重，视青叶萎凋程度适当增加，此时的茶青已呈萎软状态，放置相当时间后，枝茎部分所含水分逐渐扩散，青叶呈膨胀状，富有弹性，当地制茶工人神秘地将此称为"走水返阳"。第四次摇青时，茶青四筛并为三筛，摇青转数逐渐增多，力度逐渐加重。之后，摊叶面积缩小，并铺成凹形，中有5寸直径的圆圈，水筛边沿留3寸空处，这样可使空气流通，不致使青叶发热、发酵过度。

整个做青过程需经6—7次的摇青和做手，时间约8—10小时。最后一次"摇青"和"做手"较为关键，因青叶经数次摇动后，叶缘细胞已完全破坏，随着发酵作用越来越快速，青叶的红变面积逐渐增加，叶内的芳香物质激发出来，青叶由原来的青气转化为清香，叶面清澈，叶脉明亮，叶色黄绿，叶面凸起呈龟背形（俗称"汤匙叶"），红边显现。这说明做青程度已适度，即可将茶青装入大青弧，抖动翻拌数下，然后装入软篓，送至炒青间炒揉。

做青的原则是：重萎轻摇，轻萎重摇，多摇少做，转动先轻后重，先少后多；等青时间先短后长，发酵程度逐步加重，做到"看天做青，看青做青"。

炒青与揉捻

反复多次进行摇青与做手

炒青的目的是利用高温火力，破坏酶的活性，中止发酵，稳定做青已形成的品质，纯化香气。炒青时，炒灶火力要极大，锅温逐渐增高至230—260℃以上。每锅约0.75公斤左右投入锅中翻炒。

翻炒时两手敏捷翻动，翻动时不宜将茶青过于抖散，以防水分蒸发太干，不便揉捻，约二三分钟，翻炒四五十下后，青叶表面带有水点，已柔软如棉，即取出揉捻。茶青取出后，趁热迅速置于揉茶台上的揉茶筛中。

将炒青叶压于揉茶筛中来回推拉，直至叶汁足量流出，卷成条形，浓香扑鼻，即解块抖松。然后再将两人所揉之叶并入锅中复炒，复炒温度比初炒低（200—240℃），时间也比初炒短，约半分钟，仅翻转数下，取出再揉，揉茶时间比初揉略短。经双炒双揉之后的茶叶，即可进入焙房初焙。

双炒双揉技术是武夷岩茶制作工艺中特有的方法，也是非常重要的环节，复炒可弥补第一次炒青的不足，通过再加热促进岩茶香、味、韵的形成和持久；复揉使毛茶条索更紧结美观。双炒双揉形成武夷岩茶独特的“蜻蜓头”“蛙皮状”“三节色”。

初焙

初焙，俗称“走水焙”，其主要目的是利用高温使茶叶中一些物质受热转化。青叶经双炒双揉后，即送至焙房烘焙。焙房窗户须紧闭，水分仅能从屋顶隙缝中透曳，温度控制在100—110°C。将炒揉的茶叶均匀放置狭腰篾制的焙笼中，摊叶厚度为2到3厘米，然后将焙笼移于焙窟上，约10到12分钟，翻拌三次。由于各焙窟温度有高有低，茶叶初焙应在不同温度下完成。下焙后六七成干的茶叶叫茶索。

岩茶初焙，是为了抑制酵素，固定品质，因此要在高温下短时间内（仅十一二分钟）进行，这样可最大程度减少茶叶中芬芳油等物质的损失，又可使酵素失去活力。

扬簸、晾索、拣剔

茶索经初焙后水分蒸发过半，叶呈半干状态，此时茶叶的化学变化暂时停止，即进入以下几个工序：

扬簸：茶叶起焙后，倒入簸箕弧内，用簸箕扬去黄片、碎片、茶末和其他夹杂物。扬簸在烘焙房内进行，簸过的茶叶摊入水筛中，每六焙拼一水筛，厚度约为3到5厘米，然后移出焙房外，搁于摊青架上晾索。

晾索：晾索的目的一是避免焙后的茶叶积压一堆，未干茶叶堆压发热易产生劣变；二是避免受热过久，茶香丧失，同时晾索也可使茶叶转色，有油润之感。晾索时间约5到6小时，然后才能交拣茶工拣剔。

拣剔：拣去扬簸未干净的黄片、茶梗，以及无条索的叶子，拣茶一般在茶厂较亮处进行。

复焙

为了使茶叶焙至相应的程度，减少茶香丧失和茶素的减损，复焙时，温度应比初焙时略低。

方法：经拣剔的茶叶，放入焙笼内，每笼约0.75公斤，将其平铺于焙笼上，进行烘焙。烘焙所需的火温通常以100℃左右，焙至20分钟后进行第二次翻茶。其后，焙至约40分钟，进行第三次翻茶。三次翻茶后，再焙约半个小时，用手捻茶即成末，说明茶已足干。这只是一般要求，在实际操作中，还要凭焙茶师的经验灵活掌握，每次翻茶时焙窟的火堆，须进行一次“拨灰”，即用木制小焙刀，在火堆边沿将灰拨匀，使火力均衡，并控制火温。茶叶在足干的基础上，再进行文火慢炖。

低温慢烘是武夷岩茶传统制法的重要工艺。岩茶经过低温久烘，促进了茶叶内含物的转化，同时以火调香，以火调味，使香气、滋味进一步提高，达到熟化香气、增进汤色、提高耐泡程度的效果。炖火的高超技术，为武夷岩茶所特有。

炖火的火温，传统的方法是用手背靠在焙笼外侧，有一定的热手感即为适度，或用眼睛距焙笼内的茶叶5到6寸处利用火温对视觉的冲击来把握温度。炖火的温度以85℃左右为宜。为了避免香气丧失，焙笼还须加盖。对优良品种及名丛，在炖火时，还须垫上“小种纸”来保护茶条。炖火过程费时较长，一般需7小时左右，低温久烘时间的长短，依据茶叶内质要求不同而定和市场消费者要求不同而定。同时还应根据茶叶的变化，及时进行翻焙处理。

武夷岩茶在焙至足火时，观其茶叶表面，会呈现宝色、油润，闻干茶具有特有的“花果香”“焦糖香”，为理想之茶。这种焙法独具特色。因此，清代梁章钜称“武夷焙法实甲天下”。

在山箱装

复焙完之岩茶装入茶箱内，放在干燥的室内，待制茶结束，挑运下山，明清时均交由茶庄处理（精制）。

复焙完之岩茶装入茶箱内，放在干燥的室内，待制茶结束，挑运下山，明清时均交由茶庄处理（精制）。

武夷岩茶的冲泡

器具：煮水用陶壶和潮州风炉，公道杯用紫砂壶，冲泡用瓷质盖杯，品茗杯可选用用瓷质白壁小杯口的杯子。

投茶量约为冲泡壶具容积的二分之一左右。

泡茶用水：山泉水最好，洁净的河水和纯净水次好，硬度大或氯气明显的自来水不可用；现开现泡为宜，水温低于95°C或长时间连续烧开的水都不太好。

浸泡时间：武夷山岩茶非常耐泡，可冲十余泡。一至三泡浸泡10到20秒，以后每加冲一泡，浸泡时间增加10到20秒。浸泡时间的调整原则为一至七泡的汤色基本一致。

参考文献 REFERENCES

中文

1. 艾伦 · 麦克法兰 . 绿色黄金 [M]. 北京：社会科学文献出版社，2016.

2. 陈文华 . 成江流域茶文化 [M]. 武汉：湖北教育出版社，2004.

3. 陈文华 . 论中国茶道的形成历史及其主要特征与儒，释，道的关系 [J]. 农业考古，2002 (2): 46-65.

4. 陈文华 . 中国茶文化学 [M]. 北京：中国农业出版社，2006.

5. 陈宗懋 . 中国茶叶大辞典 [M]. 北京：中国轻工业出版社，2008.

6. 丁以寿 . 关于茶禅文化概念的思考 [J]. 农业考古，2011 (2): 190-191.

7. 丁以寿 . 中国饮茶法源流考 [J]. 农业考古，1999(2):120-125.

8. 丁以寿 . 中国饮茶法流变考 [J]. 农业考古，2003(2):74-78.

9. 方颖 . 浅论中国茶文化与儒释道三教的内生关系 [J]. 茶叶，2016(02).

10. 冈仓天心 . 茶之书 [M]. 济南：山东画报出版社，2010.

11. 关剑平 . 文化传播视野下的茶文化研究 [M]. 北京：中国农业出版社，2009.

12. 郭丹英、王建荣 . 中国老茶具图鉴 [M]. 北京：中国轻工业出版社，2007.

13. 胡秋原 . 近代中国对西方及列强认识资料汇编 [J]. 台北：台湾中央研究院近代史研究所，1972.

14. 来新夏 . 林则徐年谱长编 [M]. 上海：上海交通大学出版社，2011.

15. 赖功欧 . 论中国文人茶与儒释道合一之内在关联 [J]. 农业考古，2000(2).

16. 赖功欧 . 宗教精神与中国茶文化的形成 [J]. 农业考古，2000(4).

17. 李刚、李薇 . 论历史上三条茶马古道的联系及历史地位 [J]. 西北大学学报：哲学社会科学版，2011（4）.

18. 李启厚 . 铁观音 [M]. 北京：中国轻工业出版社，1954.

19. 李曙韵 . 茶味的初相 [M]. 合肥：安徽人民出版社，2013.

20. 李圳 . 试论明清时期陕甘青茶马古道上的城镇 [J].《西藏大学学报》，2015(1).

21. 廖宝秀 . 也可以清心：茶器 · 茶事 · 茶画 [M]. 台北：国立故宫博物院出版社，2002.

22. 林馥泉 . 武夷茶叶之生产制造及运销 [M]. 福州：福建省农林处农业经济研究室，1943.

23. 林治 . 中国茶道 [M]. 北京：中华工商联合出版社，2000.

24. 陆羽、蔡襄 . 茶经外四种 [M]. 杭州：浙江人民美术出版社，2016.

25. 罗国中 . 中国茶文化与日本茶道 [J]. 外国语文，1997 (1): 103-108.

26. 牛月 . 古道依稀：古代商贸通道与交通 [M]. 台北：崧博出版事業有限公司，2014.

27. 彭定求 . 全唐诗 [M]. 上海：上海古籍出版社，1986.

28. 彭玉娟、邱健、昌邦 . 茶马古道及其对茶文化传播的交互影响探析 [J].《广西民族大学学报：哲学社会科学版》，2016(5).

29. 沈立新 . 略论中国茶文化在欧洲的传播 [J]. 史林，1995 (3): 100-107.

30. 司马倩 . 茶马古道与陆海丝路——茶马古道的历史意义 [J].《学术探索》，2016(5).

31. 苏轼 . 苏轼诗集 [M]. 北京：中华书局，1982.

32. 孙机 . 唐宋时代的茶具与酒具 [J]. 中国国家博物馆馆刊，1982: 113-123.

33. 陶宗仪 . 说郛三种 [M]. 上海：上海古籍出版社，2012.

34. 滕军 . 茶道与禅 [J]. 农业考古，1997(4).

35. 滕军 . 中日茶文化交流史 [M]. 人民出版社，2004.

36. 王从仁 . 中国茶文化 [M]. 上海：上海古籍出版社，2001.

37. 王玲 . 中国茶文化 [M]. 北京：中国书店，1992.

38. 吴立民 . 中国的茶禅文化与中国佛教的茶道 [J]. 法音，2000 (9): 13-17.

39. 续修四库全书编委会 . 续修四库全书 [M]. 上海：上海古籍出版社，2002.

40. 杨宁宁 . 论茶马古道的文化内涵 [J].《西南民族大学学报：人文社会科学版》，2011(1).

41. 杨晓华 . 浅谈中国茶具的演变与茶文化的发展 [J]. 福建茶业，2010, 32(11): 58-60.

42. 姚国坤 . 惠及世界的一片神奇树叶 [M]. 北京：中国农工业出版社，2015.

43. 姚国坤，胡小军 . 中国古代茶具 [M]. 上海文化出版社，1998.

44. 张进军 . 中英茶文化比较及对中国茶文化传播的启示 [J]. 世界农业，2014 (8): 175-176.

45. 郑国建 . 中国茶事 [M]. 北京：中国轻工业出版社，2016.

46. 周重林、太俊林 . 茶叶战争 [M]. 武汉：华中科技大学出版社，2012.

47. 周重林 . 绿书 [M]. 厦门：鹭江出版社，2016.

48. 朱诚如、王天有 . 明清论丛 [M]. 北京：紫禁城出版社，1999.

49. 朱世英、王镇恒、詹罗九 . 中国茶文化大辞典 [M]. 上海：汉语大词典出版社，2002.

50. 朱自振 . 茶史初探 [M]. 北京:农业出版社，1996.

英文

1. Chow K B, Kramer I. All the tea in China[M]. China Books, 1990.

2. Ball S. Account of the Cultivation and Manufacture of Tea in China[J]. 1848.

3. Evans J C. Tea in China: The history of China's national drink[M]. Praeger Pub Text, 1992.

4. Freeman M, Ahmed S. Tea horse road: China's ancient trade road to Tibet[M]. River Books, 2015.

5. Fortune R. A Journey to the Tea Countries of China Including Sung-Lo and the Bohea Hills; with a Short Notice of the East India Company's Tea Plantations in the Himalaya Mountains: By Robert Fortune. With Map and Illustrations[M]. John Murray, 1852.

6. Fortune R. Two visits to the tea countries of China and the British tea plantations in the Himalaya[M]. John Murray, 1853.

7. Franke W. Preliminary Notes on the Important Chinese Literary Sources for the History of the Ming Dynasty, 1368-1644[M]. Chinese Cultural Studies, 1948.

8. Fuchs J. The Tea Horse Road[J]. The Silk Road, 2008, 6(1): 63-71.

9. Gardella R. Harvesting mountains: Fujian and the China tea trade, 1757-1937[M]. University of California Press, 1994.

10. JIA Y, BAO G, ZHU J. Re-analysis of the Phenomena and Causation of Flourishing Tea Culture in Tang Dynasty[J]. Journal of Tea Science, 2009, 1: 017.

11. Liu Y. The Dutch East India Company's Tea Trade with China: 1757-1781[M]. Brill, 2007.

12. Lee Jolliffe. Tea and tourism: Tourists, traditions and transformations[M]. Channel View Publications, 2007.

13. Lim J. Linking an Asian transregional commerce in tea: overseas Chinese merchants in the Fujian-Singapore trade, 1920-1960[J]. 2010.

14. Mair V H, Hoh E. The true history of tea[M]. New York: Thames & Hudson, 2009.

15. Ricci M, Tregault N. China in the sixteenth century: the journals of Matthew Ricci, 1583-1610[M]. Random House, 1953.

16. Rose S. For all the tea in China: how England stole the world's favorite drink and changed history[M]. Penguin, 2010.

17. Rossabi M. The tea and horse trade with inner Asia during the Ming[J]. Journal of Asian History, 1970, 4(2): 136-168.

18. Sen S. The Japanese Way of Tea: From Its Origins in China to Sen Rikyu[M]. University of Hawai'i Press, 1998.

19. Schurmann F. Economic structure of the Yüan dynasty[M]. Harvard Univ Pr, 1956.

20. Shoubo H. Meteorology of the tea plant in China: a review[J]. Agricultural and forest meteorology, 1989, 47(1): 19-30.

21. Teng S, Fairbank J K. China's response to the West: a documentary survey, 1839-1923[M]. Harvard University Press, 1979.

知中 ZHICHINA 零售名录

网站

亚马逊
当当网
京东
文轩网
博库网

天猫

中信出版社官方旗舰店
博文书集图书专营店
墨轩文阁图书专营店
唐人图书专营店
新经典一力图书专营店
新视角图书专营店
新华文轩网络书店

北京

三联书店
Page One 书店
单向空间
时尚廊
字里行间
中信书店
万圣书园
王府井书店
西单图书大厦
中关村图书大厦
亚运村图书大厦

上海

上海书城福州路店
上海书城五角场店
上海书城东方店
上海书城长宁店
上海新华连锁书店港汇店
季风书园上海图书馆店
上海古籍书店
“物心”K11 店（新天地店）

广州

广州方所书店
广东联合书店
广州购书中心
广东学而优书店
新华书店北京路店

深圳

深圳西西弗书店
深圳中心书城
深圳罗湖书城
深圳南山书城

江苏

苏州诚品书店
南京大众书局
南京先锋书店
南京市新华书店
凤凰国际书城
常州市半山书局

浙江

杭州晓风书屋
杭州庆春路购书中心
杭州解放路购书中心
宁波市新华书店

河南

三联书店郑州分销店
郑州市新华书店
郑州市图书城五环书店
郑州市英典文化书社

广西

南宁西西弗书店
南宁书城新华大厦
南宁新华书店五象书城

福建

厦门外图书城
福州安泰书城

山东

青岛方所书店
青岛书城
济南泉城新华书店

山西

山西尔雅书店
山西新华现代连锁有限公司
图书大厦

湖北

武汉光谷书城
文华书城汉街店

湖南

长沙弘道书店

天津

天津图书大厦

安徽

安徽图书城

江西

南昌青苑书店

陕西

西安曲江书城

香港

香港绿野仙踪书店

云贵川渝

重庆方所书店
成都方所书店
贵州西西弗书店
重庆西西弗书店
成都西西弗书店
文轩成都购书中心
文轩西南书城
重庆书城
重庆精典书店
云南新华大厦
云南昆明书城
云南昆明新知图书百汇店

东北地区

大连市新华购书中心
沈阳市新华购书中心
长春市联合图书城
新华书店北方图书城
长春市学人书店
长春市新华书店
哈尔滨学府书店
哈尔滨中央书店
黑龙江省新华书城

西北地区

甘肃兰州新华书店西北书城
甘肃兰州纸中城邦书城
宁夏银川市新华书店
新疆乌鲁木齐新华书店
新疆新华书店国际图书城

机场书店

北京首都国际机场 T3 航站楼
中信书店
杭州萧山国际机场中信书店
福州长乐国际机场
中信书店
西安咸阳国际机场 T1 航站楼
中信书店
福建厦门高崎国际机场
中信书店

微博账号
@知中 ZHICHINA

微信账号
ZHICHINA2017